T0208235

Günther Hachtel | Ulrich Holzbaur

Management für Ingenieure

Aus unserem Programm

Produktionscontrolling und -management mit SAP® ERP
von J. Bauer

ITIL Security Management realisieren
von J. Brunnstein

Grundkurs SAP® ERP
von D. Frick, A. Gadatsch und U. G. Schäffer-Külz

Grundkurs Geschäftsprozess-Management
von A. Gadatsch

Masterkurs IT-Management
von J. Hofmann, W. Schmidt, W. Renninger und O. Toufar

Investitionsmanagement mit SAP®
von J. Jandt und E. Falk-Kalms

Handbuch Unternehmenssicherheit
von K.-R. Müller

IT für Manager
von K.-R. Müller und G. Neidhöfer

BWL kompakt und verständlich
von C. Notger, R. Fiedler, W. Jórasz und M. Kiesel

ITIL kompakt und verständlich
von A. Olbrich

Prozesse optimieren mit ITIL®
von H. Schiefer und E. Schitterer

Optimiertes IT-Management mit ITIL
von F. Victor und H. Günther

www.viewegteubner.de

Günther Hachtel | Ulrich Holzbaur

Management für Ingenieure

Technisches Management für Ingenieure
in Produktion und Logistik

Mit 86 Abbildungen und 73 Tabellen

STUDIUM

**VIEWEG+
TEUBNER**

Bibliografische Information der Deutschen Nationalbibliothek
Die Deutsche Nationalbibliothek verzeichnet diese Publikation in der
Deutschen Nationalbibliografie; detaillierte bibliografische Daten sind im Internet über
<http://dnb.d-nb.de> abrufbar.

Wenn in diesem Buch von Managern, Kunden oder ähnlichem die Rede ist, so ist dies im Sinne von
Rollen zu verstehen und selbstverständlich sind dabei immer Männer und Frauen gleichermaßen
gemeint. Das Buch verzichtet aus Lesbarkeitsgründen auf umständliche Wortkonstruktionen und die
Autoren wünschen allen Ingenieurinnen viel Erfolg als Managerinnen.

Höchste inhaltliche und technische Qualität unserer Produkte ist unser Ziel. Bei der Produktion und
Auslieferung unserer Bücher wollen wir die Umwelt schonen: Dieses Buch ist auf säurefreiem und
chlorfrei gebleichtem Papier gedruckt. Die Einschweißfolie besteht aus Polyäthylen und damit aus
organischen Grundstoffen, die weder bei der Herstellung noch bei der Verbrennung Schadstoffe frei-
setzen.

1. Auflage 2010

Alle Rechte vorbehalten
© Vieweg+Teubner | GWV Fachverlage GmbH, Wiesbaden 2010

Lektorat: Reinhard Dapper | Walburga Himmel

Vieweg+Teubner ist Teil der Fachverlagsgruppe Springer Science+Business Media.
www.viewegteubner.de

Umschlaggestaltung: KünkelLopka Medienentwicklung, Heidelberg
Technische Redaktion: FROMM MediaDesign, Selters/Ts.
Druck und buchbinderische Verarbeitung: Ten Brink, Meppel
Gedruckt auf säurefreiem und chlorfrei gebleichtem Papier.
Printed in the Netherlands

ISBN 978-3-8348-0572-0

Vorwort

Spitzenleistungen können nur gemeinsam erreicht werden. Der Erfolg im Unternehmen setzt technische Ideen und wirtschaftliches Denken voraus. Nur in dieser Integration kann ein Betrieb erfolgreich sein. Nur wer die Barriere zwischen der Sprache und der Welt der Technik und derjenigen der Wirtschaft überwindet, kann erfolgreich ein Unternehmen im technischen Umfeld führen. Dies gilt nicht nur für produzierende Unternehmen, sondern auch für Dienstleister.

Das Buch führt in diejenigen Managementbereiche ein, die an der Schnittstelle zwischen Technik und Wirtschaft wichtig sind. Es ist damit sowohl für angehende Wirtschaftsingenieure, Ingenieure und technische Betriebswirte als auch als Handreichung für Ingenieure in Unternehmensleitung, Betriebsleitung, Produktion und Logistik geeignet. Es deckt diejenigen Bereiche ab, die – in Ergänzung zum allgemeinen Management – in der betrieblichen Praxis notwendig sind. Schwerpunkte sind Führung, Projektmanagement, Produktion und Logistik, Qualität und Nachhaltigkeit.

Ein Managementbuch ist kein Lehrbuch, das nur Fakten vermittelt, sondern es geht auch darum, im späteren Leben die richtigen Entscheidungen zu treffen – ein Buch zum Management muss also Handlungskompetenz vermitteln. Die komplexen Systeme, mit denen ein Manager im technischen Bereich konfrontiert ist, erfordern eine angemessene Analyse und angepasste Maßnahmen. Wir hoffen, dass durch dieses Buch mehr Ingenieure und Wissenschaftler den Schritt ins Management wagen, um durch die Kombination aus technischem Wissen, wissenschaftlicher Grundbildung und Managementkompetenz zu einer positiven Entwicklung von Unternehmen, Wirtschaft und Gesellschaft beizutragen.

Unser Dank geht an alle, die durch gemeinsame Projekte und Diskussionen zu der hier vorgestellten gesamtheitlichen Sicht beigetragen haben. Neben Partnern und Kunden aus Industrieprojekten und Beratung waren dies vor allem die Kollegen, Mitarbeiter und Studenten der Hochschule Aalen. Ein besonderer Dank geht an unsere Frauen Heidrun und Martina sowie an Ute Mussbach-Winter vom Fraunhofer-Institut IPA für viele wertvolle Hinweise und Ideen, owie an Reinhard Dapper und Walburga Himmel vom Vieweg+Teubner Verlag und an ıgela Fromm von Fromm MediaDesign für die professionelle Betreuung und die gute Ko-
ːration.

Aalen, im Sommer 2009   Günther Hachtel
                                                               Ulrich Holzbaur

Inhaltsverzeichnis

1 Einführung

Jeder Ingenieur – wobei hier wie im Folgenden natürlich genauso die Frauen gemeint sind – kommt im Laufe seines Berufslebens mit dem Thema Management in Berührung. Es liegt also nahe, dieses Thema für Studierende und Praktiker aufzubereiten. Ein Buch oder eine Lehrveranstaltung Management für Ingenieure muss folgende Anforderungen erfüllen:

- das beinhalten, was ein Ingenieur in seiner späteren Berufstätigkeit braucht;
- so geschrieben sein, dass es Ingenieure anspricht, ihre spezielle Ausbildung berücksichtigt und ihre speziellen Kompetenzen nutzt;
- auch für Betriebswirte nützlich sein, die sich in die technischen Aspekte einarbeiten oder sich für die Führung technisch orientierter Unternehmen qualifizieren wollen.

Dem Ingenieur sind mathematische Modelle und quantitative Methoden aufgrund seiner Ausbildung vertraut. Deshalb wird Management für Ingenieure mehr auf die quantitativen Modelle eingehen können, als dies in einer allgemeinen Einführung üblich ist.

Die Bereiche Produktion und Logistik spielen für den Ingenieur eine wichtige Rolle. Management der Produktentwicklung wurde in diesem Band nicht aufgenommen, da es den Rahmen sprengen würde. Hierzu verweisen wir auf das Buch zum Entwicklungsmanagement eines der Autoren [Holzbaur, 2007]. Ebenso wurden betriebswirtschaftliche Grundlagen auf die kurze Analyse des Themas Erfolg reduziert, da es für die Einführung in die Betriebswirtschaft viele gute Einführungen, auch speziell für Ingenieure, gibt. Hierzu verweisen wir auf das in derselben Reihe erschienene Werk zur BWL für Ingenieure [Carl et al.].

Einige Grundlagen aus der angewandten Mathematik wurden aufgenommen, um die Brücke von der Hochschulmathematik zu den hier benötigten Aspekten zu schlagen: Spieltheorie, Stochastik, Dynamische Systeme, Optimierung.

Das Buch geht vom allgemeinen Management über Managementaspekte von Projekten und Produktionsprozessen in die Bereiche Nachhaltigkeit und Excellence:

- Grundlagen des Managements
- Management von Prozessen und Projekten
- Produktionsmanagement
- Supply Chain Management
- Nachhaltige Entwicklung und Umweltmanagement
- Excellence und Qualitätsmanagement.

Management hat zwei Richtungen: Nach innen wird das Unternehmen geleitet, nach außen vertreten. Die interne Leistungserbringung braucht externe Ressourcen und stellt die Befriedigung von Bedürfnissen des Umfelds sicher. Auch im Management von Unternehmensbereichen hat der Manager die interne Funktion zu gewährleisten und seinen Bereich nach außen gegenüber den Stakeholdern zu vertreten.

Dabei spielt die Dualität zwischen interner und externer Betrachtung sowohl in dem Zusammenspiel zwischen internen und externen Prozessen generell, zwischen Produktion und Supply Chain und in der internen und externen Projektorganisation als auch im Zusammenhang von Excellence und Nachhaltigkeit eine wichtige Rolle.

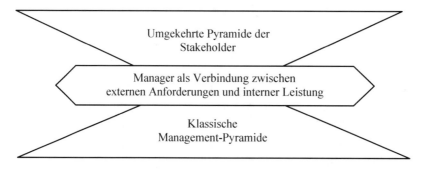

Bild 1-1 Management als Bindeglied zwischen externen Anforderungen und internen Aktivitäten

1.1   Unternehmensführung und Management

1.1.1 Management

Um die Begriffe Management und Manager zu klären, starten wir zunächst mit einigen Zitaten:

> Management ist die zielorientierte Gestaltung, Steuerung und Entwicklung des soziotechnischen Systems Unternehmung in sach- und personenbezogener Dimension.
> [Hopfenbeck]
>
> Management is getting things done through people.
> [American Management Association]
>
> Manager ist jeder, der einen wesentlichen Beitrag zum Erfolg einer Organisation leistet.
> [Malik]

Beim Begriff Management müssen wir unterscheiden zwischen Management als Aufgabe und „dem Management" als Personengruppe. Während Management im funktionalen Sinn die Leitungsfunktionen beinhaltet, ist Manager im institutionellen Sinn jeder, der in der Organisation anderen Mitgliedern gegenüber Weisungen erteilen kann und unternehmerisch tätig ist. Malik stellt in obigem Zitat [Malik] im funktionalen Sinn das unternehmerische Denken in den Vordergrund. Dies ist auch in unseren modernen Organisationen plausibel, weil durch die modernen Informationsstrukturen und die Bedeutung von Projekten im Unternehmen die klassische hierarchische „Weisungsbefugnis" an Bedeutung verliert.

Außerdem kann sowohl der Manager als Person als auch die Institution Management eher systemorientiert (Managementsysteme) oder personenorientiert (im Sinne der Menschenführung) sein. Während im unteren Management die konkrete Führung von ausführenden Mitarbeitern und das konkrete Treffen von operativen Entscheidungen im Vordergrund stehen, tritt dies beim mittleren Management zugunsten von strukturellen Entscheidungen zurück, während für das Top-Management die strategische Entwicklung und Zielsetzung charakteristisch sind.

Im Rahmen dieses Buchs geht es vor allem um Managementsysteme. Wir wollen aber auch das Thema Führung nicht aus den Augen verlieren, da jeder Manager führen muss. Nur durch die Führung, die Beeinflussung von Personen, kann das Management seine Ziele erreichen.

1.1.2 Erfolg und Ziele

Ziel eines jeden wirtschaftlichen Unternehmens ist es, langfristig Erfolg zu erzielen. Ganz allgemein kann darunter das Erreichen persönlicher Ziele, die Schaffung von Werten und von Arbeitsplätzen und – als Ziel oder Mittel – das Erzielen von finanziellen Gewinnen verstanden werden. Auch die nichtwirtschaftlichen Unternehmen haben Ziele und müssen den Erfolg dem Aufwand gegenüberstellen. Dabei werden die Ziele durch die Leitung (Management) und die Eigner (Shareholder) sowie die Einflüsse der Anspruchsgruppen (Stakeholder) bestimmt.

1.1.2.1 Gewinn

Aus betriebswirtschaftlicher Sicht kann man den Erfolg (Gewinn) als Differenz zwischen Ertrag und Aufwand ermitteln. Dabei ist Aufwand der Verbrauch von Unternehmensressourcen (Material, Personaleinsatz), letztendlich also von Geld, zur Herstellung von Produkten (im weitesten Sinne: materielle und immaterielle Produkte wie Software und Dienstleistungen, siehe dazu die Ausführungen über Produkte in Kapitel 6.1.3). Der Verkauf des Produkts (Absatz) dient dazu, für das Produkt wieder Geld zu erlösen (Ertrag). Der Erfolg ist gleichzeitig die Änderung im buchhalterischen Wert des Unternehmens. Der Wert eines Unternehmens wird aber nicht nur durch seine materiellen Werte und sein Kapital, sondern auch durch immaterielle und „weiche" Faktoren (intangible assets) bestimmt.

1.1.2.2 Unternehmensziele

Die Unternehmensziele legen fest, was der eigentliche Zweck des Unternehmens ist und wo die Eigentümer ihre Prioritäten sehen. Bei Unternehmenszielen muss man zwischen primären (originären, eigentlichen) und sekundären (derivativen, abgeleiteten) Zielen unterscheiden. Die abgeleiteten Ziele dienen zur Erreichung der originären Ziele und dürfen diese nicht ersetzen. Ferner muss man unterscheiden zwischen rein monetär ausgerichteten Kennzahlsystemen und ganzheitlichen Zielsystemen (z. B. balanced scorecard). Die hier betrachteten Ziele sind strategische Ziele.

Bei den monetären Zielen kann die Eigen- oder die Gesamtkapitalrentabilität oder der Gewinn im Mittelpunkt stehen, sie ergeben sich aus dem angenommenen Wunsch der Kapitaleigner (shareholders) nach einer möglichst guten Kapitalrendite. Die nichtmonetären Ziele ergeben sich aus den Zielen der Kapitaleigner (shareholders) und anderer Anspruchsgruppen (stakeholders) an das Unternehmen.

Die nachfolgende Liste möglicher Unternehmensziele ist ein Ausschnitt aus [Holzbaur, 2001]. Die Nummerierungen in Klammern geben die Rangfolge des Ziels nach [Macharzina] an; die Reihenfolge (Gewichtung) wurde aus den dort aufgelisteten Bedeutungswerten aus dem Jahr 1985 für Industrieunternehmen, Kaufhäuser und Einzelhandel gemittelt. Diese Ziele variieren mit der Zeit und Situation. Auch eine Liste aus dem Jahr 2020, die sicher andere Prioritäten aufweisen wird, wird einige Jahre später wieder überholt sein (politische und ökonomische

Randbedingungen, Konjunkturphasen, aktuellste Probleme). Wichtig für den Manager ist, sich über die wirklichen Ziele klarzuwerden.

Tabelle 1.1 Mögliche Unternehmensziele (nach [Holzbaur, 2001] nach [Macharzina])

Ziel	Einordnung
Sicherung des Unternehmensbestands (1), Unternehmenswachstum (10)	Als Ziel des Unternehmens eigentlich rekursiv: das Unternehmen um des Unternehmens willen. Erhalt des Unternehmens ist wichtiges Ziel zur Erreichung aller anderen Unternehmensziele. Nachhaltige Sicherung des Unternehmenswerts sollte aus Sicht eines angestellten Managers höchstes Ziel sein.
Qualität des Angebots (2), Verbraucherversorgung (14)	Der eigentliche Zweck des Unternehmens aus Sicht der Volkswirtschaft. Die Verbraucherversorgung ist das quantitative Komplement zum qualitativen Ziel „Qualität des Angebots". Gemeinsam definiert sich der volkswirtschaftliche Nutzen des Unternehmens, wobei neben dem Verbraucher (Kunde) auch die Gesellschaft (Stakeholder) einbezogen werden muss.
Gewinn (4), Rentabilität (3), Deckungsbeitrag (5), Umsatz (7), hohe Lagerumschlagsgeschwindigkeit (8)	Unternehmer und Shareholder wollen einen Wertzuwachs des Unternehmens (Gewinn). Dies sind die positive monetäre Wirkung für die Shareholder und der wichtigste Beitrag zum Werterhalt. Die anderen Kenngrößen sind derivative Ziele oder Kenngrößen, die sich ceteris paribus positiv auf dieses Ziel auswirken.
Soziale Verantwortung (6)	Unternehmensziel: die Verantwortung für die Gesellschaft wahrzunehmen. Eine wichtige Komponente des Beitrags des Unternehmens zu einer Nachhaltigen Entwicklung.
Ansehen in der Öffentlichkeit (9)	Für den Manager derivatives Ziel zum Erhalt des Umsatzes, für den Unternehmer kann dies durchaus ein originäres Ziel sein.
Macht und Einfluss auf dem Markt (12), Marktanteil (11)	Marktanteil und Markteinfluss stärken die Position des Unternehmens und tragen zum Unternehmenserhalt bei.
Unabhängigkeit von Lieferanten (13)	Derivatives Ziel, das die Handlungsfähigkeit des Managements sicherstellt.
Umweltschutz (15)	Eine wichtige Komponente des Beitrags des Unternehmens zu einer Nachhaltigen Entwicklung. Zum Umfeld Umweltschutz zählen auch Klimaschutz und Ressourcenschonung. Gesellschaftliche Verantwortung und Globale Fairness sowie wirtschaftliche Nachhaltigkeit (volkswirtschaftlich) ergänzen Umweltschutz und Soziale Verantwortung zum Gesamtkomplex Nachhaltigkeit.

1.2 Sichten

Auf das Management gibt es verschiedene Sichten, die wir hier alle beleuchten wollen. Verschiedene Aggregationsebenen (Makro, Mikro) und Zeithorizonte (Nachhaltigkeit – Strategie – Taktik – Operationelles) haben je nach Situation und Position Vorrang.

1.2.1 Makro- und Mikro-Sicht

Häufig wird im Bereich Wirtschaftingenieurwesen von Studenten und Kurrikulumsverantwortlichen die Volkswirtschaftslehre (Makroökonomie) eher vernachlässigt mit der Begründung, ein einzelner Manager könne hier nichts ändern. Nicht erst die Effekte der Kapitalmarktkrise haben aber gezeigt, wie wichtig es auch für den Ingenieur als Manager ist, die gesamtwirtschaftlichen Aspekte im Auge zu behalten. Die Leitfrage des Jahres 2008 „Welche Folgen hat die Bankenkrise für die Realwirtschaft?" spiegelt dieses Phänomen recht gut wieder: Das virtuelle Geld, das generiert und wieder vernichtet wurde, hat wesentlichen Einfluss auf die Unternehmen. Ähnlich ist es für Phänomene wie die Globalisierung, den Klimawandel oder die Einkommensschere (innerhalb und zwischen den Ländern). Ein Manager oder Unternehmen kann dadurch vielfältig betroffen werden:

- durch direkte Auswirkungen,
- durch die staatlichen Reaktionen (Gesetze),
- durch die Wirkung auf die Shareholder (veränderte Ziele und Ansprüche), Veränderung der Struktur und Ziele der Anteilseigner,
- durch die Wirkung auf den Absatzmarkt und die Kunden (verändertes Kaufverhalten und Kaufkraft),
- durch die Wirkung auf die Mitarbeiter (Anforderungen, Leistungsbereitschaft, Sicherheitsgefühl, Struktur) und den Personalmarkt (Ausbildungssituation),
- durch die Wirkung auf den Beschaffungsmarkt, Logistik und Infrastrukturen,
- durch die Wirkung auf die Beschaffungs- und Kapitalmärkte,
- durch die Wirkung auf die öffentliche Versorgung und Sicherheit (Gesundheitswesen, Rechtssicherheit, Gewalt).

Eigentlich wäre diesen beiden Sichtweisen das Begriffspaar Makroskopisch – Mikroskopisch zuzuordnen. Da sich dies aber meist auf die Biologie und Physik (hier mit Modellen und Methoden, die auf die BWL/VWL, Ökologie und Soziologie übertragbar sind) beschäftigt, verwenden wir im Folgenden meist das Begriffspaar Makro-/Mikro-Ökonomie für diese Sichten, obwohl es sich ebenso um Makro-/Mikro-Ökologie, Makro-/Mikro-Logistik und ähnliches handelt.

1.2.2 Umwelt – Umfeld

Der Begriff der Umwelt wird in der Betriebswirtschaft weiter gefasst als im täglichen Sprachgebrauch. Deshalb erscheint es sinnvoll, statt des auf die „natürliche" oder „ökologische" Umwelt konzentrierten Begriffs der Umwelt den Begriff des Umfelds zu verwenden. Im Umfeld des Unternehmens spielen die Anspruchsgruppen der Shareholder und Stakeholder eine entscheidende Rolle.

1.2.2.1 Umfeld

Für eine ganzheitliche Betrachtung ist es notwendig, das Umfeld möglichst weit zu fassen. Dabei lassen sich folgende wichtige Aspekte der Umwelt identifizieren:

- *Wirtschaftliches Umfeld:* makroökonomische Bedingungen, Sozialprodukt, Produktion, Infrastruktur, Preis- und Einkommensentwicklung.

- *Natürliche Umwelt:* abiotische Faktoren wie geographische Bedingungen, Ressourcen, Klima, Umweltmedien (Luft, Wasser, Boden) und biotische Faktoren wie die ökologische Situation, Biotope, Pflanzen, Tiere, Menschen.

- *Technologisches Umfeld:* Stand der Technik, Möglichkeiten, Forschung und Entwicklung, Trends und die Technosphäre (Anlagen, Infrastrukturen).

- *Normatives Umfeld* im Bereich von Recht (Legislative: Gesetze, erwartete Gesetzesänderungen, Exekutive: Einhaltung und Überwachung der Gesetze, Judikative: Umsetzung der Gesetze, Interpretation, aktuelle Rechtsprechung, Richterrecht), Moral und Ethik.

- *Gesellschaftliches Umfeld* (Gesellschaft, Politik, Verwaltung): gesellschaftliche Randbedingungen wie Arbeitszeit, Arbeitseinstellung, Freizeitverhalten, Konsumverhalten, Einstellungen, Normen und Werte.

- *Politisches Umfeld:* politische Lage, Machtverteilung, politische Entwicklung, internationale Entwicklung.

- *Unternehmensbezogene Umfelder:* Absatzmarkt (Kundenstruktur, Marktprognosen), Beschaffungsmarkt (Lieferanten), Kapitalmarkt (Kapitalgeber, Risikobereitschaft, Zinsniveau), Personalmarkt, Branchenstruktur, Innovationslage, Innovationstendenzen, Konkurrenz.

- *Mitmenschen:* Manager, Anteilseigner, Mitarbeiter, Kontrollorgane, Bevölkerung und alle Mitglieder der oben betrachteten Gruppen.

Diese Umfelder sind auch in den verschiedenen räumlichen Dimensionen von den globalen Randbedingungen bis zur kommunalen Ebene und lokalen Ausprägungen zu beachten.

1.2.2.2 Shareholder

Der Begriff Shareholder bezeichnet die Anteilseigner, d. h. alle Personen, die Eigentumsanteile an einem Unternehmen haben. Die Anteilseigner haben Interesse an einem Werterhalt (Risikoaspekt), an einer Wertsteigerung (Verbesserung) und an Gewinnerzielung und (operativer) Gewinnausschüttung.

Das Konzept des Shareholder Value geht von dem Wert aus, den ein Unternehmen als ganzes für einen Anteilseigener hat. Es berechnet den Wert des Unternehmens mittels der zukünftigen Kosten und Erträge und unter Berücksichtigung von Risiken.

1.2.2.3 Stakeholder

Der Begriff Stakeholder beschreibt alle Anspruchsgruppen, d. h. alle Individuen, Organisationen oder Gruppen, die Ansprüche irgendwelcher Form an die Unternehmung haben.

Die Stakeholder sind eine sehr ausgedehnte Gruppe, letztendlich haben alle Gruppen und alle Individuen einen Anspruch auf Einhaltung normativer Regeln und Sicherheit vor Risiken.

Tabelle 1.2 Anspruchsgruppen und Interessen (nach [Ulrich/Fluri])

Anspruchsgruppe (Stakeholder)	Interessen (Ziele)
Eigentümer: Kapitalgeber (Shareholder) und Unternehmer	Einkommen, Gewinn, Wertsteigerung des Kapitals, Macht, Einfluss, Prestige
Management: Unternehmer und angestellte Manager	Selbständigkeit, Entscheidungsautonomie, Macht, Einfluss, Prestige, Entfaltung eigener Ideen und Fähigkeiten
Mitarbeiter	Arbeitsplatz, soziale Sicherheit, sinnvolle Betätigung, Entfaltung, Einkommen, Entwicklung, Sicherheit, Gruppenzugehörigkeit, Kontakte, Status, Anerkennung, Prestige
Fremdkapitalgeber	Sichere Kapitalanlage, befriedigende Verzinsung
Kunden	Qualitativ und quantitativ befriedigende Leistung, günstige Preise, Service, Konditionen, Zuverlässigkeit, Verlässlichkeit
Lieferanten	Stabile Liefermöglichkeiten, Absatz, günstige Konditionen, Zahlungsfähigkeit der Abnehmer, verlässliche und vertretbare Weiterverarbeitung
Konkurrenz	Einhaltung fairer Grundsätze und Spielregeln, Kooperation auf branchenpolitischer Ebene
Verbände	Kooperation auf branchenpolitischer Ebene, Förderung, Einhaltung von Prinzipien
Staat und Gesellschaft, Behörden (lokal, national), Organisationen, Verbände und Interessengruppen, Parteien, Politik, Bürgerinitiativen, Vereine, NPOs, Anwohner (lokal, regional), Öffentlichkeit	Finanzierung, Steuern, Sozialleistungen, Sicherung der Arbeitsplätze, Beitrag zur Infrastruktur, Einhaltung der Gesetze und Verpflichtungen, Teilnahme an politischer Willensbildung, Beiträge an Institutionen, Förderung von Vereinen, Kooperation, Sponsoring, Sicherheit vor Risiken, Schadensbegrenzung, Offene Kommunikation, Erhaltung einer lebenswerten Umwelt, Nachhaltigkeit, Gerechtigkeit (lokal, regional, global)

1.3 Führung

Führung von Unternehmen (Unternehmensführung) wird häufig mit Management gleichgesetzt. Führung setzt Ziele und Entscheidungen um und bewegt Menschen dazu, im Sinne der Vorgaben zu handeln. Beim Begriff Führung sind zwei Aspekte zu unterscheiden:

- *Unternehmensführung:* Zielsetzung, Entscheidung, Leitung, Organisation, Umsetzung und Kontrolle von Maßnahmen zur Umsetzung von Zielen.
- *Menschenführung:* Führung von Menschen (Mitarbeitern, Managern), um personenbezogen die Zielerreichung umzusetzen.

Führung beruht auf zwei Faktoren:

- auf der Macht der Führenden und
- auf der Motivation der Geführten.

1.3.1 Macht

Macht ist die Chance, innerhalb einer sozialen Beziehung den eigenen Willen auch gegen den Widerstand anderer durchsetzen zu können (Max Weber). Macht kann also ein Verhalten auch gegen den Willen des Beeinflussten erreichen. Macht bedarf im Gegensatz zur Motivation nicht der Zustimmung der Geführten.

Man kann folgende Machtarten klassifizieren:

- *Belohnungsmacht:* Die Macht beruht auf der Möglichkeit, Belohnungen zu vergeben bzw. zu verweigern.
- *Bestrafungsmacht:* Die Macht beruht auf der Möglichkeit, Bestrafungen anzudrohen und auszuüben.
- *Ressourcenmacht:* Die Macht basiert auf dem Zugriff zu Ressourcen (Mittel, Geräte, Kontakte) und der Möglichkeit, diese zu nutzen und Nutzung zu gewähren.
- *Legitimationsmacht (Vorgesetztenmacht):* Die Macht beruht auf einer Weisungskompetenz in einer Hierarchie. Dahinter steht die Macht der jeweiligen Organisation.
- *Expertenmacht (Sachverständigenmacht):* Die Macht basiert auf einem Informationsvorsprung oder vertieftem Verständnis.
- *Informationsmacht:* Die Macht basiert auf der Möglichkeit, den Informationsfluss zu steuern, d. h. eventuell wichtige Informationen nicht an Mitarbeiter weiterzugeben.
- *Referenzmacht (Identifikationsmacht):* Der Führende hat Macht, da ihn der Geführte als Vorbild ansieht.
- *Demokratisch legitimierte Macht:* Die Macht basiert auf der Auswahl des Führenden nach einem im Konsens der Gruppe festgelegten Verfahren (z. B. Wahl).
- *Funktionale Autorität:* Die inhaltlich beschränkte Macht beruht auf einer Aufgabe und dem Recht, zur Erfüllung dieser Aufgabe Weisungen zu erteilen.

1.3.2 Motivation

Mitarbeiter und ihre Motivation sind entscheidende Faktoren, die zum Erfolg des Unternehmens führen.

Obwohl eine einfache Theorie sicher nicht ausreicht, das Verhalten eines Individuums oder einer Gruppe zu erklären, gibt es einige Grundtheorien zur Erklärung des menschlichen Verhaltens, insbesondere der Motivation, die jeder, der sich mit Management beschäftigt, kennen sollte:

- Maslowsche Bedürfnispyramide
- X-Y-Theorie
- Motivations- und Hygiene-Faktoren.

1.3.2.1 Maslowsche Bedürfnispyramide

Grundannahmen der Maslowschen Bedürfnispyramide sind:

- Die Bedürfnisse der Menschen sind in ihrer Struktur gleich.
- Diese Bedürfnisse lassen sich hierarchisch ordnen (priorisieren).
- Nur die nicht erfüllten Bedürfnisse tragen zur Motivation bei.
- Die Bedürfnisse niederer Ebenen müssen zuerst erfüllt werden (höchste Priorität).
- Die Motivation kommt also immer aus der niedersten nicht erfüllten Ebene.

Bild 1-2 Maslowsche Bedürfnispyramide

Den klassischerweise zugeordneten Bedürfnissen kann man durchaus auch Bedürfnisse gegenüberstellen, die das Arbeitsumfeld, den Arbeitsplatz und die Lebensbedingungen betreffen. Die Konsequenz, die eine Führungskraft aus diesem Modell ziehen kann ist, dass eine Erfüllung der Bedürfnisse höherer Ebenen im Allgemeinen ins Leere läuft, wenn die Grundbedürfnisse nicht erfüllt sind.

Die Grenzen des Modells zeigen sich beispielsweise dann, wenn Personen oder Gruppen aus ideellen Motiven (Selbstverwirklichung, Persönlichkeit oder Soziales) auf die Befriedigung physiologischer Bedürfnisse und auf Sicherheit verzichten.

1.3.2.2 X-Y-Theorie

Die X-Y-Theorie von McGregor unterscheidet zwei Menschenbilder. Dabei stellt sie der klassischen, negativen, pessimistischen Theorie X das positive, optimistische Menschenbild der Theorie Y gegenüber. Diese sieht den Mitarbeiter als von vornherein motiviert und engagiert an. Motivationsdefizite werden hier als Folge von Fehlern der Führung interpretiert.

Tabelle 1.3 Theorie X versus Theorie Y

	Theorie X	**Theorie Y**
Arbeit	Mitarbeiter sind träge und gehen der Arbeit aus dem Wege. Abscheu vor der Arbeit.	Mitarbeiter wollen interessante Arbeit. Arbeit als Quelle der Zufriedenheit.
Verantwortung	Mitarbeiter scheuen Verantwortung.	Mitarbeiter sind bereit, Verantwortung zu übernehmen.
Potenziale	Mitarbeiter bringen vorhandene Potenziale nicht freiwillig ein.	Mitarbeiterpotenziale sind groß und können aktiviert werden.
Wertesystem des Mitarbeiters	Ich-zentriert (homo oeconomicus in eigener Sache).	Altruistisch (Gemeinschaftsziele, Unternehmensziele).

	Theorie X	Theorie Y
Zielerreichung	Zielerreichung kann nur durch Sanktionen umgesetzt werden.	Mitarbeiter setzen Ziele und versuchen, sie zu erreichen.
Angemessener Führungsstil	Autoritär.	Kooperativ.

Für den Manager ist weniger die Frage, welches Menschenbild „wirklich" zutrifft, sondern eher die Frage, welcher Führungsstil zu welcher Zeit in welcher Situation gegenüber welchen Mitarbeitern angemessen ist.

1.3.2.3 Motivations- und Hygiene-Faktoren

Die Motivation-Hygiene-Theorie nach Herzberg geht von folgenden Annahmen aus:

- Es gibt Motivationsfaktoren, die positiv auf die Motivation wirken.
- Es gibt Hygienefaktoren, deren Fehlen negativ auf die Motivation wirkt.
- Hygienefaktoren werden als notwendig betrachtet, sie erzeugen aber keine Motivation.
- Unzureichende Hygienefaktoren wirken negativ auf die Motivation.
- Motivationsfaktoren können unzureichende Hygienefaktoren kaum ausgleichen.
- Nur bei Vorliegen von Hygienefaktoren können Motivationsfaktoren wirken.

Motivationsfaktoren sind z. B.:

- Arbeit, Erfolg, Anerkennung
- Verantwortung, Aufstieg, Entfaltung
- Incentives (monetäre und nichtmonetäre Belohnungen/Anreize) in beschränktem Maße.

Hygienefaktoren sind z. B.:

- Arbeitsplatzbedingungen
- Geld/Entlohnung
- Gerechtigkeit, Sicherheit, personelle Beziehungen.

Motivation ist das Gegenstück zur Macht, sie baut nicht auf formalen Strukturen auf. Demotivation führt zur inneren Kündigung oder zumindest zu verminderter Arbeitsleistung. Der Begriff Motivationstechniken und die damit verbundenen Tricks sind fraglich.

Eine Führungskraft muss daher

- Mitarbeiter und ihre Bedürfnisse ernst nehmen, aber auch die Bedürfnisse des Unternehmens sehen.
- Beachten, dass das eigentliche Ziel des Unternehmens ein Ergebnis ist, und dies auch den Mitarbeitern vermitteln.
- Hygienefaktoren beachten und Gefährdungen der Motivation eliminieren (personelle, organisatorische, materielle).
- Durch Lob, Fördern und Anerkennung die Motivation der Mitarbeiter fördern. Dabei können Anerkennungen formaler, informeller und materieller Art sein.
- Motivationsfaktoren beachten, aber nicht versuchen, die Mitarbeiter bestimmter Hierarchiestufen in bestimmte Ebenen der Bedürfnispyramide einzustufen.

- Fördern, dass Mitarbeiter ihre Motivation aus der Aufgabe bekommen, nicht trotz der Arbeit. Eine Verbesserung des Arbeitsumfelds nützt dem Mitarbeiter und dem Ergebnis.
- Beachten, dass erwachsene Menschen keine „Motivationsshow" wollen, sondern ernst genommen werden wollen (Mitarbeiter *als* erwachsene Menschen behandeln, nicht *wie* erwachsene Menschen).

1.3.2.4 Personen- und aufgabenbezogene Motivation

Häufig wird beim Thema Motivation so getan, als ob Motivation eine Eigenschaft einer Person sei: „Jemand ist motiviert." Dabei kann die Motivation nur im Hinblick auf ein bestimmtes Objekt, typischerweise auf eine bestimmte Aufgabe bezogen werden: Menschen, die im Hinblick auf eine berufliche Aufgabe nicht motiviert sind, können sich vielleicht abends voller Elan in Familie oder Verein engagieren, und Menschen, die im Beruf motiviert sind, können vielleicht nicht dazu bewegt werden, sich für das Gemeinwohl zu engagieren. Auch innerhalb der betrieblichen Tätigkeiten kann die Motivation eines Mitarbeiters unterschiedlich ausfallen.

Diese persönlichkeitsorientierte Motivation muss durch eine ressourcenorientierte Analyse ergänzt werden. Es mag für einen bestimmten Menschen nicht möglich sein, alles zu tun, wozu er motiviert wäre; während für einen anderen die Anzahl der Aktionen, zu denen er motiviert ist, nicht die verfügbare Zeit füllt. Dieser Ressourcenkonflikt aufgrund der Motivation führt dazu, dass Prioritäten (entsprechen der Motivation bzw. des Nutzens für die Person) gesetzt werden.

Es stellt sich also nicht die Frage „ist der Mitarbeiter motiviert", sondern die Frage „ist die Motivation für eine bestimmte Aufgabe so hoch, dass diese Aufgabe aus den zur Verfügung stehenden Tätigkeiten ausgewählt wird".

1.3.2.5 Motivation und Manipulation

Im Zusammenhang mit Führung muss zwischen Motivation (als Tätigkeit des Führenden) und Manipulation unterschieden werden. Manipulation bedeutet, Menschen zu etwas zu bewegen, was der Manipulierende will, unabhängig davon, ob es dem Manipulierten einen Nutzen bringt. Motivation berücksichtigt die Werte des zu Motivierenden.

Im spieltheoretischen Sinne wäre Manipulation eine Win-Loose-Situation, während Motivation eine Win-Win-Situation schafft.

1.3.3 Mitarbeiterführung

Ein wichtiger Aspekt des Managements ist die Mitarbeiterführung. Dabei geht es zum einen um die direkte Führung von Mitarbeitern, aber auch darum, die Mitarbeiter innerhalb größerer Einheiten – Stellen oder Projekte – indirekt zu führen. Letzteres geschieht durch die Führungshierarchie im Unternehmen und durch institutionelle Maßnahmen. Eine wichtige Rolle spielt in beiden Bereichen die Vorbildfunktion des Führenden. Motivation, Führungsstile und Kommunikation bleiben wirkungslos, wenn die Mitarbeiter den Eindruck haben, dass der jeweilige Manager nicht hinter den Aussagen steht. Deshalb ist die Vorbildfunktion entscheidend.

Die Vorbildfunktion erfordert nicht nur ein momentanes Identifizieren mit den Aufgaben und Werten, die vermittelt werden sollen. Sie muss auch eine zeitliche und räumliche (im Sinne von organisatorischen Strukturen) Konsistenz aufweisen. Um glaubwürdig zu sein, muss das Vorbild echt (authentisch) sein. Dazu gehört auch, dass der Manager selbst die entsprechenden

Ziele, Grundsätze, Werte und Normen im Umgang mit Mitarbeitern, Kollegen und Vorgesetzten berücksichtigt. Je mehr ein Manager sich auf ethische Grundsätze beruft, um so eher muss er sich auch in seinen Aktivitäten an diesen Grundsätzen messen lassen.

1.3.3.1 Führung in der Linie

Die Führung in der Linie ist die klassische Führungsstruktur innerhalb der Hierarchie eines Unternehmens. Der Vorgesetzte hat gegenüber seinen Mitarbeitern die Legitimationsmacht durch das Unternehmen, er kann als Disziplinarvorgesetzter Einfluss auf jeden Mitarbeiter nehmen (Belohnungsmacht, Bestrafungsmacht).

1.3.3.2 Führen ohne Vorgesetztenverhältnis

Funktionale Führung ist typisch für Projekte, insbesondere für kleinere Projekte in einer Einflussstruktur, und für die Matrixstruktur. Während der Mitarbeiter in der Linienstruktur bleibt und dort seinen Disziplinarvorgesetzten hat, handelt der Projektleiter zwar im Auftrag der Leitung, aber ohne Disziplinarmacht. Er ist für die Zuordnung der Mitarbeiter zu Aufgaben verantwortlich, und er kann diesen die notwendigen Ressourcen zuteilen.

1.3.3.3 Führen ohne Auftrag

Teams zu führen und Aufgaben umzusetzen finden nicht nur in formalen Strukturen statt. Laterale Führung [Fischer] ist ein Phänomen in allen Organisationen. Der Führende hat hier keine formale Kompetenz, sondern er führt durch sein Vorbild und sein Wissen. Er kann nur führen, wenn er die Beteiligten motivieren kann.

Vor allem in Projekten oder Gruppen, die aus der Not des betrieblichen Bedarfs heraus entstehen, ist es notwendig, Mitarbeiter im Rahmen einer Aufgabe zu führen, die unter Umständen in dieser Form von der Leitung überhaupt noch nicht wahrgenommen werden.

Informelle Führung findet in allen Arten von Organisationen statt. Die formale Leistung kann diese Führung – wie auch die sogenannten U-Boot-Projekte – versuchen zu unterbinden, um alle Strukturen „im Griff zu halten", oder sie tolerieren, solange sie für das Unternehmen nützlich sind und auch der Entwicklung der beteiligten Personen und Stellen nutzen.

1.3.4 Führungsstile

Jeder, der Menschen führt, sollte sich mit dem Thema Führung beschäftigen. Viel wichtiger als die Kenntnis von Theorien ist aber die Persönlichkeit des Führenden. Diese ist genauso entwicklungsfähig wie die Führungsstile.

Bei der Führung kommt es vor allem darauf an, Vorbild zu sein und den Mitarbeitern klare Ziele und Regeln aufzuzeigen. Das Wichtigste in der Führung ist, Konstanz zu zeigen. Situationsorientierte Führung muss sich trotz aller Flexibilität durch Berechenbarkeit auszeichnen. Dabei bedeutet Berechenbarkeit nicht, dass der Führende deterministisch vorhersehbar und manipulierbar ist, sondern dass die Regeln so transparent und konstant sind, dass sich Mitarbeiter auf einen verlässlichen Führungsstil einstellen können.

1.4 Modellbasiertes Problemlösen

Management beschäftigt sich weniger mit der Lösung konkreter Probleme, sondern vielmehr mit der Implementierung geeigneter Strukturen und Prozesse, um solche Probleme systematisch und optimal zu lösen. Damit wird Management zur Meta-Problemlösungsmethode. Dies erfordert aber, die Probleme formal entsprechend zu beschreiben und die Argumentation im Modell auch klar von der Diskussion über das Modell zu trennen.

Da man niemals die gesamte reale Welt betrachten und in die Überlegungen mit einbeziehen kann, ist es nötig, Teile davon zu betrachten und diese zu abstrahieren. Dazu werden Modelle verwendet. Modelle sind Abbilder eines Teils der Realität, die durch einen Prozess der Abstraktion und Strukturierung entstehen und einem bestimmten Zweck dienen.

1.4.1 Problemlösungsdiagramm

Die Problemlösung wird im Problemlösungsdiagramm in einzelne Schritte aufgeteilt:

- *Modellierung (Modellbildung)* erzeugt aus „der" Realität ein Modell.
- *Problemmodellierung:* Formulierung des realen Problems (Fragestellung, Zielsetzung) im Rahmen des Modells.
- *Lösung:* Innerhalb des Modells wird das Problem dann (mit mehr oder weniger formalen Methoden) analysiert und gelöst.
- *Implementierung* setzt diese Modelllösung in die Realität um und liefert damit die Lösung für das Ausgangsproblem.
- *Validierung:* überprüft die implementierte Lösung in Bezug auf das Ausgangsproblem.

Das folgende Diagramm veranschaulicht dieses Vorgehen:

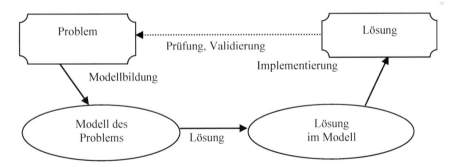

Bild 1-3 Modellbasiertes Problemlösen

1.4.2 Modelle und Systeme

Modelle sind strukturierte und abstrahierte Abbilder von Ausschnitten der Realität zum Zweck der Problemlösung.

Das Modell ist also zielgerichtet, d. h. zu einem bestimmten Zweck erstellt, und realitätsbezogen, d. h. nur durch den Bezug zur Realität von Bedeutung. Das Modell dient dazu, Probleme effizienter zu lösen oder Ergebnisse einfacher zu bekommen, als dies unter Benutzung des Realsystems möglich wäre, wobei sich Problemlösung und Ergebnis auf das Realsystem übertragen lassen.

Ein System ist ein Teil der Realität, charakterisiert durch die Gesamtheit seiner Teile und die zwischen ihnen herrschenden Beziehungen (Relationen). Der Begriff des Systems stellt schon eine Abstraktion dar, da die Abgrenzung eines Teils der Realität ja nur gedanklich erfolgt.

Ein Modell ist eine formale Repräsentation (Darstellung) eines Systems. Das Modell stellt alle für den Zweck des Modells wichtigen Relationen dar und bildet die zwischen den dargestellten Teilen und Relationen geltenden Zusammenhänge ab.

Unter einem mathematischen System versteht man ein mathematisches Modell für eine Klasse von Systemen. Ein mathematisches System bezieht sich im Gegensatz zum Modell nicht auf ein bestimmtes Realsystem, sondern auf abstrakte Begriffe und hat deshalb nur eine allgemeine Semantik (z. B. durch die Nutzung von Begriffen der Realität). Das mathematische System steht also zwischen mathematischen Strukturen (ohne jegliche Semantik) und Modellen (mit Semantik).

1.4.3 Modellklassen

Eine entscheidende und häufig vernachlässigte Rolle beim Problemlösen spielt die Auswahl des Modells.

Wenn man sich nicht die Vielfalt der Klassen möglicher Modelle und Strukturen vor Augen hält, wird man dazu tendieren, alle Systeme in eine einzige (bekannte und gewohnte) Struktur abzubilden und so das Problem bzw. System der vorgegebenen Struktur oder Modellklasse anzupassen. Dies bewirkt eine Anpassung des Modells (der modellierten Realität) an den Formalismus (die Klasse des Modells) und kann dazu führen, dass bestimmte Aspekte der Realität nicht wahrgenommen werden. Diese Anpassung der (wahrgenommenen) Realität an das (durch seine Struktur vorgegebene) Modell verzerrt die Realität und führt zu einer in der Realität unbefriedigenden Lösung. Der Ingenieur lernt im Laufe von Studium und Beruf viele Modelle und Klassen von Modellen kennen. Wir stellen im Folgenden einige für das Management relevanten Modellklassen vor.

1.4.3.1 Darstellung

Nach der Darstellung unterscheiden wir zunächst einmal materielle und immaterielle Modelle. Bei einem materiellen Modell wird der Informationsgehalt des Modells durch seine materielle Beschaffenheit beeinflusst. Ein immaterielles Modell hängt nicht von der Beschaffenheit des Trägers (Papier, elektronische Medien) ab.

Materielle Modelle bilden Systeme mit Hilfe materieller Zustände und Strukturen ab.

Materielle Modelle können sein:

- *maßstäbliche* Modelle (Schiffs-, Flugzeugmodelle, Manöver),
- *analoge* Modelle (ähnliche Wirkungsgefüge) und
- *symbolisch-ikonische* Modelle (Urnenmodell, Schachspiel).

Materielle Modelle können offensichtlich nach dem verwendeten Material, dem Darstellungsmedium, klassifiziert werden. Dies kann z. B. Holz, Metall, Plastik oder Papier, aber auch ein größeres (Modell-)System der Realität sein.

Immaterielle Modelle sind nicht durch das Darstellungsmedium, sondern durch einen Formalismus festgelegt. Sie können unterschieden werden in

- *informelle* Modelle wie Texte und
- *formal-mathematische* (inkl. *logische*) Modelle.

Auch immaterielle Modelle haben immer eine materielle Darstellung (Repräsentationen), beispielsweise das Papier, auf dem sie gedruckt sind, oder der Speicher, in dem sie abgelegt sind. Obwohl hier das Medium keine wichtige Rolle spielt, können wir für ein spezielles Modell nach der Art des Darstellungsmediums und des für die Problemlösung verwendeten Mediums z. B. Gedankenmodelle, Papiermodelle (d. h. auf Papier geschriebene oder gezeichnete immaterielle Modelle), graphische Darstellungen und Computerrepräsentationen unterscheiden.

Graphische Modelle

Graphen sind eine sehr breit einsetzbare Klasse mathematischer Modelle und bieten sich als visuelle Darstellung von Modellen mit vielfältigem Kontext und unterschiedlichster Syntax und Semantik an. Grundelemente sind

- *Knoten* oder *Ecken*: die Elemente einer Grundmenge.

- *Pfeile* (gerichtet) oder *Kanten* (ungerichtet): eine Relation auf dieser Grundmenge, d. h. eine Beziehung zwischen den beiden durch den Pfeil oder die Kante verbundenen Elementen.

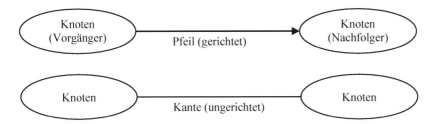

Bild 1-4 Grundelemente von Graphen

1.4.3.2 Modellschwerpunkte

Die Frage der Modellschwerpunkte muss bezüglich des Realsystems nach Aspekten (systembezogen) und Perspektiven (betrachterbezogen, Sichten) gestellt werden. Daneben kann der Schwerpunkt der Modellierung in der Struktur oder im Verhalten des Systems liegen.

Die möglichen Aspekte (Systemschwerpunkte) und Perspektiven (Betrachtersichten) hängen stark vom realen System und von der verwendeten Modellklasse ab. Je nach den Aspekten, die im Modell hauptsächlich berücksichtigt werden, unterscheiden wir bei formalen Modellen die objekt-, struktur-, zustands-, fluss- und ablauforientierten Modelle. Aber auch andere Einteilungen sind notwendig. So kann man Probleme unter politischen, wirtschaftlichen, finanziellen, ökologischen und kulturellen Aspekten betrachten, was jeweils einem anderen Realweltausschnitt entspricht. Die zuletzt genannte Einteilung ist eher dem Realsystem als dem Modell zugeordnet, steht also zwischen Perspektiven und Aspekten. Perspektiven sind Blickweisen auf das Realsystem, bestimmen also einen Ausschnitt des Systems oder Problems. Mögliche Perspektiven eines Betriebs sind z. B. die Information(sverarbeitung), die Ressourcen(verbrauch), das Personal und die Finanzen.

Die folgenden Einteilungen gelten hauptsächlich für formale Modelle, sie können aber auch auf viele informelle Modelle angewendet werden.

- *Verhaltensorientierte Modelle:* Dabei wird vor allem auf das Verhalten des zu modellieren- den Systems Wert gelegt, z. B. auf sein Anregungs-Antwort-Verhalten. Beispiele sind In- put-Output-Modelle und Black-Box-Modelle.

- *Zustands- und eigenschaftsorientierte Modelle:* Dabei wird auf die Beschreibung des Zu- stands, der Eigenschaften und der Veränderungen des Modells Wert gelegt. Übergänge, Bewegungsgesetze und Kennzahlen charakterisieren solche Modelle. Beispiele sind Auto- maten und Modelle der analytischen Systemtheorie.

- *Strukturmodelle:* In solchen Modellen wird auf Teile und Struktur des Systems sowie auf Beziehungen, Abhängigkeiten und Flüsse innerhalb des Systems Wert gelegt. Beispiele sind Netze, Flussdiagramme der Structure Analysis und hierarchische Darstellungen.

Diese Modelle können auch (mehrfach) geschachtelt sein: Ein Strukturmodell kann aus ver- haltens-, zustands- und eigenschaftsorientierten Teilmodellen bestehen und ein verhaltens-, zustands- oder eigenschaftsorientiertes Modell kann wieder in ein Strukturmodell aufgebro- chen werden.

Die Unterscheidung nach den eingesetzten Methoden zur Problemlösung ergibt Kriterien, die auf der Darstellung, der Abstraktion, dem Schwerpunkt und der Komplexität beruhen. Zur Pro- blemlösung können formal-mathematische Methoden inklusive der numerischen Verfahren, experimentell-simulierende Methoden inklusive der mechanischen Experimente und Compu- tersimulationen und symbolische Methoden eingesetzt werden. Die Modelle können aber auch intuitiv-analog (assoziativ) ausgewertet werden. Häufig wird ein Modell im einfachen Fall exakt ausgewertet, die Übertragung auf eine komplexere Realität erfolgt durch Analogie- schluss.

1.4.3.3 Zeit

Je nachdem, ob die zeitliche Veränderung des Systems und seines Umfelds berücksichtigt wird, unterscheiden wir statische (zeitunabhängige) und dynamische (sequentielle) Modelle.

Auch in einem dynamischen Modell kann das zu modellierende System durchaus in (stationä- rer) Ruhe sein; wichtig ist, dass explizite Zeitabhängigkeiten vorkommen.

Zwischen den dynamischen Modellen, in denen die Entwicklung des Systems (im Allgemeinen durch ein Entwicklungsgesetz) modelliert wird, und den statischen Modellen stehen die kine- matischen Modelle, in denen nur vorgegebene Zeitabhängigkeiten beschrieben werden.

1.4.3.4 Unsicherheit

Je nach dem Grad der Vorhersagbarkeit des Systems und der Sicherheit, mit der Aussagen über das System gemacht werden können, unterscheiden wir deterministische und stochastische Modelle sowie Modelle unter Unsicherheit. In deterministischen Modellen kann der Zustand des Systems (zumindest theoretisch) exakt vorhergesagt werden.

In stochastischen Modellen spielt der Zufall eine Rolle. Modelle unter Unsicherheit berücksichtigen die Tatsache, dass einzelne Teile oder Eigenschaften des Modells nicht exakt bestimmt sind oder nicht genau bestimmt werden können.

Nach der Art der Unsicherheit im Modell kann man Modelle mit Unschärfe (Fuzzyness, Plausibilität), parametrische Modelle und Modelle mit subjektiven Wahrscheinlichkeiten und Risiko unterscheiden. Während bei parametrischen Modellen ein (bestimmbarer) Parameter zur Systembeschreibung frei gelassen wird, wird bei Modellen mit Unschärfe die Schwankung, die aufgrund von fehlendem Wissen, prinzipieller Unsicherheit, sprachlicher Unschärfe oder Plausilitätsbetrachtungen ins Spiel kommt, explizit modelliert. Bei Modellen mit subjektiver Wahrscheinlichkeit wird solche Unschärfe wie eine (stochastische) Wahrscheinlichkeit behandelt.

Freiheiten in einem Modell bedeuten Parameter oder andere freie (d. h. noch nicht getroffene) Entwurfsentscheidungen, die im Modell noch unsicher und variabel sind. Normalereise denkt man bei Freiheiten und Parametern an Zahlen, ein Modell kann aber darüber hinaus sogar strukturelle oder funktionale Freiheiten und Unsicherheiten haben.

- Bei Modellen mit struktureller Unsicherheit ist die Struktur des Modells selbst, z. B. die Teile und ihr gegenseitiger Einfluss, noch variabel.

- Bei Modellen mit funktionaler Unsicherheit ist der funktionale Zusammenhang zwischen Größen unsicher. Dies kann bedeuten, dass offen ist, ob eine Funktion f die Form $f = f(x,y)$ oder $f(x,z)$ oder nur $f(x)$ hat, oder dass die Form der Funktion $f(x)$ noch nicht festliegt (es könnte also $f(x) = x^2$ oder $f(x) = 2x \cdot \sin(x)$ gelten).

- In den eigentlichen parametrischen Modellen sind ein oder mehrere numerische Parameter noch offen, so dass anstelle einer festen Zahl ein Parameter steht. Dies kann nun ein fester Wert (etwa $f = \alpha$ mit dem Parameter α) oder eine parametrisierte funktionale Abhängigkeit (etwa $f = \mu \cdot x^\beta$ mit den Parametern μ und β) sein.

- In festen (fixen, parameterfreien) Modellen sind alle Konstanten, Abhängigkeiten und Funktionen festgelegt (in unserem Beispiel also $f = 2,45 \cdot x^2$ oder auch $f = 3$).

1.4.3.5 Zahlen und Größen

Zahlen und Größen können entweder diskret oder kontinuierlich modelliert werden. Diskrete Modellierung bedeutet, dass für eine Größe endlich oder abzählbar unendlich viele mögliche Werte zur Verfügung stehen, die alle voneinander einen (möglicherweise variablen) Mindestabstand haben. Beispiele sind die natürlichen oder ganzen Zahlen oder beliebige Mengen mit endlich vielen Elementen. Eine kontinuierlich modellierte Größe kann als Wert jede (im Allgemeinen reelle) Zahl in einem gegebenen Intervall annehmen, innerhalb dieses Kontinuums gibt es zu je zwei Werten immer noch Werte, die dazwischen liegen. Beispiele sind die reellen Zahlen oder Teilintervalle wie das Intervall [0,1] aller reellen Zahlen zwischen 0 und 1.

Beispiele für Größen, die kontinuierlich oder diskret modelliert werden können, sind:

- Zeit (Zeitpunkte, Dauern)
- Raum (Ort, Position, Ausdehnung, Bewegung)
- Zustände (Temperatur)
- Eigenschaften (Gewicht, Preis)
- Objekte (Produkte, Autos, Menschen)
- Flüsse (Materialströme, Energie, Einfluss)
- Zahlgrößen (Geld, Umsatz, Güter).

1.4.3.6 Strukturierung

Nach der Art und Stärke der Strukturierung eines Modells können wir flache Modelle ohne Struktur gegenüber hierarchischen und mehrschichtigen Modellen abgrenzen. Je nach Art, Anzahl und Verknüpfung von Untermodellen sind viele Arten der Strukturierung denkbar.

Die Hierarchie kann sich auf reale Objekte (Zerteilung eines Objekts) oder auf abstrakte Klassen (Klassifizierung) beziehen.

1.4.3.7 Zweck

Nach dem Zweck des Modells können wir deskriptive (beschreibende), kausale (erklärende), prognostizierende (vorhersagende), optimierende (Entscheidungs-)Modelle und normative Modelle unterscheiden.

- *Deskriptive* Modelle beschreiben die Realität, d. h., sie geben Antwort auf die Fragen „Was ist?", „Wie ist etwas aufgebaut?" und „Wie passiert etwas?".

- *Kausale* Modelle versuchen, die Realität zu erklären, d. h. Antwort auf die Frage „Warum passiert was?" zu geben.

- *Prognostizierende* Modelle sollen die Reaktion von Systemen vorhersagen, also Antwort auf die Frage „Was wird passieren?" geben. Sie sollen auch in Form von What-if-Analysen dazu dienen, verschiedene Alternativen zu bewerten.

- *Optimierende* Modelle und Entscheidungsmodelle sollen unter verschiedenen Alternativen die beste herausfinden oder gute Lösungen eines Problems finden, also Antwort auf die Frage „Was ist am besten?" geben.

- *Normative* Modelle sollen dazu dienen, ethische Kriterien zu beschreiben und aufzustellen, d. h. Antwort auf Fragen vom Typ „Was soll sein?" oder „Was ist wünschenswert?" zu geben.

1.4.4 Modellbildungsprozess

Wir betrachten nun das Vorgehen bei der Modellbildung und legen dabei ein erstes lineares Phasenkonzept zugrunde. Mit der fortschreitenden Ausprägung, Anpassung und Verbesserung überlagern sich diese Phasen der Modellbildung zu einem zyklischen Modell. Im Folgenden stellen wir zunächst ein Phasenmodell für die Modellbildung vor, das Anhaltspunkte für das Vorgehen und für die Beurteilung des Arbeitsfortschritts gibt:

1. Prämodellierung: Informationsgewinnung, Systemanalyse, Begriffsbildung, Abgrenzung von System und Modell, Feststellen des Problems

2. Modellauswahl, Auswahl von Modellklasse und Repräsentationsmechanismus, Festlegen von Freiheitsgraden

3. Eigentliche Modellierung, Ausarbeitung des Modells, Bestimmen von Struktur und Parametern

4. Analysen, weitere Verbesserung und Verfeinerung des Modells

5. Verifikation und Validierung, Überprüfung.

Jede dieser Stufen kann dabei wieder zurück zu einer der vorigen Stufen führen.

1.4.4.1 Von der Information zum Modell

Die Informationsgewinnung und die Systemanalyse stehen konzeptuell am Anfang des Modell-bildungprozesses. Dass man auf diese Aktion immer wieder zurückkommt, liegt daran, dass der Bedarf an Informationen über das System und die Fähigkeit zur Interpretation und Reprä-sentation von Informationen mit fortschreitender Konkretisierung und Verfeinerung des Mo-dells ebenfalls zunehmen.

Die eigentliche Modellierung erfolgt in mehreren Schritten und führt vom Prämodell über das essentielle Modell zum physi(kali)schen Modell bzw. vom generischen zum spezifischen Mo-dell. Die schrittweise Verfeinerung (stepwise refinement) von Modellen ist besonders in struk-turorientierten Methoden ausgeprägt. Bei anderen Modellklassen geht es mehr um die Verfei-nerung von Details oder um die Anpassung und exakte Bestimmung von Systemparametern (Systemidentifikation). Die endgültige Modellierung führt vom essentiellen Kernmodell zum physischen Modell des realen Systems.

Ein Modell kann auch „bottom-up" vom Kern her wachsen, indem zunächst wichtige Teile oder Aspekte modelliert werden und dieses Modell dann erweitert bzw. modifiziert wird. Auch durch die Integration verschiedener Teilmodelle oder Aspekte kann das Modell bottom-up konstruiert werden.

1.4.4.2 Modellanalyse und Verbesserung

Die Analyse von Modellen ist nicht nur für die Auswertung von fertigen Modellen wichtig, sie ist auch ein zentraler Schritt bei der Erstellung von Modellen. Sowohl bei der schrittweisen Adaption eines Modells an die Realität als auch bei der Reduktion von Supermodellen ist es wichtig, Teilmodelle zu untersuchen. Diese Analyse führt dann zu Entwurfsentscheidungen, wie dem Vernachlässigen, Zusammenfassen, Vereinfachen von Teilsystemen, Zusammenhän-gen und Effekten, oder sie initiiert eine tiefere Untersuchung eines Teilmodells, dessen Bedeu-tung für das Gesamtproblem deutlich geworden ist.

Diese schrittweise Reduktion des Supermodells ähnelt dem Vorgehen beim Auflösen von Glei-chungssystemen, wo nach und nach Variablen als Funktion anderer Variablen ausgedrückt (nach diesen aufgelöst) werden, bis das resultierende System eine übersichtliche handliche Form, im Idealfall die der geschlossenen Lösung, hat.

Die Konsequenzen solcher Analysen können natürlich auf die Auswahl von Modellklassen und die Anpassung von Modellen zurückwirken. Analysen und die mit ihnen verbundenen Schwie-rigkeiten können zum Weglassen von unwichtigen Teilen und Strukturen (z. B. von Verbin-dungen aus den Jeder-mit-jedem-Netzen eines ersten Modellansatzes), zur Modifikation des Modells (Änderung von Parametern, Ersetzen von Parametern durch Funktionen oder Zufalls-variablen, Diskretisierung einer Variablen) und der Modellklasse (Übergang zu dynamischen Systemen, Wahl eines anderen Materials) und zu weiteren Analysen oder zur Aufstellung wei-terer Teilmodelle (Untermodelle) führen. Jeder Entscheidungsschritt im Rahmen der Modell-bildung und Analyse kann zu einem kleinen Problemlösungsprozess mit eigenen Modellen führen.

1.4.4.3 Verifikation und Validierung

Die Kriterien, die an ein Modell zu stellen sind, lassen sich in die drei Ebenen der Semiotik einteilen: *Syntax, Semantik* und *Pragmatik*. Dem entsprechen die drei Hauptkriterien an Mo-delle: *Widerspruchsfreiheit, Gültigkeit* (Realitätsbezug) und *Nutzen*, sowie die Überprüfungsschritte *Verifikation* (formale Konsistenzprüfung), *Validierung* (Prüfung der Gültigkeit für die Realität) und *Nutzenanalyse* (Bewertung des Nutzens nach der Implementierung).

Die Widerspruchsfreiheit eines Modells (Verifikation) bedeutet eine formale Konsistenz innerhalb des Modells. Dabei sind formale syntaktische Bedingungen und logische Nebenbedingungen zu erfüllen. Widerspruchsfreiheit schließt auch semantische Konsistenz ein, d. h. Bedingungen, die aufgrund der formalen Bedeutung der Elemente des Modells erfüllt sein müssen. (Auf einer Landkarte darf z. B. ein Wald nicht in einem See liegen, Flüsse dürfen sich nicht kreuzen, Bestellmengen und Preise dürfen nicht negativ werden.)

Die Bedingung der Gültigkeit (Validierung) bedeutet, dass das Modell die Realität darstellen muss. Die Beziehung des Modells zur Realität muss also dargestellt sein (wohldefinierte Semantik des verwendeten Modells) und muss mit der Realität übereinstimmen. Die Gültigkeit eines Modells kann nicht formal bewiesen werden. Ein Test der Gültigkeit ist durch Vergleich mit der Realität (Experiment, Beobachtung), durch Vorhersage von Versuchsergebnissen und Vergleich mit den realen Ergebnissen möglich. Fehler bewirken eine Ablehnung des Modells (Falsifizierung). Ein Modell, das nichts über den Ausgang von Experimenten vorhersagt, ist nicht falsifizierbar und nutzlos. Die richtige Vorhersage des Ausgangs eines Experiments ist aber noch kein Beweis für die Richtigkeit des Modells.

Möglichkeiten der Überprüfung sind: reales Experiment (mit dem Problem, das System hinreichend zu isolieren), Gedankenexperiment, Simulation, mathematische und numerische Analysen. Das Prinzip ist dasselbe, wenn man Gedankenexperiment, Simulation, Experimentalumgebung jeweils als Modelle der Realität ansieht. Eine weitere Testmöglichkeit ist die Anwendung des Modells auf bekannte Fälle und auf Extremfälle (extrem einfache Fälle, extreme Dimensionen, Grenzübergänge). Gute Fragen hierzu sind: „Was folgt aus dem Modell?", „Welche Gegenbeispiele dazu gibt es?", „Was wurde vergessen?". Die Modellkritik muss sich aber im Rahmen der Aufgaben und Ziele des Modells halten.

Der Nutzen des Modells besteht in der Ableitbarkeit richtiger Entscheidungen, Folgerungen und Lösungen. Der Nutzen eines Modells erweist sich an der Anwendung, die auf den Problemlösungsprozess folgt. Überprüfungsschritte und formale Kriterien können zwar Hinweise auf die Brauchbarkeit des Modells geben, und eine gewissenhafte Modellbildung bietet auch die beste Gewähr für ein brauchbares Modell, die Nützlichkeit kann aber letztendlich nur durch die Anwendung selbst – die Problemlösung und die Verständlichkeit und Brauchbarkeit für andere – beurteilt werden.

Ein Konzept aus der Statistik und Testtheorie spielt auch bei der Verifikation, Validierung und Falsifizierung von Modellen eine wichtige Rolle: das Konzept der Fehler erster und zweiter Art. Bei jedem Test, dessen Ergebnis Annahme oder Ablehnung einer Hypothese ist, gibt es zwei Möglichkeiten, Fehler zu machen: durch die Ablehnung einer richtigen Hypothese oder durch die Annahme einer falschen. Auf die Modellbildung bezogen bedeutet dies

- entweder die *Ablehnung* (Falsifizierung) oder Modifikation eines an sich richtigen Modells aufgrund einer Abweichung zwischen Vorhersage und Messergebnis (im weitesten Sinne) oder aufgrund zu hoher Ansprüche an das Modell.

- oder das *Akzeptieren* (Verifikation, Validierung) eines noch nicht hinreichend guten Modells aufgrund zufälliger guter Übereinstimmung zwischen Vorhersage und Messergebnis (im weitesten Sinne) oder aufgrund zu niedriger Ansprüche an das Modell.

1.4.5 Modellverfeinerungen

Wir haben im Abschnitt 1.4.4. bei der Beschreibung des Prozesses vom Prämodell zum Modell die generischen und spezifischen Modelle sowie die essentiellen und physischen Modelle unterschieden. Diese Modellierungsschritte sollen nun genauer betrachtet werden.

1.4.5.1 Ausprägung generischer Modelle

Ein generisches Modell ist eine Modellklasse mit Parametern und Freiheitsgraden, die von numerischen Parametern bis zur speziellen Form von Strukturen und Funktionen oder zur Frage des Vorhandenseins von Teilen reichen können. Ein spezifisches (spezielles) Modell dagegen ist ein Modell für ein ganz spezielles reales System. Der Übergang vom generischen zum speziellen Modell ist ein weiterer Prozess, der den Schritten der Modellbildung überlagert ist. Er entspricht der Repräsentation des Zuwachses an Information über das Realsystem im Modell.

Als Beispiel für die Stufen des Übergangs vom generischen zum speziellen Modell durch sukzessive Ausprägung betrachten wir das Modell einer Brauerei:

- Die allgemeinsten (generischen) Modelle sind: Denkstrukturen, der Vorrat der jeweiligen Wissenschaft und Paradigmen.
- Das allgemeine Modell eines Betriebs enthält vieles, was zum gegebenen Thema nicht interessiert.
- Das Modell eines Produktionsbetriebs enthält dann schon speziellere Eigenschaften.
- Das Modell einer Brauerei enthält schon passende Materialflüsse. Hier tauchen die Begriffe „Bier" und „Flasche" erstmals auf.
- Das Modell einer mittelständischen Brauerei mit Auslieferung hat die passenden Größenverhältnisse.
- Erst das Modell der Specht-Brauerei in Bierdorf im Frühjahr 2008 ist ein spezifisches Modell dieser Brauerei.

Parallel zu dieser Ausprägung wird durch Festlegung der Ziele, der zu betrachtenden Aspekte und Perspektiven und der Auswahl der Darstellung ein Modell festgelegt.

1.4.5.2 Essentielle und physische Modelle

Gerade bei komplexen Systemen ist in den ersten Phasen der Modellbildung ein hohes Maß an Abstraktion erforderlich. Man muss, um zum Kern des Modells zu gelangen, zuerst einmal alles das vernachlässigen, was nicht „eigentlich" zum System gehört. Ein Modell, das solche implementierungsabhängigen Details, Sonderfälle und Ausnahmen nicht berücksichtigt, heißt logisches oder essentielles Modell.

Der Gegensatz zum essentiellen Modell ist das physische (oder physikalische) Modell, das (im Extremfall) sämtliche Details beinhaltet. Dies können implementierungsabhängige Details, Ausnahmen, Rückkopplungen außerhalb des Modells, Fehler und sehr unwahrscheinliche Ereignisse sein. Beispiele dafür sind: die Zuordnung von Funktionen zu Personen oder Maschinen in einer Firma, zufällige Personalunionen, Ausnahmefälle in einem Ablauf durch externe Störungen (Stromausfall durch Blitzeinschlag in einer Fabrik), Erschöpfung von Ressourcen (etwa, dass dem Autofahrer das Benzin ausgeht oder im Computer der Speicherplatz überschritten wird), externe (extrinsische) Rückwirkungen (wie oben beschrieben), Fehler im System, kriminelle Eingriffe (Diebstahl, Sabotage).

Wenn wir vom Modellbildungsprozess ausgehen, könnten wir auch einfach sagen, dass das essentielle Modell dasjenige Modell ist, das das beschreibt, was der Modellierer für essentiell hält.

Bei der Modellierung komplexer Systeme stehen wir hier vor einem wichtigen Problem:

- Zum einen kann ein einigermaßen komplexes Problem nicht vollständig modelliert werden.
- Zum anderen sind aber gerade in komplexen Systemen die Effekte durch nicht-essentielle Verknüpfungen so stark, dass sie das Verhalten des gesamten Systems entscheidend beeinflussen.

Für dieses Problem gibt es keine optimale Lösung, da man von vornherein nicht feststellen kann, welche Zusammenhänge im endgültigen System einen Einfluss auf die Qualität der Problemlösung haben. Die geschlossene Behandlung des kompletten physischen Systems ist aber nicht möglich. Somit bleibt nur ein stufenweises Vorgehen bei der Problemlösung übrig:

1. Lösen des Problems im (oder in mehreren) essentiellen Modell. Dies führt zu einer essentiellen (konzeptionellen) Lösung.
2. Überprüfen und Verbessern der Lösung anhand des physischen Modells.

Im Allgemeinen hat man nun zu einem Problem oder System mehrere essentielle Modelle für die relevanten Aspekte und Perspektiven. Entsprechend erhält man mehrere Lösungen, die dann zu integrieren sind.

1.5   Operations Research – Management Science

Der Begriff Management Science steht für die wissenschaftlichen Grundlagen des Managements und ein wissenschaftliches, im Allgemeinen quantitatives, Herangehen an das Thema Management. Aufgrund der mathematischen Ausrichtung ist Operations Research/Management Science für den Ingenieur ein naheliegender Zugang zum Management. Eine erste Basis liegt im „scientific management" (Taylor). Management Science will aber nicht die operativ-ausführenden Tätigkeiten optimieren, sondern das Management selbst und insbesondere die Entscheidungen und Strukturen auf eine strukturierte Grundlage stellen. Basis des Operations Research ist das ökonomische Prinzip der Rationalität (Optimalität) und die Idee, Entscheidungen durch Modelle zu unterstützen.

Management Science und Operations Research sind aber mehr als Optimierung. Es geht vor allem um das Verständnis der Strukturen, Prozesse, Wechselwirkungen und Entscheidungen (modelling for insight, not for numbers). Für Vertiefungen siehe [Meyer, Müller-Merbach, Neumann/Morlock].

1.5.1 Management, Entscheidung und Optimierung

Ein großer Teil der Managementaufgaben sind Entscheidungen. Beispiele sind:

- Festlegung von Zielen und Kriterien
- Festlegung von Strukturen
- Festlegung von Vorgehensweisen und Entscheidungsverfahren
- Auswahl zwischen Alternativen.

Während operative Entscheidungen eher konkrete Auswahlentscheidungen sind („Welche Alternative ist besser?"), werden im strategischen und normativen Bereich Ziele, Strukturen und Vorgehensweisen festgelegt, die letztendlich wieder in Entscheidungen münden. So sind die verschiedenen „Management-by"-Modelle Festlegungen, welche Entscheidungen auf den niedereren Ebenen getroffen werden dürfen und wie diese Entscheidungen zu treffen sind.

Entscheidungsmodelle und Entscheidungstheorie haben zwei Zielrichtungen:

- *deskriptiv:* zu beschreiben, wie Entscheidungen getroffen werden
  (beschreibende Entscheidungsmodelle, psychologische Aspekte), und
- *operativ:* zu zeigen, wie Entscheidungen getroffen werden sollen
  (optimierende Entscheidungsmodelle, Operations Research).

Die Frage, aufgrund welcher Grundlagen Entscheidungen getroffen werden sollten (normative Modelle), ist das Thema der Ethik. Sie ist aber eine zentrale Managementaufgabe. Deshalb soll auch der Einfluss der Ziele und Bewertungskriterien im Folgenden betrachtet werden.

Als einen speziellen Bereich der Entscheidungsmodelle kann man die Optimierungsmodelle ansehen. Sie sind dadurch gekennzeichnet, dass eine Zielfunktion f(x), die zu optimieren ist, formuliert werden kann.

Generell können wir unterscheiden zwischen

- *Parameteroptimierung:* Optimierung einzelner Werte (meist Zahlen) und
- *Strukturoptimierung:* Optimierung der Struktur eines Systems oder Modells.

Meist werden nur die mathematisch einfacher beschreibbaren Parameteroptimierungen für einzelne Werte betrachtet. Solche Optimierungsmodelle können sein:

- *eindimensionale* analytische Optimierung (das klassische Beispiel einer reellen reell wertigen Funktion mit den Lösungsmethoden der Analysis/Differentialrechnung)
- *mehrdimensionale* analytische Optimierung (linear, quadratisch, nichtlinear)
- *kombinatorische* (diskrete) Optimierung
- *dynamische* Optimierung
- *stochastische* Optimierung und
- Optimierung unter *Unsicherheit.*

Strukturoptimierung kann sein:

- *diskret:* Festlegung von einzelnen Strukturelementen oder übergreifenden Strukturtypen in diskreten Problemen (Packprobleme, Netze) und
- *analytisch*: Festlegung von als Funktionen beschreibbaren Objekten (Kontrolltheorie, Design von Figuren).

Die typischen Strukturoptimierungen im Management sind diskrete Probleme. Da die Strukturen und ihre Veränderungen nur schwer zu beschreiben sind, gibt es weniger mathematische Verfahren (kombinatorische Optimierung). Es werden Verfahren der Künstlichen Intelligenz für die Optimierung solcher Strukturen eingesetzt (Evolutionstheorie, Heuristiken).

Beispiele:

- Gestaltung einer optimalen Distributionsstruktur oder Kommunikationsstruktur
- Bestimmung optimaler Mischungen oder optimaler Investitionsstrategien.

Als Beispiel für verschiedene Abstraktionsniveaus bei Entscheidungen sei das klassische Beispiel zum Harvard-Modell der Verhandlungstechnik erwähnt. Ausgangsproblem ist eine Zitrone, um die sich zwei Kinder streiten [Fisher/Ury].

Im Modell können wir nun überlegen, wie die Entscheidungen aussehen:

- Parametrisierung (klassische Entscheidungen): A bekommt x %, B bekommt y %. Im Modell sind nun die Nebenbedingungen an x und y festzulegen (z. B. x + y = 100) und die Kriterien an optimale x und y. Damit können die Optimalwerte für x und y bestimmt werden.

- Parameterraum erweitern („Kuchen vergrößern"): Eines der Kinder benötigt die Schale, das
  andere den Zitronensaft. Im Modell werden die Anforderungen definiert, in dem die Zitrone
  nicht nur in mengenmäßig erfasste, sondern in qualitativ verschiedene Teile zerlegt wird.

- Strukturoptimierung, Meta-Problemlösung (Management): Ein Vorgehen für zukünftige
  Entscheidungen wird festgelegt.

1.5.2 Optimierung und ökonomisches Prinzip

Das ökonomische Prinzip bedeutet, dass diejenige Alternative gewählt wird, bei der bei minimalen negativen Auswirkungen (Kosten) die maximalen positiven Auswirkungen (Nutzen)
erreicht werden. Da eine gleichzeitige Optimierung zweier Größen noch kein eindeutiges Kriterium darstellt, muss das ökonomische Prinzip so formuliert werden, dass diejenige Alternative gewählt wird, bei der beispielsweise

- bei gegebenen Kosten K der maximale Nutzen N* erreicht wird.
- mit minimalen Kosten K* ein angestrebter Nutzen erreicht wird.
- eine maximale Differenz $(N - K)$ * zwischen Nutzen und Kosten erreicht wird.

Es lässt sich zeigen, dass für beliebige Entscheidungen e und e* gilt: Ist $N(e^*) - K(e^*)$ maximal, so ist $N(e^*)$ maximal bei vorgegebenen Kosten $K_0 = K(e^*)$ und es ist $K(e^*)$ minimal bei
vorgegebenem Nutzen $N_0 = N(e^*)$. Aus Sicht des Managements können wir eine Aufgabe der
Form max $u(x,y^*)$ bzw. max (x^*,y) bei jeweils festgehaltenen Werten x* bzw. y* als typische
Aufgabe des taktischen und operativen bzw. des middle und lower Managements ansehen. Im
strategischen Management bzw. in den Aufgaben des Top Managements geht es gerade darum,
unstrukturierte Probleme der Form max $u(x,y)$ zu lösen, bei denen Ziele abgewägt werden
müssen und vielleicht andererseits auch Variablen vom Verhalten der Konkurrenten abhängen
(vgl. den folgenden Abschnitt zum Thema Spieltheorie). Die Frage, inwieweit es übergeordnete Instanz schafft, durch (Ziel-)Vorgabe von y* und Delegation der Aufgabe max $u(x,y^*)$
ein Gesamtoptimum zu erreichen, spielt bei den verschiedenen „Management-by"-Konzepten
eine wichtige Rolle.

1.5.3 Spieltheorie und Strategie

Optimierung und Regelungstechnik gehen von einem zu steuernden System aus, das zwar
durch unsere Entscheidungen (Steuerung) beeinflusst wird, aber nicht bewusst auf unsere Entscheidungen reagiert. Im Management müssen wir immer die Reaktion des beeinflussten Systems mit berücksichtigen:

- Mitspieler in jeder Art von Wirtschaft (Mitbewerber)
- Wettbewerber in Konkurrenz um endliche Ressourcen, Märkte, …
- Stakeholder und Shareholder, Kunden und Mitarbeiter.

Die Spieltheorie spielt in Form des Allmende-Problems auch eine wesentliche Rolle in den Themenbereichen Nachhaltigkeit und Excellence.

1.5.3.1 Spieltheorie

Grundlegende Basis spieltheoretischer Modelle ist, die Aktionen eines als rational angenommenen Gegenspielers in die Überlegungen mit einzubeziehen. Generell haben alle Mitspieler eine Menge A_i von Aktionen. Bei Entscheidung x_i des Entscheidungsträgers i ergibt die Gesamtentscheidung $x_1,...,x_N$ aller Entscheidungsträger für den Entscheidungsträger j das jeweilige Ergebnis (Auszahlung) $E_j(x_1,...,x_N)$.

Wir unterscheiden:

- *Duellsituationen* (N = 2)
  - Nullsummenspiele
  - Nichtnullsummenspiele

- *Mehrpersonensituationen* (N > 2)
  - Gruppenprobleme
  - Koalitionsprobleme

Die spieltheoretische Situation erweitert die entscheidungstheoretische Situation um die Kenntnis der Ergebnisse (Auszahlungen) der anderen Mitspieler (Gegner/Partner).

1.5.3.2 Duellsituation

Sowohl die Nullsummenspiele als auch die Nichtnullsummenspiele für zwei Mitspieler sind Duellsituationen, in denen sich zwei Entscheidungsträger gegenüberstehen.

In der Sprache der Entscheidungsmodelle bildet die Auszahlungsmatrix die Ergebnisfunktion. Die Aktionen des jeweils anderen Mitspielers bilden für den Spieler den (unbekannten) Zustand der Welt.

Beispiel: Beide Spieler sollen jeweils zwei Aktionsmöglichkeiten haben. A1 = A2 = {1,2}. Die beiden 2 x 2-Auszahlungsmatrizen $E_1(i_1,j_2)$ und $E_2(i_1,j_2)$ geben an, was die Spieler 1 und 2 bekommen, wenn sie die jeweiligen Strategien wählen. Allerdings haben beide Spieler die zusätzliche Information, dass auch ihre Gegenspieler entsprechende Auszahlungsmatrizen haben.

Tabelle 1.4 Auszahlungsmatrix für Spieler 1

	Aktion von Spieler 2: A2 = 1	Aktion von Spieler 2: A2 = 2
Aktion von Spieler 1: A1 = 1	E1 (1,1)	E1 (1,2)
Aktion von Spieler 1: A1 = 2	E1 (2,1)	E1 (2,2)

1.5.3.3 Nullsummenspiele

Zwei-Personen-Nullsummenspiele bilden die einfachste und am besten mathematisch behandelbare Version von spieltheoretischen Situationen. Ihre Behandlung hilft für das Verständnis spieltheoretischer Situationen und ist für das Verständnis der komplexeren spieltheoretischen Modelle notwendig. Für praktische Anwendungen sind Zwei-Personen-Nullsummenspiele aber nur als einfache Basismodelle brauchbar, da typischerweise eine Nichtnullsummensituation vorliegt. Mehr-Personen-Nullsummenspiele werden nicht betrachtet: Sie sind genauso komplex wie Nichtnullsummenspiele, da beispielsweise ein Drei-Personen-Nullsummenspiel bei Festlegung der Entscheidung der dritten Person in ein Zwei-Personen-Nichtnullsummenspiel übergeht.

Grundmodell der Nullsummenspiele ist eine antisymmetrische Auszahlungsmatrix,

$$E_1(x_1,x_2) = - E_2(x_1,x_2)$$

Für die Bestimmung optimaler Strategien gibt es mehrere Verfahren:

- Die optimalen Strategien lassen sich in einfachen Fällen durch Fallunterscheidungen und Gleichgewichts-Überlegungen bestimmen.

- In dem Fall, dass eine Aktion für jede mögliche Gegenaktion ein besseres Ergebnis liefert, kann diese gestrichen werden, da sie von einem rationalen Spieler nicht verwendet wird.

- Die optimalen Strategien lassen sich mittels linearer Optimierungsmodelle berechnen.

Sattelpunkte

Wenn es ein Paar von Aktionen gibt, das alle anderen – für die jeweiligen Spieler – dominiert, hat das Nullsummenspiel eine deterministische Lösung, d. h. die Gegenspieler einigen sich auf dieses Aktionspaar. Für dieses optimale Aktionspaar (p,q) gilt: $E_1(x_1,q) \leq E_1(p,q) \leq E_1(p,x_2)$ und damit auch $E_2(x_1,q) \geq E_2(p,q) \geq E_2(p,x_2)$, d. h., kein Spieler kann sich durch Abweichen vom Sattelpunkt verbessern.

Solche „Spiele" sind natürlich keine Spiele im landläufigen Sinn, da ihnen der Spielreiz fehlt.

Als Beispiel betrachten wir eine einfache Reduktion des Spiels Stein–Papier–Schere, das einen Sattelpunkt besitzt. Offensichtlich wird kein Spieler jemals „Papier" als Strategie wählen.

Tabelle 1.5 Auszahlungsmatrix mit Sattelpunkt

	Schere	**Papier**
Schere	0 (Sattelpunkt)	+1
Papier	−1	0

Randomisierte Strategien

Im Allgemeinen gibt es keine deterministischen optimalen Strategien, d. h. bei Festlegung auf eine bestimmte Aktion kann der Gegner kontern. Es müssen randomisierte Strategien verwendet werden, bei denen die Aktion zufällig ausgewählt wird.

Als Beispiel dazu betrachten wir das Spiel Stein–Papier–Schere: Dabei sei Gewinn mit +1 und Verlust mit −1 bewertet. Im Nullsummenspiel ist der Gewinn von Spieler 1 der Verlust von Spieler 2.

Tabelle 1.6 Auszahlungsmatrix für Stein–Papier–Schere

	Stein	Papier	Schere
Stein	0	−1	+1
Papier	+1	0	−1
Schere	−1	+1	0

Hier gibt es keine Aktion, die eine andere dominiert. Jede feste Aktion führt bei entsprechender Gegenaktion zum Verlust. Die optimale Strategie besteht in einer Randomisierung aller drei Aktionen mit gleicher Wahrscheinlichkeit, d. h., es wird zufällig (nicht regelmäßig!) eine der drei Aktionen ausgewählt, in unserem Fall also Stein, Papier und Schere jeweils mit der Wahrscheinlichkeit $p = 1/3$.

Tabelle 1.7 Auszahlungsfunktion für die randomisierte Strategie bei Stein–Papier–Schere

	Stein	Papier	Schere
$p = 1/3$ Stein + $p = 1/3$ Papier + $p = 1/3$ Schere	0	0	0

Strategische Bedeutung

Die Tatsache, dass ein Sattelpunkt nur im Bereich der randomisierten Strategien existiert, hat eine wichtige Konsequenz für alle spieltheoretischen Situationen: Das Wissen, welche Aktion der Gegner wählen wird, ist eine wertvolle Information. Die Entscheidung über die eigene Aktion muss also in solchen Situationen geheim gehalten werden.

Die Bedeutung des Informationsvorsprungs lässt sich daran erkennen, dass jeder Spieler von Stein–Papier–Schere

- bei Nutzung einer randomisierten Strategie eine Auszahlung von 0 (faires Spiel) erreichen kann,
- bei Kenntnis der gegnerischen Züge eine Auszahlung von +1 (Gewinn von 1 Einheit) erreichen könnte und
- bei vorzeitiger Bekanntgabe der eigenen Züge ein Ergebnis −1 (Verlust von 1 Einheit) in Kauf nehmen müsste.

1.5.3.4 Nichtnullsummenspiele

Bei Nichtnullsummenspielen heben sich die Auszahlungen der beiden Spieler nicht in jeder Situation auf. Daraus ergeben sich neue Aktionsmöglichkeiten und Rahmenbedingungen für die Spieler. Nichtnullsummenspiele sind realistischer und wirklichkeitsnäher, aber mathematisch nicht so einfach. Selbst der Begriff der Lösung oder Optimalität ist nicht einfach zu definieren.

Die typische Entscheidungsstruktur von Nullsummenspielen ist die, dass die Auszahlung bei Nichtkooperieren zwar besser ist, wenn der Gegner/Partner kooperieren will, dass aber ein Aufeinanderprallen zweier nichtkooperierender Partner negative Auszahlungen zur Folge hat.

Beispiele von solchen Zweipersonen-Nichtnullsummenspielen zum Thema Kooperation sind:

- *Gefangenendilemma* (kooperatives Schweigen oder Gestehen)
- *Falken-Tauben*-Modell (Aggression oder Deeskalation)
- *Allmende-Problem* (Nutzung gemeinsamer Ressourcen).

Eine typische Situation dieser Nichtnullsummenspiele ist die, dass bei Kooperationen eine bessere Auszahlung erreicht wird als bei nichtkooperativem Verhalten, dass sich aber bei festgehaltener Strategie des anderen Mitspielers jeder Spieler durch nichtkooperatives Verhalten besser stellt. Dies ist der Kern des berühmten Gefangenendilemmas, aber auch des für das Thema Nachhaltigkeit wichtigen Allmende-Problems. In diesem Fall sind die möglichen Aktionen und Auszahlungen der beiden Spieler gleich, so dass es reicht, eine der Auszahlungsmatrizen zu betrachten.

Tabelle 1.8 Typische Auszahlungsmatrix für das Allmende-Problem bzw. Gefangenendilemma

	Mitspieler spielt kooperativ (freundlich = Partner)	Mitspieler spielt nichtkooperativ (unfreundlich = Gegner)
Spieler spielt kooperativ (freundlich)	+1 (optimal für beide)	−3 (wird betrogen)
Spieler spielt nichtkooperativ (unfreundlich)	+2 (zieht ab)	−1 (schlecht für beide)

Der Unterschied zum Nullsummenspiel liegt darin, dass die Auszahlung für den Mitspieler durch die gespiegelte Auszahlungsmatrix gegeben ist. (Um zu verdeutlichen, dass diese Matrix nicht antisymmetrisch ist, wurden für die Auszahlungen die Werte +2 und −3 gewählt, die für beliebige Auszahlungen stehen können.) Ebenso kann der Wert von −1 bei unkooperativem Verhalten (Sattelpunkt bei individualistischem Entscheiden) stärker negativ ausfallen.

Im allgemeinen Fall sind die möglichen Aktionen und Auszahlungen der beiden Spieler unterschiedlich. Solche unsymmetrischen Spiele können das Verhältnis zwischen Lieferant und Kunde, Eigentümer und Manager, Manager und Mitarbeiter, Kontrolleur und Kontrolliertem und vieles andere mehr modellieren und zum Verständnis solcher Situationen beitragen.

1.5.3.5 Erweiterungen

Erweiterungen der Spieltheorie, die komplexere mathematische Modelle voraussetzen, zum Teil aber auch als Diskussionsgrundlage, Analogmodelle und für Szenarien genutzt werden können, sind zum einen Mehrpersonenspiele:

- Mehrpersonenentscheidungen, Gruppenprobleme (Konsensfindung, Verteilung)
- Allmende-Problem (Nutzung gemeinsamer Ressourcen)
- Koalitionsprobleme (Auszahlung hängt nur von der gebildeten Koalition ab).

Weitere mögliche Aspekte sind Zeit und Unsicherheit:

- Spiele mit Wiederholungen (Iteration).
- Stochastische Spiele: Zustand unbekannt oder vom Zufall beeinflusst.
- Dynamische Spiele: A hängt von einem Zustand z ab, der sich gemäß $z_{t+1} = T(z_{t+1}, x_1,...,x_N,\mu, t)$ ändert (Erweiterung des Spiels mit Iteration).

Gerade die dynamischen Spiele bieten wegen der Möglichkeit von Spielstrategien ein weites Feld von Modellen für den Einsatz im Management, andererseits gibt es keine mathematisch einfachen Lösungen. Beim einfachsten Fall, den Nichtnullsummenspielen mit jeweils zwei möglichen Aktionen (kooperativ, unkooperativ) mit Wiederholung, hängt die Güte einer Strategie von der Definition des Begriffs Erfolg, von der Struktur der Auszahlungsmatrizen und den Strategien des Gegners/Partners ab.

Generell gibt es z. B. folgende einfache Strategien in solchen Nichtnullsummenspielen:

- „good guy": immer kooperativ verhalten
- myopisch: nur die einstufigen Gewinne betrachten
- tit-for-tat: jeweils diejenige Taktik verfolgen, die der Gegner im Schritt vorher (nach den zu beobachtenden Aktionen) verfolgt hatte
- tit-for-tat mit Versöhnungsangebot: zeitweise Modifikation der Tit-for-tat-Startegie zur Deeskalation (Einschwenken auf kooperative Lösung)
- Strategien höherer Ordnung: Strategie des Gegners analysieren und versuchen, ihn zu einer kooperativen Lösung zu bewegen oder seiner Strategie optimal zu begegnen.

1.6 Zusammenfassung

Die wichtigsten Managementaufgaben für den Ingenieur liegen in den Bereichen Projektmanagement und Führung. Eine der wichtigsten Aufgaben im Management ist das Setzen von Zielen. Modelle unterstützen den Planungs- und Problemlösungsprozess.

1.7 Literaturhinweise

Als Grundlage für dieses Kapitel wurden verschiedene Lehrbücher, Monographien und Vorlesungsskripte verwendet, außerdem sind die praktischen Erfahrungen sowie aktive und passive Kurse der Autoren aus jeweils 30 Jahren Berufserfahrung mit eingeflossen. In jeder Bibliothek und Fachbuchhandlung findet der Leser umfangreiche Einführungen in das Management und die Betriebswirtschaft. Als Basisliteratur verweisen wir speziell auf [Hopfenbeck] sowie auf das in derselben Reihe erschienene Werk zur Betriebswirtschaft für Ingenieure [Carl].

Verwendete und weiterführende Literatur

Bleis, C., Helpup, A.: Management – Die Kernkompetenzen. Oldenbourg Verlag, München 2009

Carl, N., Fiedler, R., Jorasz, W., Kiesel, M.: BWL kompakt und verständlich: Für IT-Professionals, praktisch tätige Ingenieure und alle Fach- und Führungskräfte ohne BWL-Studium. Vieweg+Teubner Verlag, Wiesbaden 2008

Clausewitz, C. von: Vom Kriege. Reclam Verlag, Stuttgart 1980 (Original: 1832)

Dixit, A. K., Nalebuff, A. J.: Spieltheorie für Einsteiger. Schäffer-Poeschel Verlag, Stuttgart 1995

Drucker, P.: Die Ideale Führungskraft, Econ Verlag, Düsseldorf, Wien 1967 (The effective executive, 1966)

Fischer, R., Scharp, A.: Führen ohne Auftrag – wie Sie Ihre Projekte im Team erfolgreich durchsetzen. Campus Verlag, Frankfurt 1998 (Getting it done, 1998)

Fisher, R., Ury, W.: Das Harvard-Konzept: sachgerecht verhandeln – erfolgreich verhandeln. Campus Verlag, Frankfurt 1984 (Getting to Yes 1981)

Friedrichsmeier, H.: Agieren statt Reagieren: Fallstudien zu Unternehmensführung, Organisation, Planung und Strategie. Fortis Verlag, Aarau 1998

Hernderson, C.: Am Anfang stand die Idee: Strategien erfolgreicher Firmengründer. ECON Verlag, Düsseldorf 1987

Holzbaur, U.: Management, Kiehl Verlag, Ludwigshafen 2001

Holzbaur, U.: Entwicklungsmanagement, Springer Verlag, Heidelberg, Berlin, New York 2007

Hofstede, G.: Lokales Denken, globales Handeln – Kulturen, Zusammenarbeit und Management. dtv – Beck Verlag, München 1997

Hopfenbeck, W.: Allgemeine Betriebswirtschafts- und Managementlehre. Verlag mi, Landsberg 1998

Homann, K., Blome-Drees, F.: Wirtschafts- und Unternehmens-Ethik, UTB – Vandenhoek&Ruprecht, Göttingen 1992

Macharzina, K.: Unternehmensführung: das internationale Managementwissen. Gabler Verlag, Wiesbaden 1995

Malik, F.: Führen Leisten Leben – Wirksames Management für eine neue Zeit. dva, Stuttgart 2000

Mehrmann, E., Kern, H.: Der GmbH-Geschäftsführer – Rechte, Pflichten, Verantwortung. Econ&List, München 1999

Meyer, M.: Operations Research – Systemforschung, UTB Gustav Fischer Verlag, Stuttgart 1983

Müller-Merbach, H.: Operations Research. Verlag Vahlen, München 1973

Neumann, K., Morlock, M.: Operations Research. Hanser Verlag, München 2002

Peters, T., Austin, N.: A passion for excellence. Collins, London 1985

Peters, T., Waterman, H. R.: In Search of Excellence: Lessons from America's Best-Run Companies Harper & Row, New York 1986.

Probst, G. J. B., Gomez, P. (Hrsg.): Vernetztes Denken – Unternehmen ganzheitlich führen. Gabler Verlag, Wiesbaden 1989

Specht, O., Schmitt, U.: Betriebswirtschaft für Ingenieure + Informatiker, Oldenburg Verlag, München 2000

Uris, A.: 101 of the greatest ideas in management. Wiley, New York 1986

Vester, F.: Leitmotiv vernetztes Denken. Heyne Verlag, München 1988

Wöhe, G.: Einführung in die Allgemeine Betriebswirtschaftslehre. Verlag Vahlen, München 1978

2 Management von Projekten und Prozessen

Projekte und Projektwirtschaft werden für alle Arten von Organisationen immer wichtiger. Das Management von Projekten spielt deshalb für den Erfolg von Personen und Unternehmen eine wichtige Rolle.

Projektmanagement betrachtet den gesamten Lebenszyklus eines Projekts
- von der *Initiierung, Definition* und *Planung*
- zur *Umsetzung, Durchführung, Überwachung* und *Steuerung*
- bis zum *Abschluss*.

2.1 Grundlagen des Projektmanagements

In unserer arbeitsteiligen und dynamischen Welt rücken Veränderungen und einmalige Aufgaben gegenüber Routinetätigkeiten immer mehr in den Vordergrund, deshalb werden Projekte, d. h. einmalige und innovative Aufgaben, immer wichtiger. Die Professionalisierung der Abwicklung von Projekten führt dazu, dass das Grundlegende in der Projektabwicklung erkannt wird und so die Durchführung nicht jedes Mal bei Null anfängt, sondern es eine Art Projektmanagement-Prozess im Unternehmen gibt.

2.1.1 Projekt

Ein Projekt ist ein Vorhaben, das im Wesentlichen durch Einmaligkeit der Bedingungen in ihrer Gesamtheit gekennzeichnet ist wie z. B.
- *Ziel*vorgaben vom Auftraggeber des Projekts, den Projektverantwortlichen und durch gemeinsam festgesetzte Ziele,
- zeitliche, finanzielle personelle oder andere *Begrenzungen*, d. h., Zeit und die Ressourcen Geld, Mitarbeiter und Kompetenzen stehen nur in wohldefiniertem Umfang zur Verfügung.

Dies bedeutet für das Projekt insbesondere
- eine deutliche *Abgrenzung* (Scope) gegen andere Vorhaben, es ist also klar, was dem Projekt zugerechnet wird (Ziele, Aufgaben, Ressourcen, Phasen), sowie
- eine projektspezifische *Organisation* durch ein Team, einen Projektleiter und eine eigene Organisation, die nicht im Rahmen der üblichen Routineorganisation abgeleistet werden kann.

Das Projekt ist gekennzeichnet durch die Kriterien:
- *Neuigkeit* im Ergebnis (Ziel) oder in der Art der Zielerreichung (Weg)
- *Komplexität* in Ergebnis und Zielerreichung
- *Unsicherheit* durch Erstmaligkeit oder Begrenzungen an Termin und Ressourcen.

Neuartigkeit, Komplexität und Unsicherheit beziehen sich auf die drei Kernfaktoren des Projektmanagements (siehe magisches Projektdreieck):
- *Ergebnis* (Qualität, Projektziel)
- *Ressourcen* (Mittel und Wege zur Zielerreichung)
- *Termine* (Zieltermin).

2.1.2 Projektmanagement

Projektmanagement ist das systematische Vorgehen bei der Abwicklung und Leitung von Projekten. Der Projektansatz hat das Ziel, das Ergebnis (Ziel des Projekts) sicher und günstig zu erreichen, insbesondere die Kostenexplosion zu bekämpfen und Unsicherheit zu reduzieren.

Auch mit dem Projektansatz kann dieses Ziel nur erreicht werden, wenn die Mitarbeiter fähig und motiviert sind, die Ressourcen ausreichen und das Projekt richtig geführt wird.

Es ist Aufgabe des Managers, für die Erfüllung dieser Voraussetzungen zu sorgen: Sie sind nicht von vornherein gegeben, sondern müssen erarbeitet werden:

- Planung und Anforderung von *Ressourcen*: Ressourcen bekommt man nicht geschenkt.
- Planung, Qualifizierung und Motivation der *Mitarbeiter*: Gute Leute wachsen nicht auf Bäumen.
- Planung, Organisation und Überwachung des *Projekts*: Von selbst klappt gar nichts.

Projekte bewirken eine vorübergehende organisatorische Änderung und Neufestlegung von Kompetenzen im Unternehmen. Im Mittelpunkt eines Projekts steht das Projektteam.

Projekte zu managen bedeutet:

- einmalige Aufgaben vorzubereiten, zu planen, abzuschätzen und zu organisieren,
- diese Aufgaben im Team zielgerichtet durchzuführen,
- mit den Beteiligten zu kommunizieren,
- die Aufgabenerfüllung zu überwachen und die Zielerreichung sicherzustellen sowie
- das Projekt erfolgreich abzuschließen und zur Zufriedenheit aller zu beenden.

Die Erfolgsfaktoren des Projektmanagers liegen in einer ganzheitlichen Kombination von

- *Fachkompetenz*: Fachwissen, Sachwissen, Faktenwissen,
- *Methodenkompetenz*: Methoden, Anwendung, Problemlösungskompetenz,
- *Sozialkompetenz*: Umgang mit Menschen, Verantwortung und Durchsetzungsfähigkeit,
- *Eigenkompetenz*: persönliche Kompetenz, Motivation, Selbstmanagement.

2.1.3 Projektdreieck

Das „magische" Projektdreieck wird durch die Ecken gebildet, die die Determinanten des Projekts darstellen:

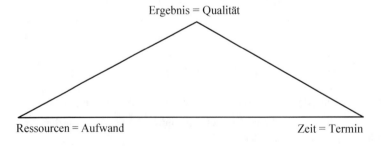

Ergebnis = Qualität

Ressourcen = Aufwand   Zeit = Termin

Bild 2-1 Magisches Projektdreieck

Die Determinanten des Projekts bilden die Ecken des Projektdreiecks:

- *Qualität, Ergebnis* (qualitativ und quantitativ)
  - Ziele: Endprodukt, Projektergebnis
  - Wertschöpfung: positiver Beitrag des Projekts
  - Qualität: Maß der Zielerreichung, Produktqualität
- *Ressourcen*
  - Geld: Aufwände für das Projekt. Kosten für die Ressourcen am freien Markt (Marktpreise) oder aus der internen Kostenrechnung (Verrechnungspreise).
  - Zeit: Arbeitszeit, Produkt aus Personal und Zeit
  - Hardware, Software, Infrastruktur
  - Personal: Ausbildung, Kenntnisse, Motivation, Verfügbarkeit
- *Termin*
  - Zeit: Kalenderzeit (Monate, Tage)
  - Termineinhaltung: Exaktheit, Wahrscheinlichkeit der Terminüberschreitung

Keine der drei Projektdeterminanten, d. h. keine Ecke des Projektdreiecks, kann für sich alleine geändert werden, ohne die beiden anderen zu beeinflussen.

Das Projektdreieck wird berücksichtigt bei

- *Planung*: Die Gesamtheit der drei Faktoren (Ecken) muss gemeinsam geplant werden.
- *Controlling*: Überwachung macht nur Sinn in der Relation der drei Ecken.
- *Steuerung*: Eingriffe müssen die Wirkung auf alle Ecken berücksichtigen.

2.2 Projektorganisation

Bei der Projektorganisation unterscheiden wir

- externe Organisation, Einbettung: Wie ist das Projekt in die Organisation des Unternehmens eingebaut? Steuerung des Projekts aus Unternehmenssicht.
- interne Organisation: Wie wird das Projekt geleitet? Aufbau- und Ablauforganisation im Projekt.

2.2.1 Externe Organisation von Projekten

Die Organisation des Projekts bezüglich seiner Einbindung in die Linienorganisation des Unternehmens kann auf verschiedene Arten erfolgen:

- Task force (temporäre Einheit)
- Einflussorganisation
- Matrix
- Projektabteilung.

2.2.1.1 Task force

Diese klassische Projektorganisation kommt dann zum Tragen, wenn einmalig ein Projekt bearbeitet werden muss, das vom Umfang her die komplette Mitarbeit vieler Teilnehmer erfordert. Die Projektmitglieder werden aus der Linienorganisation herausgelöst.

Dadurch identifizieren sich die Mitarbeiter schnell mit dem Projekt – auf Kosten der Linie, die unter Umständen ihren Einfluss behält und das Ganze damit auch gefährden kann. Das Projekt muss auch zeitlich begrenzt sein, was zusätzlich zum externen (Projektziel) einen hohen internen (organisationsbedingten) Termindruck aufbaut.

2.2.1.2 Einflussorganisation

Die Einflussorganisation kommt dann zu Tragen, wenn (meist einmalig) ein Projekt bearbeitet werden muss, für das Mitarbeiter teilweise zugeordnet werden. Die Projektmitglieder verbleiben in der Linienorganisation. Die Projektleitung hat nur eine koordinierende Funktion, sie kann aber im Rahmen der Aufbauorganisation des Unternehmens Linienvorgesetzter eines Teils der Projektmitarbeiter sein.

Diese Art von Projekt kann schnell und einfach – meist zu schnell und zu einfach – initiiert werden, die Gefahr eines Scheiterns ist aber durch die fehlende Einbindung entsprechend hoch. Die Einflussorganisation kann dann erfolgreich sein, wenn die Stellung des Projektleiters oder seines Machtpromotors so hoch ist oder das Projekt in der Organisation als so wichtig angesehen wird, dass das Projekt die benötigten Mitarbeiter und andere Ressourcen bekommt.

2.2.1.3 Matrix

Die Matrixorganisation wird eingeführt, wenn regelmäßig Projekte bearbeitet werden. Es findet eine Aufgaben- und Kompetenzverteilung zwischen Projekt und Linie statt:

Tabelle 2.1 Aufgabenverteilung Projekt – Linie

Komponente	Entscheidungskomponente	Verantwortungsbereiche
Projekt	Was: Inhalte Wann: Terminierung	Ergebnisverantwortung, Projektdurchführung, Gewinnerwirtschaftung, Kommunikation mit den Projektbeteiligten (Stakeholder)
Linie	Wer: Personalbereitstellung Wie: Fachkompetenz	Langfristige Know-How-Sicherung, Bereitstellung von Personal und Infrastruktur, kaufmännische Gesamtabwicklung

Die Matrixorganisation erfordert die Einführung und Aufrechterhaltung von Regeln für die Bereitstellung und Abrechnung von Personal. Wenn die Kooperation zwischen Projekt und Linie positiv und kreativ ist, kann diese Form von Projektdurchführung sehr effizient sein.

2.2.1.4 Projektabteilung

Wenn regelmäßig ähnliche Projekte mit wechselnden Inhalten („Routineprojekte") bearbeitet werden, kann eine eigene Projektabteilung innerhalb der Aufbauorganisation des Unternehmens eingerichtet werden. Der Projektleiter ist dann Linienvorgesetzter seiner Mitarbeiter, zumindest des Kernteams.

Der Vorteil ist, dass sowohl die Fachkompetenz als auch die Projektkompetenz in dieser Abteilung vorhanden sind. Meist gilt dies aber nur für die Kernfunktionen, so dass Mitglieder anderer Abteilungen ebenfalls ins Projekt eingebunden werden müssen.

Ein zweiter Grund für eine Projektabteilung sind Projekte, deren Dauer und Größe eine organisatorische Anpassung sinnvoll oder gar zwingend machen. Ab einer bestimmten Größe ist eine Abteilung, Profit Center oder gar eine eigene Firma sinnvoll, Letzteres insbesondere bei mehreren Projektträgern (joint venture).

2.2.2 Projektpyramide

Häufig wird ein Projekt als Pyramide mit verschiedenen Führungsebenen dargestellt. Der Projektleiter steht dann an der Spitze, die Projektorganisation ist gegeben durch das Leitungsteam und die Arbeitspaketverantwortlichen. Der Projektleiter (bzw. das Projekt als Ganzes) ist aber auch vielen Externen Rechenschaft schuldig und hat die Interessen vieler Anspruchsgruppen (Stakeholder) zu berücksichtigen. So ergibt sich ein starker Einfluss auf das Projekt, der durch eine umgekehrte Pyramide dargestellt werden kann. Im ungünstigsten Fall einer Einflussorganisation ist jeder Projektmitarbeiter Basis einer solchen umgekehrten Pyramide, auf der die Ansprüche der Vorgesetzen und die Ansprüche verschiedener Stakeholder gegenüber dem Arbeitspaket und gegenüber der Person stehen.

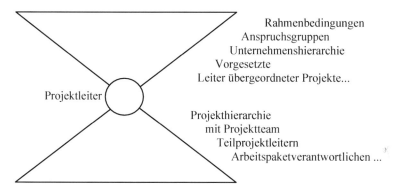

Bild 2-2 Projektpyramiden

2.2.3 Interne Projektstruktur

Aufbau- und Ablauforganisation des Projekts sind von der Linienorganisation im Unternehmen unabhängig. Die interne Projektstruktur wird im Allgemeinen durch eine hierarchische Untergliederung in Aufgabenbereiche (Teilverantwortliche) und Teilprojekte gegeben. Die Projektstruktur lässt sich aus dem Arbeitsstrukturplan ableiten, ist aber nicht zwingend mit diesem identisch.

2.2.3.1 Projektebenen

Typische Aufgabenebenen in Projekten sind:

- *Projektverantwortlicher*: Er initiiert das Projekt und vertritt das Projekt bei der Unternehmensführung und der Linie. Deren Aufgabe ist die Einrichtung und Ausstattung des Projekts. Wenn er nicht auch Projektleiter ist, ist er nicht Teil des Projektteams, aber als Machtpromotor ein wichtiger Erfolgsfaktor. Daneben gibt es auch für Projekte Bedarfsträger und Kostenträger.

- *Projektleiter/Projektmanager*: Er vertritt das Projekt nach außen und ist verantwortlich für die unternehmerische Durchführung des Projekts, insbesondere die Festlegung und das Erreichen der gestellten Ziele im Rahmen des Projektdreiecks. Er leitet das Projekt nach innen. Der Begriff Projektmanager wird teilweise synonym gebraucht, teilweise eher in der Form des Organisators, der die Planung administrativ betreut.

- Das Kernteam (*Projektleitungsteam*) ist verantwortlich für die jeweiligen fachlichen Teilgebiete innerhalb des magischen Projektdreiecks:
    - inhaltliche, technische Aspekte, Kundenschnittstelle und Kundenforderungen
    - wirtschaftliche Aspekte (Kostencontrolling)
    - Projektsteuerung (Projektcontrolling, Projektmanagement)

- Das erweiterte *Projektteam* ist verantwortlich für die jeweils zugeordneten Aufgaben wie Planung, Organisation, Controlling, Qualitätsmanagement, Informationsmanagement, Kommunikation intern und extern, Konfigurationsmanagement etc.

- Die *Arbeitspaketverantwortlichen* (bezüglich der Arbeitspakete der oberen Ebene wird häufig der Begriff *Teilprojektverantwortliche* verwendet) sind verantwortlich für die jeweiligen Teile des Arbeitsstrukturplans (WBS, Work Breakdown Structure). Diese Teile können vom jeweiligen Arbeitspaketverantwortlichen wie ein Projekt geplant, durchgeführt und überwacht werden. Die Vorgaben an Ergebnisse, Ressourcen und Termine ergeben sich dabei aus dem Arbeitsstrukturplan bzw. dem übergeordneten Terminplan. (Der Begriff Arbeitspaketverantwortlicher bezieht sich genau genommen auf die aus dem Arbeitsstrukturplan in den Projektstrukturplan übernommenen Arbeitspakete.)

2.2.3.2 Projektleiter

Der Projektleiter ist die zentrale Funktion des Projekts. Er ist „mister project", der von innen und außen mit dem Projekt identifiziert wird. Die folgenden Rollen und Aufgaben können im Umfeld „Projektmanagement" unterschieden werden. Sie werden in einer oder mehreren Personen vereinigt, die je nach Firmengepflogenheiten die Namen „Projektverantwortlicher", „Projektleiter" und/oder „Projektmanager" bekommen.

- *Projektverantwortlicher* (gegenüber Geschäftsleitung und Kunde),
- *Promotor* (Machtpromotor, Fachpromotor) des Projekts,
- *Projektsprecher* (externe Rolle, Vertreter und Sprecher nach außen),
- *Projektleiter* (gegenüber Projektmitarbeitern),
- *Projektmultiplikator* (interne informelle Rolle, Sprecher von innen, Identifikationsfigur),
- *Projektorganisator* (Abwickler, Controller).

Dabei ist die Äquivalenz von Verantwortung und Kompetenzen ein wichtiger Schlüsselfaktor für den Erfolg des Projekts. Neben Organisation und Führung werden vielfältige Anforderungen an den Projektleiter gestellt:

- Katalysator und Förderer nach innen: „why not" statt „yes but", Promotor für Ideen,
- Puffer nach außen: gegen Störungen und Firmenbürokratie,
- trotz Filter- und Pufferfunktion angemessene Information der Mitarbeiter: Informationsmanagement (Informationsvorsprung nicht als Machtmittel missbrauchen),
- faire und berechenbare Persönlichkeit,
- Frustrationstoleranz und Durchhaltevermögen.

2.2.3.3 Ablauforganisation und Berichtswesen

Das Projekt ist eine mögliche Form der Ablauforganisation. Trotzdem muss innerhalb des Projekts der Ablauf festgelegt werden. Im Vordergrund steht die Frage „WER macht WANN WAS". Für den Erfolg des Projekts sind die Informationen entscheidend. Die Informationswege im Projekt betreffen die Information der Mitarbeiter und das Berichten im Projekt.

In der Ablaufplanung wird zusammengefasst:

- Zeitliche Komponente: Phasen und Teilphasen bzw. Arbeitspakete (Ablauforganisation): WAS und WANN.
- Personelle Komponente: Rollen und Aufgaben innerhalb des Projekts (Aufbauorganisation): WER.

Die Darstellung im Ablaufplan ist analog zu der im Netzplan bzw. Gantt-Diagramm (siehe das Thema Netzplantechnik in Kapitel 2.3.4), wobei die zusätzliche Koordinate die Bedeutung Personal bekommt.

Ein wichtiger Punkt in der Kommunikation und Führung ist das Berichtswesen. Neben den Kommunikationswegen ist auch die Verantwortung für die Kommunikation zu regeln (Bringpflicht oder Holpflicht). Die Berichtswege müssen sich an der Projektstruktur orientieren.

Das Berichtswesen muss Folgendes beinhalten:

- Informationen über abgeschlossene und anstehende Arbeitspakete und Meilensteine
- Informationen über abgeflossene Mittel und getätigte Mittelfestlegungen
- Informationen über außergewöhnliche Ereignisse und Probleme.

Die Ablauforganisation wird während der Projektplanung festgelegt.

2.2.3.4 Eskalationsprinzip

Wichtige Basis des Projektmanagements ist das rollenbasierte Eskalationsprinzip: Problemlösung auf einer möglichst niedrigen Hierarchieebene des Projektstrukturplans, Eskalation in geplanten Einzelschritten.

Jede Problemlösung sollte auf der niedrigsten Hierarchie des Projektstrukturplans (Arbeitspaketverantwortliche) geschehen. Rollenbasiertheit ist deshalb wichtig, weil die Projektmitarbeiter und insbesondere die Funktionsträger ja oft in andere Hierarchien eingebunden sind.

Nur wenn diese Problemlösung nicht funktioniert, wird auf die höhere Ebene zugegangen (Eskalation) oder über die Linie eine Problemlösung angestrebt.

2.2.4 Zusammenfassung Projektorganisation

Die wichtigsten Aspekte der Projektorganisation sind:

- die externe Einbettung in die Unternehmensorganisation
- die interne Projektstruktur, die durch den Projektstrukturplan gegeben ist

2.3   Projektplanung

Gute Planung ist der Schlüssel zum Erfolg. Ausgangspunkt für die Planung des Projekts ist dessen Zielsetzung. Die Planung des Projekts basiert auf der Arbeitspaketstruktur (Work Breakdown Structure, WBS) und auf den Meilensteinen. Auf dem Arbeitsstrukturplan basieren sowohl die Netzpläne als auch die Ressourcenplanungen und Kostenschätzungen.

2.3.1 Zielsetzung

Das Wichtigste am Projekt sind die Projektziele. Sie sind schließlich der Grund, dass das Projekt durchgeführt wird. Die Definition von Projektzielen bedeutet auch festzulegen, wie das Projekt die Gesamtziele der Organisation unterstützt.

In jedem Projekt gelten verschiedene Arten von Zielaspekten:

- Änderung im Zustand eines Projektobjekts (physisch, organisatorisch)
- Gewinn an Know-How oder Erkenntnissen (Wissen)
- monetäre Ziele (Gewinn, Budgeteinhaltung)
- Imagegewinn für die durchführende oder finanzierende Organisation.

Die verschiedenen Ziele müssen bei der Projektplanung unterschiedlich berücksichtigt und konkretisiert werden:

- *Vision* – Änderungen für die Zukunft, Verbesserung eines Zustands: Konkretisierung der Vision in der Projektinitiierung und Umsetzung der Vision in konkrete Ziele
- *Ziel* – überprüfbare Vorgabe für das zu erreichende Ergebnis des Projekts: Umsetzung in Deliverables und Ergebnisse
- *Deliverables, Ergebnisse* – konkret benennbare und identifizierbare Objekte, die zum Abschluss des Projekts (Abnahme) vorliegen müssen: Umsetzung in den Arbeitstrukturplan
- *Erkenntnisse* – Ziele in Form eines Wissenszuwachses: Umsetzung in den Arbeitsstrukturplan
- *Mission* – durchzuführende Aufgabe des Projekts: sukzessive Konkretisierung und Aufnahme in den Arbeitsstrukturplan
- *Aufgaben* – Aufnahme in den Arbeitsstrukturplan
- *Qualitätsforderungen* – aus den Anforderungen des Kunden und anderer Stakeholder abgeleitete Forderungen an das Ergebnis und die Deliverables: Berücksichtigung bei der Definition und Umsetzung der Deliverables, Aufnahme von Qualitätsplanung und Qualitätsmanagement in Projektdreieck und Ergebnisplan
- *Terminvorgaben/Terminrestriktionen* – Berücksichtigung in Projektdreieck und Terminplanung
- *Ressourcenvorgaben/Ressourcenrestriktionen*: Berücksichtigung in Projektdreieck und Ressourcenplan.

Wichtig ist die Erfassung aller Anforderungen an das Projekt und natürlich an das Projektergebnis (beispielsweise an ein zu entwickelndes Produkt).

Neben Vision, Mission und Aufgaben ist auch die Abgrenzung des Projekts (Scope) eine wichtige Vorgabe für die Projektplanung. Es muss klar gesagt werden, welche Aufgaben zum Projekt gehören bzw. welche nicht und welche Zuarbeiten von Externen (Kunde, Träger) erwartet werden.

2.3.2 Arbeitsstruktur

Arbeitspakete sind nach DIN 69901 „nicht mehr unterteilte Elemente eines Projektstruktur- plans". Diese theoretische Betrachtung lässt außer Acht, dass ein Arbeitsstrukturplan etwas Dynamisches ist, da der Arbeitstrukturplan im Laufe des Projekts aufgrund der gewonnenen Erkenntnisse verfeinert wird.

2.3.2.1 Arbeitstrukturplan

Der Arbeitsstrukturplan (Work Breakdown Structure, WBS) gliedert die Gesamtaufgabe bis hinunter zum Arbeitspaket der untersten Ebene. Für jedes Arbeitspaket gibt es einen Verant- wortlichen. Die Abarbeitung des Arbeitspakets sollte wie ein Projekt geplant werden (Auftei- lung, Phasen, Planung und Kontrolle).

Alles hier Gesagte trifft also im kleinen auf den AP-Verantwortlichen als Manager des Projekts „Abarbeitung des APs" mit der in der AP-Beschreibung genannten Zielsetzung (und dem Ge- samtsystem im Hintergrund) zu.

Der Arbeitsstrukturplan zeigt die Struktur der zu leistenden Arbeit in Form von hierarchisch geordneten Arbeitspaketen. Er kann nach Funktionen oder Teilen gegliedert sein. Meist werden diese Prinzipien in verschiedenen Ebenen des Arbeitsstrukturplans kombiniert. Diese Gliede- rung ist wichtig für die Ressourcenplanung, die Zuordnung von Verantwortung (Vergabe von Unteraufträgen), Planung und Kontrolle (Netzplan, Projekt-Planung/-Überwachung).

Die Arbeitspakete werden meist nach einer Dezimalstruktur (mit oder ohne Dezimalpunkt) nummeriert. Dass dabei maximal 9 Teilpakete für jedes Arbeitspaket möglich sind, dient der Übersichtlichkeit. Der Arbeitsstrukturplan kann auch graphisch mittels einer hierarchischen Kästchenstruktur wie bei einem Organigramm oder in einer halbgraphischen Darstellung durch eingerückte Listen bzw. durch Einrücken des Textes aufbereitet werden. Beim Einsatz in ei- nem Tabellenkalkulationssystem kann diese Methode auch verwendet werden, um aggregierte Berechnungen vorzunehmen.

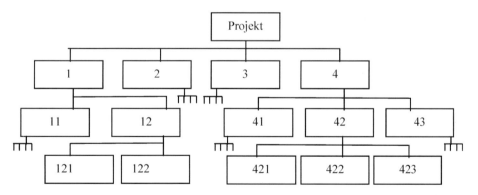

Bild 2-3 Graphische Darstellung der Word Breakdown Structure (WBS) mit Dezimalgliederung

Bei Verwendung eines Tabellenkalkulationsprogramms mit Aufsummierung der Aufwände von Arbeitspaketen der unteren Ebenen sieht das Ganze folgendermaßen aus:

Tabelle 2.2 WBS mit Dezimalgliederung in Tabellenform (Auszug)

AP-Nummer			Aufwand		
...					
4			127		
	41			21	
	42			75	
		421			14
		422			25
		423			36
	43			31	
		431			14
		432			17
5			111		
	...	...		...	...

2.3.2.2 Arbeitspakete

Die in der Hierarchie über den Arbeitspaketen liegenden Ebenen werden zum Teil selbst auch als Arbeitspakete bezeichnet. Alternative Bezeichnungen sind (in abnehmender Hierarchie):

- Teilprojekt
- Teilaufgabe
- Arbeitspaket
- Vorgang.

Folgende Kriterien sollte ein sinnvolles Arbeitspaket erfüllen:

- wohldefinierte *Ziele* und *Aufgaben*
- wohldefiniertes *Ergebnis* in Form
  - eines *Abschlussdokuments*
  - einer *Abschlusspräsentation* oder
  - am besten eines *Reviews* bzw. *Audits*
- wohldefinierte *Voraussetzungen*
- *zuordenbar* an eine Person oder an eine einfach zu definierende Gruppe.

2.3.2.3 Aufstellen des Arbeitsstrukturplans

Im Arbeitsstrukturplan wird die gesamte innerhalb eines Projekts zu leistende Arbeit in Arbeitspakete heruntergebrochen. Dabei kann sich diese Aufteilung an verschiedenen Prinzipien orientieren.

Die Arbeitspakete der obersten Ebene werden nun wieder verfeinert, indem man die Aufgabe wieder in Teilaufgaben zerlegt. Dabei ist wichtig, dass nichts weggelassen wird und dass Tätigkeiten, die als Schnittstelle zwischen zwei Arbeitspaketen liegen, einem Arbeitspaket zugeordnet werden. Dies kann eines der beiden betroffenen oder ein zusätzliches Arbeitspaket sein.

Besonders wichtig werden diese Schnittstellen und die Konsistenz des Arbeitsstrukturplans dann, wenn mehrere Personen oder gar Gruppen an einem Projekt arbeiten.

Für das Aufstellen des Arbeitsstrukturplans sollte man zunächst viel mit Bleistift und Papier arbeiten. Im Allgemeinen wird der aufgestellte Plan mehrmals modifiziert, bis er eine solide Basis für die Planung abgibt. Auch wird der Arbeitsstrukturplan im Laufe der Zeit vertieft und verändert werden.

Vorgehen

Das Vorgehen bei der Aufstellung kann top-down oder bottom-up erfolgen:

- Aufstellung *bottom-up*: beginnt mit dem Sammeln aller notwendigen Tätigkeiten zum Erreichen des Gesamtziels. Die Strukturierung führt zur Zusammenfassung. Für jedes Arbeitspaket ist die Frage zu stellen: „was brauche ich noch?"

- Aufstellung *top-down*: strukturiert von oben nach unten: ausgehend vom Gesamtziel und den daraus abgeleiteten Haupttätigkeitsbereichen oder Hauptkomponenten. Die Reihenfolge der obersten Ebenen kann variieren (Produkt – Aufgabenbereich – Phase). Für jedes Arbeitspaket ist die Kernfrage: „Was brauche ich zur Erreichung dieses Ziels?"

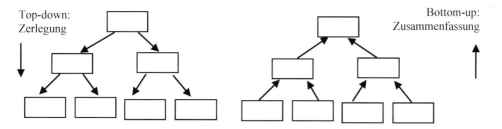

Bild 2-4 Vorgehen top-down vs. bottom-up

Ein Arbeitsstrukturplan kann prinzipiell gegliedert werden nach:

- *Phasen* (Definition, Angebot, Vorbereitung, Entwurf, Durchführung, Produktion, Dokumentation, Einführung, Auslieferung, Abschluss)
- *Tätigkeiten* (Entwerfen, Produzieren, Schreiben, Planen, Kommunizieren, Erstellen)
- *Ergebnissen* (Spezifikationen, Teilergebnisse, Software, Dokumentation)
- *Produkten* und Komponenten davon (physische Teile, Teilgeräte, Dokumente).

Soweit Tätigkeiten einem Teilprodukt (Gerät, Modul, Schnittstelle) sinnvoll zugeordnet werden können, sollten sie auch dort angesiedelt werden. Arbeiten, die sich gegenseitig ergänzen (substituieren), sollten zusammenfassbar sein.

Je nach Größe, Struktur des Projekts, Zielen und Hauptschwerpunkten sollten die Gliederungsprinzipien auf den verschiedenen Ebenen eingesetzt werden. Ziele der Gliederung können sein:

- *Modellierung* der Aufgabe als Basis eines gemeinsamen Verständnisses und als Kommunikationsbasis für die Aufgabe und für die Verantwortung der Projektteilnehmer.

- *Strukturierung* der Aufgabe als gemeinsame Basis für die Planung (Aufwandsschätzung, Projektstrukturplan und Netzplan) sowie für das Controlling (Überwachung von Kosten und Ergebnissen über die Zeit, Erfassung der Ergebnisse, des Entwicklungsstands und der zugehörigen Aufwände) des Projekts.

- *Modularisierung* der Aufgabe (Aufgabenverteilung mit Teilprojekten, eventuell mit Unterauftragnehmern und Fremdvergaben).

Je nach Zielsetzung eignet sich diejenige WBS-Struktur am besten, die jeweils die gewünschte Art der Zusammenfassung liefert.

Überprüfung des WBS

Eine wichtige Überprüfung für Arbeitsstrukturpläne ist die unabhängige Zusammenstellung einer Liste von Tätigkeiten und Entscheidungen. Für diese Tätigkeiten bzw. Entscheidungen ist beispielsweise zu fragen:

- In welchem AP wird diese Tätigkeit durchgeführt? Sind alle beteiligten Personen im AP berücksichtigt?
- In welchem AP werden die notwendigen Materialien und Informationen beschafft? Welches AP entwickelt die notwendigen Teile? Welches AP stellt die notwendigen Dokumente zur Verfügung?
- Welche AP nutzen die Ergebnisse dieses AP? Wohin wird das Ergebnis kommuniziert?
- In welchem AP sind die zugehörigen Aktivitäten für Projekt- und Qualitätsmanagement? Sind die Anforderungsanalyse und der Test in diesem oder einem anderen AP beinhaltet?

Dies ist im Sinne eines Tests zu sehen: Wenn hier vergessene APs auftauchen, muss der WBS überarbeitet werden.

Größe von Arbeitspaketen

Die Größe von Arbeitspaketen der untersten Ebene wird in der Literatur und in der Praxis verschieden angegeben. Dies liegt zum Teil auch daran, dass in Großprojekten die Arbeitspakete vom Arbeitspaketverantwortlichen (Person oder Firma) selbst wieder als Projekt geplant und entsprechend heruntergebrochen werden und dort selbst bei einer Tiefe des Arbeitsstrukturplans von 5 Ebenen noch große Pakete übrig bleiben. Eine Arbeitspaketgröße von 1 MJ (Personenjahr) oder 100.000 Euro ist bei großen Projekten angemessen, kleine Projekte können ja durchaus selbst in dieser Größe sein. Als Minimalgröße für die Arbeitspakete kann man 1 MT (Personentag) und bei Sachmitteln 1000 Euro ansetzten. In der Regel sollten die Arbeitspakete umfangreicher sein. Generell kann man sagen, dass mit der Größe des Projekts sowohl die Anzahl als auch die Größe der Arbeitspakete anwachsen.

2.3.3 Schätzungen

In allen Phasen des Projekts müssen Schätzungen gemacht werden, insbesondere bei der Planung für Zeiten, Aufwand, Personalbedarf und Kosten. Schätzungen sind immer mit Unsicherheit behaftet. Ziel ist aber, diese Unsicherheit zu kennen, zu minimieren und damit umzugehen (siehe dazu auch das Kapitel 6.2. zum Thema Stochastik).

Ohne jegliche Vorkenntnisse aus ähnlichen Projekten muss man einen Faktor von 50 % bei der Schätzung von Aufwänden einkalkulieren, allein der Unsicherheitsfaktor bezüglich der Produktivität von Personal ist teilweise höher. Nur durch genaue Kenntnisse und eine Anpassung des Projektdreiecks an die Erfahrungen im Laufe des Projekts kann ein Projekt im Rahmen des Projektdreiecks abgeschlossen werden.

Die beste Basis für Schätzungen ist Erfahrung, am besten in Form von Daten. Sind solche nicht vorhanden, können Modelle als Basis von Schätzungen dienen. Der schlechteste Ratgeber sind politische Entscheidungen (meist als „strategische Überlegungen" bezeichnet), in denen das geschätzt wird, was das jeweilige Management als Basis seiner Entscheidung hören möchte.

Wichtig bei Schätzungen ist eine Systematik. Egal, ob aufgrund von Erfahrung (Expertenwissen, statistische Verfahren) oder Modellen, die Annahmen und Methoden müssen klar dokumentiert sein.

Sinnvoll ist, mehrere unabhängige Schätzungen zu kombinieren. Dies kann z. B. durch mehrere Schätzer in Form einer mehrphasigen Schätzung (Schätzklausur) dadurch geschehen, dass zunächst jeder Teilnehmer einen Wert schätzt. Anschließend geben diejenigen Personen mit dem kleinsten und größten Schätzwert Begründungen für ihre Werte. Dies gibt für alle Beteiligten zusätzliche Informationen, so dass in der zweiten Runde die Treffsicherheit verbessert wird.

Eine Schätzung ist nichts absolutes, sondern abhängig vom jeweiligen Informationsstand. Dabei kann man von folgenden Einflüssen ausgehen:

- Die Schätzung wird im Laufe der Zeit immer genauer, da die Information zunimmt. Die Schätzung wird genauer, wenn ein Teil des zu Schätzenden bereits realisiert ist, sie ist abgeschlossen, wenn das zu Schätzende abgeschlossen und dokumentiert ist (Reporting, Controlling).

- Eine Schätzung sollte nicht nur einen wahrscheinlichsten Wert, sondern ein Intervall angeben, in dem der Wert mit hinreichender Wahrscheinlichkeit liegen wird (50 %, 90 %).

- Eine Schätzung kann nicht aussagekräftiger sein als die Definition und die Messmethode für die zu schätzende Größe (Restunsicherheit).

- Eine Schätzung (Prognose) sollte immer mit einem Verlässlichkeitsintervall (Prognosekorridor) angegeben werden. Dafür bieten sich die bekannten Prinzipien an:
  - *Grenzen:* Es wird zusätzlich zum besten (wahrscheinlichsten) Wert eine obere und untere Grenze geschätzt.
  - *Varianzen*: Es wird zusätzlich zum Mittelwert eine Varianz bzw. Standardabweichung geschätzt. Ober- und Untergrenzen ergeben sich – je nach angestrebter Verlässlichkeit – aus dem Mittelwert zuzüglich/abzüglich eines Vielfachen der Standardabweichung. Ein Korridor kann aus den Quantilen bzw. Vielfachen der Varianzen gebildet werden.
  - *Quantile*: Es wird zu gegebenen Irrtumswahrscheinlichkeiten Quantile geschätzt oder aus den Standardabweichungen berechnet (vergleiche die untenstehende Tabelle).
  - *Fuzzy*: Die Prognose wird als linguistische Variable angegeben, d. h., den einzelnen Schätzwerten werden Plausibilitäten zugeordnet (Plausibilitätsintervalle).

- Jede Schätzung legt nun einen Schätzkorridor fest, in dem sich der zu schätzende Wert bewegen wird. Durch die zunehmende Information wird der Schätzkorridor im Laufe der Zeit enger, die Obergrenze sinkt, die Untergrenze steigt an. Der Erwartungswert kann im Schätzkorridor variieren. Bei einem Schätzfehler müssen die Grenzen nach außen korrigiert werden. Aufgrund der Zeitverzögerungen durch das Berichtswesen, erreicht der Schätzwert den wahren Wert erst eine gewisse Zeit nach Projektende.

Es ist wichtig, die Schätzungen und die zugehörigen Schätzintervalle zu aktualisieren und die notwendigen Konsequenzen zu ziehen. Dazu müssen die Schätzungen so aktualisiert werden, dass zu den jeweiligen Entscheidungszeitpunkten Schätzungen optimaler Qualität vorliegen.

Werden die Schätzungen aus einzelnen Schätzungen zusammengefasst, so ist ein hinreichender Vorlauf zu planen.

Die möglichst frühzeitige Anpassung von Schätzungen und das Erkennen von „Driften" ist eine wichtige Aufgabe des Projektcontrollings. Solche Schätzungen betreffen das gesamte Projektdreieck:

- Termine: Meilensteintrendanalyse
- Kosten: Mittelabflusskontrolle, Mittelfestlegung
- Qualität: Qualitätsüberwachung: Performance und Qualitätsmerkmale des Produkts.

2.3.4 Zeitplanung

Termine sind in Projekten am ehesten sichtbar. Terminverzug ist immer eine klare Sache und auch leicht kommunizierbar. Mangelnde Qualität, Risiken, zu hoher Ressourcenverbrauch und Kostenüberschreitungen sind dagegen viel weniger deutlich unmittelbar sichtbar.

Deshalb sind Projekttermine immer stark unter Beobachtung. Sie haben auch den Vorteil, dass sie sich z. B. durch Meilensteine leicht definieren, messen und überwachen lassen.

2.3.4.1 Ziel

Ziel der Zeitplanung ist, festzustellen, in welchem Zeitraum das Projekt abgearbeitet werden kann. Die Netzplantechnik bestimmt die kürzest mögliche Zeit und die kritischen Pfade. Darüber hinaus werden die Aufgaben zu Zeitintervallen zugeordnet und es werden Fertigstellungstermine für die Aufgaben festgelegt. Diese Fertigstellungstermine und weitere wichtige Termine – insbesondere Schnittstellen nach außen – werden im Meilensteinplan festgelegt.

Häufig wird bei Zeitplänen die Vorlaufphase (Projektinitiierung) nicht berücksichtigt, da sie ja zum Zeitpunkt der Planerstellung schon abgeschlossen ist. Im Rahmen einer termingebundenen Arbeit sind aber die Berücksichtigung und Nutzung von Vorlaufzeiten und Nacharbeiten extrem wichtig. Dies gilt insbesondere für die Projektplanung selbst und die Angebotsbearbeitung. Die Angebotsbearbeitung ist selbst ein Teilprojekt und entsprechend zu planen.

2.3.4.2 Phasenkonzepte

Eine der wichtigsten und einfachsten Methoden der Zeitplanung ist die Einteilung des Projekts in Phasen. Phasenkonzepte (Phasenmodelle) liefern hierfür allgemeine Vorgaben, die dann für das spezielle Projekt angepasst werden müssen. Phasenkonzepte teilen Elemente des Projekts zu Phasen eines standardisierten Ablaufs ein. Vorgehensmodelle stellen Elemente des Projektmanagements und der Objektbearbeitung zu Prozessen und Phasen eines standardisierten Ablaufs zusammen.

Die einfachste und wohl wichtigste Methode zur Gliederung eines Projekts ist die zeitliche Einteilung in aufeinander folgende Phasen. Der Abschluss jeder Phase ist der Beginn der nächsten und gleichzeitig ein Meilenstein im Vorgehen.

Als frühe Beispiele von Phasenmodellen könnte man die Abläufe „Suchen – Sammeln – Bergen – Lagern – Verwerten" bei Sammlern bzw. „Aufsuchen – Nachstellen – Erlegen – Inbesitznahme – Bergen" bei Jägern betrachten. Der Phasenablauf macht den Projektbeteiligten klar, welche Aufgaben anstehen und was ihre jeweiligen Aufgaben und Rollen sind.

Ein generelles Modell der Problemlösung könnte etwa folgendermaßen aussehen:

- *Zielsetzung* (Definition des gewünschten Zustands und der Kriterien)
- *Ist-Analyse* (Analyse der Ausgangssituation)
- *Soll-Konzeption* (konkrete Umsetzung des Ziels)
- *Umsetzungskonzept* (Planung der Übergangs vom Ist- zum Soll-Zustand)
- *Umsetzung* (Durchführung des Übergangs vom Ist- zum Soll-Zustand)
- *Überprüfung* (Prüfung des ereichten Zustands auf Erreichung des Ziels).

Projektorientiert könnte ein Phasenmodell folgendermaßen aussehen:

- *Projektinitiierung* und Definition
- *Projektplanung*
- *Projektumsetzung*
- *Projektabschluss* und Evaluierung.

2.3.4.3 Vorgehensmodelle

Vorgehensmodelle gliedern den Verlauf eines Projekts in Teilabschnitte (Phasen, die sich aber möglicherweise auch überlappen) mit zugehörigen Aufgaben und Methoden. Sie sind neben der Aufgabenteilung und den Phasenkonzepten eine der elementaren Methoden des Projektmanagements.

Sie legen nicht nur den Ablauf fest, sondern geben parallele Bearbeitungspfade (z. B. für die Objektbearbeitung, Management, Qualitätssicherung, Testen) vor. Vorgehensmodelle sind immer auf eine bestimmte Art von Projekt ausgerichtet. Eine wichtige Rolle spielen Vorgehensmodelle in der Produktentwicklung [Holzbaur, 2007].

2.3.4.4 Meilensteine

Meilensteine sind terminlich festgelegte Zeitpunkte. Sie müssen durch ein nachprüfbares Ergebnis definiert sein. Ein Ergebnis kann formalisiert werden in Form von Kriterien wie

- Review, Präsentation, Überprüfung eines Ergebnisses,
- Abnahme eines Ergebnisses oder Dokuments,
- erfolgreicher Abschluss eines Tests,
- Ende einer Phase.

Ein Meilenstein ist abgearbeitet bzw. die Phase ist abgeschlossen, wenn das Ergebnis endgültig fertig und abgenommen bzw. geprüft ist. Meilensteine müssen immer wohldefiniert sein, d. h., es muss klar sein, welches Ergebnis oder Kriterium zum Meilenstein erfüllt sein muss. Ein Kriterium wie „sechs Wochen gearbeitet" definiert weder ein Phasenergebnis noch einen Meilenstein. Die Erschöpfung von Ressourcen (Zeit, Geld, Entwicklermonate, Nutzungsdauer) impliziert nicht das Erreichen des Meilensteins. (Wenn ich von Ulm in sechs Stunden nach Hamburg will und in Kassel geht nach sechs Stunden der Sprit aus, bin ich deshalb noch nicht am Ziel.)

Meilensteine sind auch nach außen relevant:

- Die Bezahlung orientiert sich an Meilesteinen (milestone payment plan).
- Festlegungen und Festschreibung werden durch den Meilenstein für beide Teile verbindlich (Wasserfallkonzept: point of no return).

Wichtige Meilensteine sind Zwischentermine, bei denen Dritte Ergebnisse, Informationen oder Materialien brauchen oder bei denen solche Ergebnisse, Informationen oder Materialien von Dritten benötigt werden. Dritte können dabei sein: andere Teilprojekte, Arbeitspakete, Auftraggeber, Unterauftragnehmer, andere Abteilungen.

Meilensteine sind auch wichtige Entscheidungspunkte (Zäsuren, Gates). Dabei sollten schon in den frühen Phasen Kriterien festgelegt werden, wann ein Projekt fortgeführt bzw. abgebrochen wird. Das Phasenende ist ein günstiger Termin, um über die Weiterführung des Projekts zu entscheiden (go/nogo).

Selbst wenn im Projekt kein Netzplan aufgestellt wird, sollte ein Meilensteinplan erstellt werden. Dieser kann auf dem Arbeitsstrukturplan basieren. Als Basis dafür eignet sich auch eine einfache Phaseneinteilung der Arbeit.

2.3.4.5 Grundlagen der Netzplantechnik

Die klassische Netzplantechnik baut auf folgenden Prinzipien auf:

- Es gibt eine Nachfolger-Beziehung zwischen Vorgängen.
- Eine Tätigkeit kann erst begonnen werden, wenn die als Voraussetzung notwendigen Tätigkeiten abgeschlossen sind.

Eine konsequente Befolgung dieses Prinzips erfordert allerdings eine sehr hohe Detaillierung des Netzplans (Phasenvorlauf, Bestellungen, Einarbeitung, parallele Tätigkeiten, Dauertests, Nacharbeiten). Deshalb wird in der Praxis mit Überlappungen (absolut oder prozentual) gearbeitet, das Vorgehen bleibt aber gleich.

Aus den mit Zeitdauern versehenen Arbeitspaketen und dem Wissen, welches Arbeitspaket auf welchen anderen basiert, kann der Netzplan aufgestellt werden. Dazu wird zunächst festgestellt, welche Arbeitspakete für ihren Beginn die Beendigung welches anderen Arbeitspakets voraussetzen. Hier zeigt sich, ob die Struktur des Arbeitsstrukturplans sinnvoll war.

Die Berechnung der Dauer liefert früheste und späteste Anfangs- und Endtermine, Puffer (Schlupf-)Zeiten und den kritischen Pfad. Weitere zusätzliche Beschränkungen ergeben sich durch die verfügbaren Ressourcen. Der Netzplan liefert z. B. ein Personalgebirge und, wenn aus Kapazitätsgründen nicht alle Tätigkeiten parallel ausgeführt werden können, sind Modifikationen notwendig.

Generell müssen im Netzplan berücksichtigt werden:

- *Vorgänge = Prozesse* (= Arbeitspakete)
- *Ereignisse = Zustände* (= Meilensteine).

Im Graphen haben wir:

- *Knoten = Ecken* (in der mathematischen Beschreibung die Grundmenge, in der graphischen Darstellung flächige oder punktförmige Objekte)
- *Kanten = Pfeile* (in der mathematischen Beschreibung eine Relation auf der Grundmenge, in der graphischen Darstellung Linien zwischen den Knoten).

Damit ergeben sich verschiedene Kombinationsmöglichkeiten:

Tabelle 2.3 Arten von Netzplänen

Art	Basis	Umsetzung der Basiselemente	Ergänzung (duale Elemente)
Vorgangspfeilnetzwerk	Vorgänge, Prozesse	Prozesse (Vorgänge) werden abgebildet als Pfeile.	Zustände (Ereignisse, Meilensteine) werden abgebildet als Knoten (Ende bzw. Anfang von Pfeilen).
Ereignisknotennetzwerk	Ereignisse, Meilensteine	Ereignisse (Meilensteine) werden abgebildet als Knoten.	Prozesse (Vorgänge) werden abgebildet als Pfeile, die die Knoten verbinden.
Vorgangsknotennetzwerk	Vorgänge, Prozesse	Prozesse (Vorgänge) werden abgebildet als Knoten.	Logische Folgebeziehungen werden abgebildet als Pfeile zwischen den Knoten.
Ereignispfeilnetzwerke werden in der Praxis nicht verwendet.			

2.3.4.6 Das Vorgangsknotennetzwerk

Von den vielen Möglichkeiten, Netzpläne zu definieren und zu verwenden, sei hier das deterministische Vorgangsknotennetzwerk mit Vorwärts- und Rückwärtsrechnung angesprochen. Die folgende kurze Darstellung soll die Grundlagen erläutern, für weiterführende Details sei auf die umfangreiche Literatur verwiesen.

Der Rechenvorgang teilt sich auf in eine erste Rechenphase (hier: Vorwärtsrechung, Vorwärtsterminierung), in der die Terminierung ausgehend von Start vorgenommen wird, und die zweite Phase, in der in der entgegen gesetzten Richtung gerechnet und so Pufferzeiten bestimmt werden.

Ausgehend vom Netzplan wird zunächst die Vorwärtsrechnung durchgeführt. Ausgangspunkt und frühester Anfangstermin aller Knoten ohne Vorgänger ist der Startzeitpunkt, z. B. T = 0. Dann wird für jeden Knoten folgende Rechnung durchgeführt:

- *Frühester Anfangstermin FAT*: Zu diesem Termin kann der Knoten aufgrund der notwendigen Vorarbeiten frühestens begonnen werden. Er ist der späteste Wert unter allen (frühesten) Endterminen der Vorgängerknoten: FAT = max FET (über alle Vorgänger).

- *Frühester Endtermin FET*: Zu diesem Zeitpunkt kann der Knoten frühestens fertig sein. Er ergibt sich als Summe aus dem (frühesten) Anfangstermin und der Dauer des Knotens: FET = FAT + DAUER.

Wenn die Vorwärtsrechnung abgeschlossen ist, kennt man die minimale Dauer des Projekts, sie ist der (früheste) Endtermin des spätesten Knoten FET(ende). Nun kann man sich diesen Wert oder eine für das Projekt sinnvolle Dauer vorgeben, um die analoge Rückwärtsrechnung (Rückwärtsterminierung) zu starten (Ausgangspunkt: spätester Endtermin aller Knoten ohne Nachfolger ist der gewählte Endtermin).

Tabelle 2.4 Richtungen der Netzplanberechnung

Richtung	ausgehend von	Terminierung	Basisformeln
vorwärts	Start (FAT)	früheste	FET = FAT + Dauer FAT = max FET (Vorgänger)
rückwärts	Ende (SET)	späteste	SAT = SET – Dauer SET = min SAT(Nachfolger)

Dadurch erhält man für jedes Element (Knoten) des Netzplans folgende Werte:

- MAXDAUER = SET – FAT ist die maximal verfügbare Zeit.

- SCHLUPF = PUFFER = MAXDAUER – DAUER = SAT – FAT = SET – FET ist die Schlupfzeit, die bei der Bearbeitung dieses Knotens verfügbar ist. Arbeitspakete ohne Schlupfzeit (SCHLUPF = 0) heißen kritisch, sie bilden den sogenannten kritischen Pfad im Projekt. Ein kritischer Pfad existiert, wenn die kürzest mögliche Projektdauer gewählt (d. h. SET(ende) = FET(ende) gesetzt) wurde.

2.3.4.7 Gantt-Diagramm

Eine graphische Darstellung des Netzplans ist das Gantt-Diagramm. Hier bekommt die horizontale Achse die Bedeutung der Zeit. Die Balken stellen die Arbeitspakete (Vorgänge) dar und erhalten als Länge die jeweilige Dauer und als Position die geplante Anfangszeit (üblicherweise die früheste Anfangszeit FAT).

Das Gantt-Diagramm veranschaulicht den zeitlichen Ablauf sehr gut, es wird aber bezüglich der Abhängigkeiten zwischen Vorgängen (Arbeitspaketen) sehr schnell unübersichtlich.

Gantt-Diagramme können mit Graphik-Programmen, Projektmanagement-Software oder basierend auf Tabellen dargestellt werden.

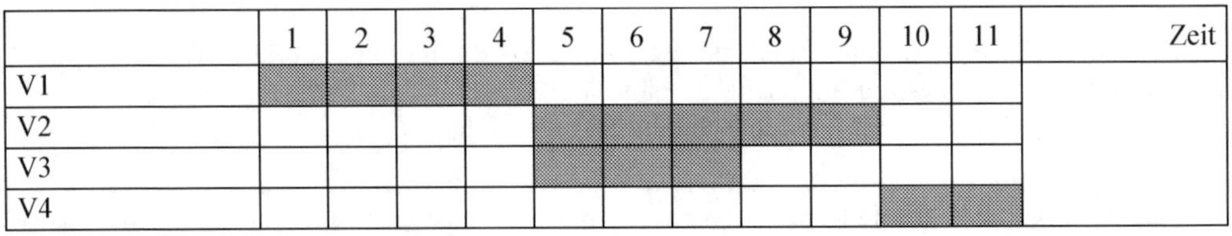

	1	2	3	4	5	6	7	8	9	10	11	Zeit
V1		▨	▨	▨								
V2					▨	▨	▨	▨	▨			
V3					▨	▨	▨					
V4									▨	▨		

Bild 2-5 Einfaches Gantt-Diagramm auf Tabellenbasis

2.3.4.8 Personalauslastung

Der Netzplan hat den Nachteil, dass er die Personalauslastung und die Nutzung von anderen Projektressourcen nicht berücksichtigt. Er macht nur Sinn, wenn alle Vorgänge, die von der Logik her parallel ablaufen können, auch von den Ressourcen (Personal, Maschinen) her parallel laufen können. Aus dem Netzplan kann man nun aber das Personalgebirge ermitteln, personalkritische Bereiche feststellen und diese dann entzerren.

	1	2	3	4	5	6	7	8	9	10	12	12	13
6										▓			
5				▓					▓	▓			
4				▓				▓	▓	▓			
3				▓				▓	▓	▓	▓		
2		▓	▓					▓	▓	▓	▓	▓	▓
1	▓	▓	▓			▓	▓	▓	▓	▓	▓	▓	▓

Bild 2-6 Personalgebirge auf Tabellenbasis

Prozesse, die sich mit der Netzplantechnik gut einplanen lassen oder die den Einsatz der Netzplantechnik notwendig machen können, sind solche, die lange Zeiten mit logischen Abhängigkeiten, Vorlaufzeiten oder geringer Personalauslastung beinhalten. Wenn die Arbeit von einer einzigen Person ausgeführt wird und diese über die Dauer mit der jeweiligen Tätigkeit voll ausgelastet ist, so führt der Ausgleich der Personalauslastung dazu, dass die Gesamtdauer gleich der Summe der Einzeldauern wird. Die Netzplantechnik kann dann nur noch die logische Reihenfolge zwischen Arbeitspaketen überwachen.

Wenn sich Vorgänge (Arbeitspakete) verschieben lassen, kann man das Personalgebirge entzerren und die Auslastung glätten.

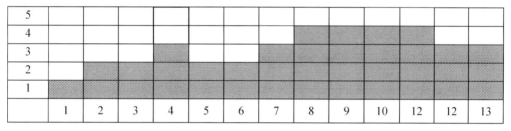

Bild 2-7 Personalgebirge auf Tabellenbasis geglättet

2.3.5 Ressourcenplanung

Ziel der Ressourcenplanung ist, die benötigten Ressourcen insgesamt und in ihrer zeitlichen Verteilung zu ermitteln. Daraus können dann die Projektkosten ermittelt werden. Die Planung basiert auf unsicheren Werten, gute Schätzungen können nur die Genauigkeit erhöhen und das Risiko vermindern.

2.3.5.1 Personalaufwand

Basis der Kostenschätzung ist das Produkt aus Zeit und Personalmenge. Der „Mann-Monat" (kleinere Einheit Personen-Tag, PTg) mag als Produktivitätsmaß umstritten sein, als Kostenmaß ist er recht brauchbar (Gehaltsdifferenzen sind meist kleiner als Produktivitätsdifferenzen). Auch hier muss man sich über das verwendete Modell und die Basis der Rechnungseinheit Gedanken machen.

Die Abschätzung des Personalaufwands für ein Projekt erfordert Erfahrung und Disziplin. Die Aufteilung von Aufgaben (Arbeitsstrukturplan) hilft, Aufgaben und die dazu benötigten Aufwände besser abschätzen zu können (bessere Übersichtlichkeit und höhere Anschaulichkeit der Aufgabe, statistischer Ausgleich von Fehlern). Ein systematischer Fehler muss aber vermieden werden, indem zu Beginn der Schätzung klar die Basis der Zeit definiert wird. So muss zwischen Anwesenheitszeit, ungestörter Arbeitszeit und Produktivitätszeit unterschieden werden. Besonders wichtig ist dies bei Prozessen mit Kundenkontakt, die Vor- und Nachbereitung erfordern.

Die Aufwände für das gesamte Projekt können als Summe der Teilaufwände über den Arbeitsstrukturplan ermittelt werden. Dabei ist es wichtig, die Aufwände und die vorhandenen Ressourcen realistisch einzuschätzen. Eine wichtige Grundlage dafür ist, Aufwände und Ressourcen mit demselben Maßstab zu messen, also entweder Arbeitstage oder Stunden zu verwenden. Hier ist es hilfreich, sich vor Erstellung des Arbeitsstrukturplans Gedanken darüber zu machen, ob die Arbeitspakete in Netto-Stunden oder Brutto-Stunden geschätzt werden und ob die Umrechnung in Tage, Wochen und Jahre auf der Basis von Standard-Arbeitnehmerdaten (z. B. Fünf-Tage-Woche) erfolgen soll oder ob Urlaubszeiten und Wochenenden explizit mitgezählt werden. Dies betrifft dann insbesondere die Umrechnung von Ressourcen auf Kalenderdaten.

2.3.5.2 Ressourcenplan

Für den endgültigen Ressourcenplan müssen Bedarfe und zur Verfügung stehende Ressourcen auch im zeitlichen Verlauf gegenübergestellt und abgeglichen werden. Dies betrifft nicht nur die Gesamtsumme an Ressourcen und Zeit, sondern auch die zeitliche Verteilung in Personalgebirge und Liquiditätsplanung.

2.3.6 Projektplan

Zur Erstellung des endgültigen Projektplanes muss im magischen Projektdreieck derjenige Bedarf an Ressourcen und Zeit, der sich aus den Anforderungen an das Projektziel ergibt, abgeglichen werden mit den zur Verfügung stehenden Ressourcen und der zur Verfügung stehenden Zeit. Alternativ kann aus den zur Verfügung stehenden Ressourcen und der zur Verfügung stehenden Zeit das erreichbare Ziel abgeleitet werden. Nun muss im magischen Projektdreieck ein Ausgleich erreicht werden, bei dem das Ziel mit den Vorgaben an Ressourcen und Termin erreicht werden kann.

2.3.7 Zusammenfassung Projektplanung

Unabdingbare Grundlage der Projektplanung ist die genaue Beschreibung und Abgrenzung des Projekts und die Definition von Zielen und Randbedingungen.

Der Arbeitsstrukturplan (Work Breakdown Structure) ist die hierarchische Detaillierung der zu erledigenden Aufgaben. Er ist die Basis für die Ressourcenplanung und Terminplanung, sowie für die Zuordnung von Aufgaben und Verantwortung.

2.4 Projektsteuerung und Abschluss

Ein Projekt ist nicht nur zu planen, sondern laufend zu überwachen und durch geeignete Steuerungsmaßnahmen zum Erfolg zu bringen.

Schätzungen müssen laufend angepasst werden und die Planung wird im Laufe der Zeit besser und genauer.

2.4.1 Projekt-Controlling

Die Projektplanung und -überwachung kann man vergleichen mit einer Autofahrt:

- Die *Planung* legt fest: Abfahrttermin, Zwischenstationen mit Terminen, Stationen zum Tanken, Endstation und Ankunftstermin.
- Eine *Überwachung* betrifft:
  - *Termine* und Meilensteine: „Wann bin ich wo?"
  - *Ressourcen*: Sprit, Spritverbrauch in Relation zu zurückgelegter und verbleibender Entfernung, Extrapolation „Wie weit reicht der Sprit?"
  - *Ergebnisse*: Meilensteine und Fahrtstrecke (z. B. bei Umleitungen), zurückgelegte Entfernung und Restentfernung, erreichte Stationen.

Die Planung sagt also, wann man wo sein möchte, das Controlling überwacht diese Größen im Zusammenhang. Allgemein gilt: Die Daten des Projekts müssen erfasst und mit der Planung verglichen werden. Daraufhin erfolgen Reaktionen. Das Ganze führt zu einem Regelkreis.

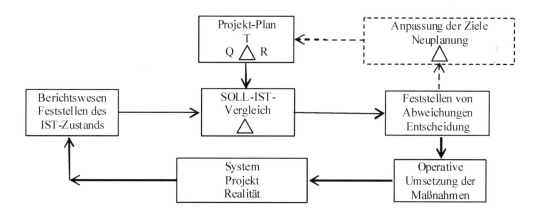

Bild 2-8 Controlling-Regelkreis im Projekt

2.4.2 Projektüberwachung

Im Rahmen des Projektdreiecks ist jeder der drei Eckpunkte zu überwachen.

Überwachung von Qualität und
Fertigstellungsgrad (Leistung)

Überwachung des Ressourcen-
verbrauchs (Kosten)

Überwachung der Termine
(Meilensteine)

Bild 2-9 Controlling im Projektdreieck

2.4.2.1 Überwachung im Projektdreieck

Die Überwachung wird erleichtert, wenn man die Schätzungen auf AP-Ebene durchgeführt hat und dort überwachen kann:

- Termine: Meilensteine und AP-Dauern im Netzplan
- Kosten: Mittel als Summe der Mittel der APs
- Qualität: Performance und Qualitätsmerkmale ergeben sich aus den Teilen.

Für in Arbeit befindliche AP kann die Schätzung angepasst werden: Die Relation zwischen den Schätzungen für das AP und den dem derzeitigen Fertigstellungsgrad entsprechenden Dauer, Kosten und Ergebnissen gibt einen Hinweis auf die noch zu erwartenden Dauer, Kosten und Ergebnisse. Dabei ist die Extrapolation nicht immer so einfach oder eindeutig.

2.4.2.2 Problem der Extrapolation

Die Vorhersage von Ressourcenverbrauch oder Terminen aus dem Abarbeitungsgrad ist nicht eindeutig. Noch weniger können Termine und Ressourcen einfach linear extrapoliert werden, da viele verschiedene Effekte wie Synergien, Sättigung oder Rückkopplungen („adding manpower to a late projects makes it even later") auftreten können. Verschiedene Möglichkeiten einer linearen Extrapolation und die möglichen Anwendungsbereiche sind in der nachfolgenden Tabelle zusammengefasst.

Tabelle 2.5 Ergebnisse und Sinn der Extrapolationen

Symbol	Bedeutung	Sinnvoll, wenn ...
R	reale Beobachtung (hier y < x)	Abweichung Ist – Soll ist signifikant und nicht durch Messung/Berichtswesen verursacht.
a, A	Aufholen	Abweichung war durch interne Verschiebungen verursacht. Abweichung kann im Projektdreieck kompensiert werden.
n, N	normale Fortsetzung	Abweichung war Folge eines einmaligen Ereignisses (Ausreißer, externe Störung).
t, T	Trend (proportional)	Abweichung ist gültig für das gesamte Projekt (systematischer Fehler).
ü, Ü	Überproportional	Durch Terminkollisionen, Personalwechsel, ... ergibt sich ein überproportionaler Effekt.
A	Ziel erreicht	Abweichung kann kompensiert werden.
Nx, Tx, Üx	x erreicht	Projekt wird bei x = 100 % beendet.
Ny, Ty, Üy	y erreicht	Projekt wird bei y = 100 % beendet.

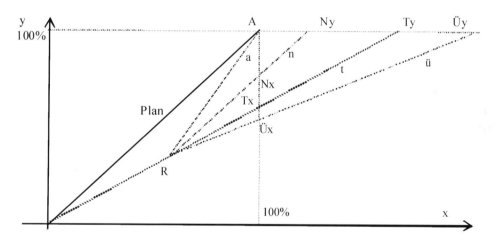

Bild 2-10 Extrapolation von Projektparametern

2.4.2.3 Ampelmethode im Projektcontrolling

Um den Verlauf des Projekts zu überwachen, ist eine stetige Rückmeldung über die verschiedenen Stufen des Projekt- bzw. Arbeitsstrukturplans notwendig.

Dazu können aktuelle Arbeiten und zukünftige Planungen mit einem Ampelsystem (rot/gelb/grün) bewertet werden. Die Inhalte sind dieselben wie oben beim Controlling, werden nun aber stärker zusammengefasst.

Tabelle 2.6 Status und Prognose im Ampelverfahren

	Status	Prognose
Q Ergebnis	Erreichtes Ergebnis und abgearbeitete Arbeitspakete bis jetzt	Erreichbares Ergebnis aus heutiger Sicht
R Ressourcen	Verbrauchte Ressourcen in Relation zu Zeit und Ergebnis	Einhaltbarkeit von Kosten und Ressourcenplänen
T Termin	Einhaltung der Meilensteine bis jetzt	Einhaltbarkeit des Terminplans

Bei der Prognose ist zu beachten, dass eine realistische Vorhersage absolut notwendig ist, um die Zukunftsprognose abgeben zu können. Wenn es noch keine Indizien gibt, dass die Projektentwicklung vom Plan abweicht, ist der Prognosestatus „grün". Wenn keine hinreichenden Informationen vorliegen, ist „gelb" oder gar „rot" anzusetzen.

Neben den Ampelfarben (beispielsweise in Form farbiger Magnete) können auch Symbole, Ikons oder Smilies (☺,☻) in den entsprechenden Farben verwendet werden. Wichtig ist, dass die Rückmeldung durch die Verantwortlichen selbst abgegeben wird: Dadurch wird die Rückmeldung selbst zu einem wichtigen Teil des Controlling-Prozesses. Die Wirksamkeit wächst, wenn dies in der Gruppe gemacht wird und jeder Verantwortliche seinen Status mit einem Satz erläutert.

Für ein Projekt mit sieben Teilprojekten und insgesamt 30 Arbeitspaketen der nächsten Ebene kann so in weniger als zehn Minuten eine effektive und effiziente Rückmeldung eingeholt und die kritischen Stellen im Projekt identifiziert werden.

2.4.3 Terminüberwachung

Die Terminüberwachung basiert auf den Meilensteinen, die direkt festgelegt oder aus Gantt-Diagramm oder Netzplan bestimmt wurden.

2.4.3.1 Meilensteintrendanalyse

Die Meilensteintrendanalyse dient dazu, die Plantermine für Meilensteine zu überwachen. Dazu werden zu jedem Überwachungstermin die geplanten Termine für die Meilensteine eingetragen und graphisch verbunden.

Das Vorgehen lässt sich anhand der folgenden Schritte beschreiben:

- Meilensteine werden als erwartete – d. h. nach dem momentanen Wissensstand geplante – Termine ($T_E = T_{geplant}$) gegen die Zeitachse nach oben abgetragen.
- Immer zum jeweiligen Meldezeitpunkt T_H (heute, d. h. zum aktuellen Datum der Bearbeitung) werden die momentan geplanten Termin T_E eingetragen. Damit liegen alle Punkte über der Winkelhalbierenden, da ein Meilenstein entweder erreicht ist ($T_E = T_H$) und damit nicht mehr weitergeführt wird oder in der Zukunft ($T_E > T_H$) liegt.

- Abhängigkeiten werden eingetragen. Bei Verschiebung einer Voraussetzung verschieben sich die davon abhängigen Projekte. Die Verschiebung der Nachfolger ist normalerweise kleiner als die der Vorgänger (Puffer, Kapazitätsverlagerung).

- Blockierte Zeiten (Ferien, Volllast anderer Projekte) sind mit einzutragen. Sie können bewirken, dass gegebenenfalls Verschiebungen der Nachfolger größer sind als die der Vorgänger.

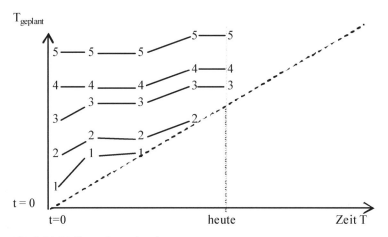

Bild 2-11 Meilensteintrendanalyse

Wichtig bei der Anwendung der Meilensteintrendanalyse ist:

- Regelmäßiges Eintragen und Überprüfen der Meilensteintermine erlaubt eine frühe Reaktion. Wenn der Bearbeiter selbst die Meilensteintrendanalyse durchführt, gehört natürlich die notwendige Kritikfähigkeit und Selbsterkenntnis dazu. Andernfalls braucht man ein funktionierendes Berichtswesen.

- Frühe Reaktion auf Verschiebungen und Trend muss im gesamten magischen Projektdreieck erfolgen: Neuplanung der Termine, Umwertung von Ressourcen, Anpassung der Ziele.

- Durch die Meilensteintrendanalyse ist eine spätere Überprüfung möglich, man kann Kausalzusammenhänge aufzeigen und hat es leichter zu zeigen, wo eine Verzögerung verursacht wurde.

2.4.3.2 Projektdauern

Warum dauern Projekte mindestens so lang wie die Schätzung? Dafür gibt es im Wesentlichen folgende Gründe:

- Die Dauer von Projekten hat eine unsymmetrische Verteilungskurve. In der Theorie der Stochastik addieren sich viele kleine Abweichungen in etwa zu einer Normalverteilung auf. Große und eher unwahrscheinliche Überschreitungen ergeben aber eher eine Poisson-Verteilung.

- Projekte werden aus politischen Gründen meist zu knapp geschätzt und deshalb meist überschritten. Nach Überschreiten des Termins werden Kompromisse bei Qualität und Ressourcen gemacht, um das Projekt überhaupt noch abzuschließen.

- Die zur Verfügung stehende Zeit wird durch die Projektmitarbeiter ausgeschöpft, da eine frühere Fertigstellung nicht belohnt wird. Die Gründe für das Ausschöpfen der zur Verfügung stehenden Zeit können in Perfektionismus, in der Erfüllung aller Projektaufgaben (im Gegensatz zum schnellen Abwürgen des zeitlich überzogenen Projekts) oder in rationalen Reaktionen auf externe Ursachen liegen. Bei früherer Fertigstellung gibt es mehr Motivation, weiter zu machen als das Ergebnis abzugeben. Einige Gründe seien angeführt:
  - Das Projektergebnis ist nie „fertig". Deshalb kann verbleibende Zeit meist in die Verbesserung des Ergebnisses investiert werden (Perfektionsstreben, Parkinson-Prinzip).
  - Projektmitarbeiter und Projektleiter, die ein Projekt vor der Zeit abschließen, machen sich selbst „arbeitslos".
  - Bei früherer Abgabe gibt es noch Zusatzwünsche des Kunden, von Management oder Marketing, die zu Änderungsaufwand und Konfigurationsproblemen führen.
  - Bei früherer Fertigstellung droht eine Korrektur der Schätzung. Wer ein Projekt früher abschließt, muss damit rechnen, dass seine Schätzungen beim nächsten Mal nach unten korrigiert werden.
  - Die notwendigen lessons learned müssen aufgearbeitet werden. Dies ist natürlich insbesondere bei erfolgreichen Projekten notwendig. Bei Misserfolg kommen die lessons learned von „oben"; viel wichtiger ist es aber, aus erfolgreichen Projekten zu lernen.
  - Notwendige Abschlussarbeiten werden bei Zeitüberschreitung nicht gemacht (d. h., Projekte werden immer zu knapp geschätzt und bei Überschreitung gestutzt)
  - Die Zeit kann für U-Boot-Projekte (neue Entwicklungen, die offiziell nicht genehmigt und budgetiert sind) und Werkzeugentwicklung genutzt werden, was die Organisation über das einzelne Projekt hinaus zum Erfolg bringt.

Die Konsequenzen für das Management von Projekten liegen vor allem in der großen Bedeutung eines ehrlichen Umgangs zwischen den oberen Managementebenen bzw. den Auftraggebern des Projekts und den Projektleitern.

2.4.4 Kostencontrolling

Bei der Kostenüberwachung ist es wichtig, nicht nur die angefallenen mit den geplanten Kosten zu vergleichen. Man muss diese in Relation zu Ergebnissen und Terminen sehen.

2.4.4.1 Mittelfestlegung vs. Mittelabfluss

Die Mittelfestlegung erfolgt in einer viel früheren Phase als der Mittelabfluss. Der Projektfortschritt lässt sich nicht am Mittelabfluss messen. Kriterium ist die fertiggestellte Arbeit.

Dabei ist das 90-%-Syndrom zu beachten: Mitarbeiter tendieren dazu, die Arbeit als „fast fertig" zu betrachten. Dies entspricht auch den Aussagen der sogenannten Pareto-Regel: 80 % des Erfolgs (wie immer man diesen misst) kann man mit 20 % des Aufwands erreichen. Das Problem dabei: Die anderen Aufgaben im Rahmen des Projekts müssen ebenfalls erledigt werden und erfordern dann nicht 20 %, sondern eben die restlichen 80 % des Aufwands.

2.4.4.2 Messung des Projektfortschritts

Um die Kosten im Verlauf des Projekts überwachen zu können, muss eine auf Arbeitspaketen basierende Schätzung vorliegen. Dabei muss man Kosten, Ergebnisse und Termine zueinander in Verhältnis setzen. Die Rückmeldung der AP-Verantwortlichen darf nicht nur die angefallenen Kosten beinhalten, sondern muss umfassen:

- Abarbeitungsgrad von Arbeitspaketen (prozentualer Projektfortschritt, begonnene und abgearbeitete Teilpakete)
- angefallener Personalaufwand und Sachkosten pro Arbeitspaket
- geplante Termine (Meilensteine, Fertigstellung) und voraussichtliche Entwicklung von Terminen, Ergebnis und Ressourcen.

Dabei reicht der Vergleich von angefallenen und geplanten Kosten nicht aus, um den Kostenverlauf zu überwachen, da eine Abweichung verschiedene Gründe hat, deren Überlagerung zur Verschleierung von Problemen führen kann (die entgegengesetzte Richtung unten stehender Veränderungen ist ebenfalls möglich, aber seltener):

- Bestellungen bzw. Beauftragungen wurden später getätigt.
- Arbeitspakete verzögern sich als Ganzes (werden später begonnen).
- Die Fertigstellung von Arbeitspaketen verzögert sich (da nicht das geplante Personal eingesetzt wurde oder aufgrund von Problemen).
- Die Kosten für Arbeitspakete steigen aufgrund von Preissteigerungen oder externer Vergabe.

Die ganz oder teilweise fertiggestellten Arbeitspakete sind mit dem zur Fertigstellung geplanten Aufwand (Leistungswert) zu gewichten, um einen Vergleich mit der Planung zu haben.

Damit ergeben sich folgende wichtige Kennzahlen pro Arbeitspaket:
- Gesamtwert = geplante Kosten = SOLL-Kosten
- Leistungswert = Summe der fertiggestellten Arbeitspakete (AP) bewertet mit geplanten Kosten. Der Leistungswert (Earned Value) ist die wichtigste Messzahl für den bereits erreichten Projektfortschritt. Dabei werden die fertiggestellten AP mit den angesetzten Kosten (Wert des AP) bewertet (EVA: Earned Value Analysis).
- *Technischer Fertigstellungsgrad* = Leistungswert/Gesamtwert
- *Technische Terminverzögerung* = Stichtag-Termin, an dem die zum Stichtag erbrachte Leistung hätte erbracht werden sollen.
- *Mittelabfluss* = bis zum Stichtag angefallene Kosten
- *Finanzielle Kostenüberschreitung* = Mittelabfluss – zum Stichtag geplanter Mittelabfluss
- *Kaufmännischer Fertigstellungsgrad* = Mittelabfluss/Gesamtwert
- *Kostenstatus* = Mittelabfluss/Leistungswert = kaufmännischer Fertigstellungsgrad/technischer Fertigstellungsgrad (aus der EVA ermittelbar)
- *Kostenüberschreitung* = Kostenstatus – 100 %.

2.4.5 Projektsteuerung

Im Rahmen des Projektcontrollings ist jeder der drei Punkte des Projektdreiecks Objekt von Steuerungsmaßnahmen:

- Termine: Terminanpassung, Beschleunigung
- Kosten: Erhöhung der Mittel und Mitarbeiterzahl, Fremdvergabe
- Qualität: Anpassung von Zielkriterien und Qualitätsmerkmalen.

Ungleichgewichte im Projektdreieck können verschiedene Ursachen haben und erfordern deshalb unterschiedliche Maßnahmen. Ursachen und Maßnahmen können die Aspekte (Ecken) T (Zeitverbrauch), R (Ressourcenverbrauch) und Q (Erfüllungsgrad) betreffen. Die Steuerung sollte möglichst frühzeitig erfolgen, um effizient eingreifen zu können.

Basis der Steuerung sind die einzelnen abgearbeiteten bzw. in Arbeit befindlichen (aktiven) Arbeitspakete und die auf allen Informationen basierenden Schätzungen für Termine, Kosten und Qualität des Ergebnisses. Als primär zu betrachtende bzw. zu adaptierende Parameter kommen Terminschätzung, Kostenschätzung und zu erwartendes Ergebnis in Frage.

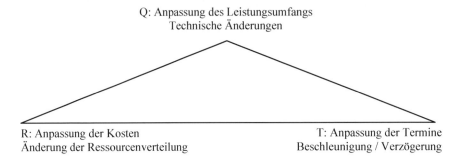

Q: Anpassung des Leistungsumfangs
Technische Änderungen

R: Anpassung der Kosten
Änderung der Ressourcenverteilung

T: Anpassung der Termine
Beschleunigung / Verzögerung

Bild 2-12 Steuerungsmaßnahmen im Projektdreieck

Dabei ist klar, dass jede Änderung im Projektdreieck auch die anderen Ecken betrifft und Steuerung nur in der Gesamtsicht sinnvoll ist.

2.4.6 Projektabschluss

Der Abschluss von Projekten wird leider häufig vernachlässigt. Er ist aber ein wichtiger Erfolgsfaktor für das Projekt und für die nachfolgenden Projekte.

Notwendig ist eine Auswertung jedes Projekts bezüglich der

- Organisation und Abläufe:
  - Was war hilfreich, positiv?
  - Was war kritisch, gefährlich?
  - Welche Strukturen sollten geschaffen werden?

- Methoden:
  - Was war hilfreich?
  - Was war kritisch?
  - Was lieferte richtige Ergebnisse?
  - Welche Verfahren müssen korrigiert werden?

- Kosten:
  - Nachkalkulation
  - Ursachenanalyse
  - Identifikation von Kostentreibern

- Kenntnissen, Bedarf an
  - Personal
  - Ausbildung/Schulung/Training

Die Nachkalkulation und die Dokumentation von Erfolgen und Problemen dienen nicht nur der Beurteilung des Projekterfolgs, sie sind auch für zukünftige Projekte wichtig. Hilfreich ist ein Formular oder eine Checkliste für die wichtigsten Projektdaten und für eine Gegenüberstellung von Planung und Ergebnis. Damit kann eine Erfahrungsdatenbank aufgebaut werden.

Beim Abschluss ist auch die Würdigung und Wiedereingliederung der Mitarbeiter (in die Linie oder nachfolgende Projekte) ein wichtiger Prunkt.

2.5 Management mehrerer Projekte

Ein Projekt kommt selten alleine. Projekte folgen aufeinander oder bedingen einander. Projekte können als Aufgabe des Unternehmens in ähnlicher Art aufeinander folgen oder parallel zueinander abgewickelt werden.

2.5.1 Multi-Projekt-Management

Der einfachste Fall des Managements mehrerer Projekte ist der Fall paralleler unabhängiger Projekte. Falls diese Projekte nur die Ressourcen (Personal, Projektleiter) gemeinsam haben, ist es meist eine Frage der Koordination und der Priorisierung. Insbesondere bei Projekten nach dem Matrix- oder Einflussprinzip ergeben sich Konflikte bezüglich des Zugriffs auf das Personal. Hier muss ein Manager einer geeigneten höheren Ebene für Richtlinien für die Priorisierung sorgen. Die Problematik ist im Grunde dieselbe wie die zwischen Projekten und Linienfunktionen.

Andere Wechselwirkungen basieren meist auf zeitlichen Abhängigkeiten (Zuliefererfunktion, gemeinsame Meilensteine), diese können in einem gemeinsamen Netzplan abgebildet werden.

Im Extremfall sind die Projekte als Arbeitspakete eines übergreifenden Projekts zu sehen und entsprechend auch mit den Projektmanagement-Werkzeugen zu bearbeiten.

Verknüpfungen zwischen Projekten können sich auch informell durch Maßnahmen und Entscheidungen von Kunden, Management oder Stakeholdern ergeben.

2.5.2 Management wiederkehrender Projekte

Die Begriffe wiederkehrend (repetitiv) und Projekt scheinen sich auszuschließen. Deshalb wird auch häufig in der Literatur davon ausgegangen, dass ein Projekt wirklich „einzigartig" ist. Trotzdem gibt es in der Praxis viele Projekte mit repetitivem (wiederholendem) oder gar Routine-Charakter. Gerade im Bereich Entwicklung ist dies ein wichtiger Punkt. Wir wollen ja nicht immer „das Rad neu erfinden", sondern die Erfahrung als Erfolgsfaktor nutzen.

Tabelle 2.7 Projekt und Routine

Aufgabe, Objekt	Aspekt der Einzigartigkeit:	Routineaspekt:
Anlage	ganz neues System bzw. Produkt	im Rahmen der Produktlinie
Produkt	neuartige Produkte	im Rahmen der Produktlinie
Veranstaltung	neue Art oder Größe	ähnlich wie Vorgänger
Forschung	neue Methoden	Fortführung
Prüfungsarbeit	aus Sicht des Prüflings	aus Sicht des Prüfers
Neue Strukturen	aus Sicht des Unternehmens	aus Sicht des Beraters
Baumaßnahme	aus Sicht des Bauherrn	aus Sicht des Architekten

Die Frage, was „neu" und was „gleich" ist, hängt auch vom Abstraktionsgrad ab. Eine Modellierung und Klassifizierung der Projekte kann dazu beitragen, das „Gemeinsame" im „Neuen" zu sehen. Wenn sich Projekte (in einem abstrakten Sinn) wiederholen, können einige Maßnahmen zur Effizienzsteigerung im Projektmanagement dienen:

- *Projektdokumentation:* Dokumentation des Ablaufs im Projektdreieck, Festhalten von Schätzverfahren und Besprechungsergebnissen (Schätzung und politisch/taktische Werte differenzieren),
- *Projektauswertung* bezüglich der verwendeten Methoden,
- *Projektmanagementhandbuch* und Checklisten,
- *Projektparametrisierung;* Identifikation von Indikatoren und charakterisierenden Größen für Projekte sowie für Kostentreiber.

2.5.2.1 Projektmanagement-System

Die Einführung von standardisierten Prozessen für die Abwicklung von Projekten ist ein wesentlicher Schritt zur Steigerung von Effektivität und Effizienz und ein wesentliches Kriterium der „Professionalisierung" von Projektarbeit.

Bei ähnlich wiederkehrenden Projekten empfiehlt sich die Festlegung von

- Organisation,
- Abläufen und
- Methoden.

im Projekt. Damit geht das Projektmanagement in ein Prozessmanagement über. Die Vorgaben werden sinnvollerweise in einem Projektmanagement-Handbuch zusammengestellt. Ebenso können für die Planung und Durchführung Checklisten erstellt werden.

2.5.2.2 Projektparametrisierung

Werden qualitative und quantitative Daten der Projekte in einer Datenbank hinterlegt, können daraus projektübergreifend Erfahrungen gewonnen werden.

Aus einer Erfahrungsdatenbank ist (z. B. mittels linearer Regression) die Identifikation möglich von

- typischen Dauern und Aufwänden für in ähnlicher Form wiederkehrende Aufgaben,
- kostenrelevanten Parametern (cost drivers) und funktionalen Abhängigkeiten zwischen Aufgaben und Ressourcen/Dauern,
- Effizienzfaktoren.

Eine kontinuierliche Überprüfung dieser Parametrisierung ist notwendig.

2.5.3 Projektportfolio

Das Projektportfolio dient der Erfassung und der (graphischen) Darstellung, welche Projekte im Moment aktuell sind. Wichtige Parameter, die auf den Achsen abgetragen werden (bzw. als Komponenten der Matrix dienen), sind diejenigen, die für die strategische Überlegung im Rahmen des Multiprojektmanagements entscheidend sind:

- *Laufzeit*: Wie lange (seltener: ab wann) laufen die Projekte? Eine graphische Darstellung der Laufzeit führt statt des Portfolios zu einer dem Gantt-Diagramm ähnlichen Darstellung.
- *Innovation*: Wie innovativ ist das Projekt? Haben wir immer Projekte, die uns weiterbringen? Haben wir geeignetes innovatives und kompetentes Personal?
- *Bedeutung*: Wie wichtig ist das jeweilige Projekt? Wo liegen die wichtigen Projekte?
  - aus strategischer Unternehmenssicht: Kompetenz- und Know-How-Gewinn
  - aus finanzieller Sicht: Gewinn und Ertrag (Wertschöpfung), Zahlungsströme
- *Gewinn/Cash Flow*: Welchen Gewinn wirft das Projekt voraussichtlich ab? Haben wir immer Projekte, die uns finanzieren?
- *Größe/Personalauslastung*: Welche Projekte brauchen wie viel Personal? Haben wir immer Projekte für unsere Mitarbeiter? Haben wir immer Personal für die Projekte? Dahinter steht die Frage, ob die Organisation die Projekte bewältigen kann und ob sie ausgelastet ist. Diese Projektgröße bietet sich auch als Größe eines Kreises in einem Portfolio mit zwei anderen Achsen an.

2.6 Prozessmodellierung

Ziel der Prozessmodellierung ist, Abläufe zu beschreiben, transparent zu machen, Schwachstellen aufzudecken und diese Abläufe soweit sinnvoll festzulegen bzw. zu automatisieren.

Vieles von dem, was über die Modellierung und Planung von Projekten gesagt wurde, gilt auch für Prozesse. So ist es nicht damit getan, existierende Prozesse phänomenologisch zu beschreiben, sondern im praktischen Einsatz müssen die Ziele und Randbedingungen für Prozesse ebenso erfasst werden wie Randbedingungen und Stakeholder.

2.6.1 Prozesse im Unternehmen

Im Gegensatz zum „einmaligen" Projekt soll ein Prozess möglichst regelmäßig und immer in der gleichen systematischen Art ablaufen. Die Standardisierung von Prozessen spielt auch bei Managementsystemen (insbesondere im Qualitätsmanagement) eine wichtige Rolle.

Ein Prozess ist darauf angelegt, mehrfach durchlaufen zu werden, während das typische Projekt nur einmal abgewickelt wird. Damit kann sich das Projekt mehr auf das physische Modell mit dem einmaligen Ablauf der jeweiligen eindeutigen (Prozess-)Instanz konzentrieren; während im Prozess das essentielle Modell mit einer generischen Beschreibung von möglichen Alternativen abgebildet (allgemeine Beschreibung vieler möglicher einzelner Prozessinstanzen) werden muss. Trotzdem ergeben sich in der Planung und Beschreibung von Prozessen und Projekten einige Gemeinsamkeiten.

Die Grundelemente sind Vorgänge, die durch die Logik von Projekt/Prozess miteinander verknüpft werden. Während im Projekt die eindeutige Vorgänger-Nachfolger-Relation gilt, sind im Prozess Entscheidungen zu berücksichtigen, welche eine alternative Auswahl oder parallele Bearbeitung von Prozessen initiieren.

2.6.1.1 Geschäftsprozessmodellierung

Mit Hilfe der Geschäftsprozessoptimierung sollen die Organisation analysiert, Mängel identifiziert und eine optimierte Struktur festgeschrieben werden. Die Identifikation und Konzentration auf solche betriebliche Prozesse, die einen sehr hohen Wertschöpfungsanteil haben, haben die Ziele:

- logische zusammengehörende Prozesse mit wenigen Schnittstellen zu schaffen,
- die Komplexität bestehender Abläufe zu reduzieren,
- die Prozesse an den Bedürfnissen des Kunden auszurichten,
- die Wertschöpfung der Vorgänge in den Mittelpunkt zu stellen,
- die Eigenverantwortung der Mitarbeiter zu stärken,
- Prozesse ohne Wertschöpfung zu identifizieren und zu reduzieren.

Die Modellierung und die Ist-Analyse schaffen die Grundlage für die nachfolgenden Aufgaben beim Prozess-Redesign bzw. bei der Prozess-Sicherung und sind somit unabdingbar für eine erfolgreiche Prozess-Optimierung. Durch diese Ist-Analyse und die Modellierung können die Prozesse transparenter abgebildet und damit die Schwachstellen in der Organisation bzw. im Prozess selbst herausgearbeitet werden.

Der wichtigste Begriff in dieser Sicht ist der Begriff des Ereignisses. Ein Ereignis entspricht der Zustandsänderung bei einem oder mehreren Objekten. Es handelt sich hier um eine passive Komponente im System. Ereignisse lösen Funktionen aus und sind gleichzeitig auch Ergebnisse von Funktionen.

Prozesse können durch graphische Darstellung in Form von Netzen mit Knoten und Kanten oder in Form von Petri-Netzen mit zwei Typen von Knoten beschrieben werden. Ein wichtige Art der Darstellung sind die im Folgenden dargestellten EPK (Ereignisgesteuerte Prozessketten).

2.6.1.2 Workflowmanagement

Workflowmanagement beschäftigt sich damit,

- *wer*: Aufgabenträger
- *was*: Aufgabe
- *wann* und *warum*: externe Prozesslogik
- *wie*: interne Prozesslogik
- *womit*: Werkzeuge und Daten

bearbeitet.

Die Vorgänge können folgendermaßen gesteuert werden:

- *Prozesssequenz*: Ein neuer Vorgang wird initiiert.
- *Wiedervorlage*: Die Aufgabe wird auf einen definierten Termin verschoben.
- *Delegation, Weiterleitung*: Die Aufgabe wird weitergegeben.
- *Entscheidung*: Das System trifft automatisierte Entscheidungen.

2.6.2 Ereignis-Prozess-Ketten (EPK)

Ereignisgesteuerte Prozessketten (EPK) sind halbformale grafische Darstellungen, die hauptsächlich dazu benutzt werden, um Geschäftsprozesse zu analysieren und zu dokumentieren. EPKs wurden in den 1990er Jahren am Institut für Wirtschaftsinformatik der Universität des Saarlandes entwickelt. Die Verwendung von EPKs ist eine gebräuchliche, allgemein bekannte Methode der Geschäftsprozessmodellierung.

Die EPK-Schreibweise besteht aus einem Graphen mit Pfeilen und drei grundlegenden Notationselementen als Knoten, die nachfolgend kurz beschrieben werden:

- *Ereignis:* Ein Ereignis findet zu einem bestimmten Zeitpunkt statt und bezeichnet einen Übergang von einem Zustand zum anderen. Ein Ereignis kann sein:
  - ein *Auslöser* (Trigger) für eine bestimmte Funktion, der einen bestimmten zu erfüllenden Status genauer beschreibt („Input" für eine Funktion).
  - ein *Status*, der erreicht wurde, nachdem ein Vorgang stattgefunden hat (Output einer Funktion).
- *Prozess/Funktion:* Eine Funktion steht für eine bestimmte Aufgabe oder Auftrag, der einen gewissen Input braucht, um möglicherweise einen definierten Output zu erzeugen.
- *Logische Operatoren:* Die logischen Operatoren werden benutzt, um Funktionen und Ereignisse zu verbinden. Durch die logischen Operatoren werden die Prozessflüsse gesteuert. Sie legen fest, wann eine Kombination von Bedingungen einen Prozess/Ereignis initiiert. Die Prozesssteuerung regelt
  - Entscheidungen oder Optionen sowie
  - parallele Ausführung von Funktionen (AND).

Dabei werden folgende Operatoren verwendet:

- *OR: logisches ODER*: Mindestens eine Voraussetzung ist erfüllt.
- *AND: logisches UND*: Alle Voraussetzungen sind erfüllt.
- *XOR: exklusives ODER:* Genau eine der beiden Voraussetzungen ist erfüllt.

Dazu werden die folgenden Notationen verwendet:

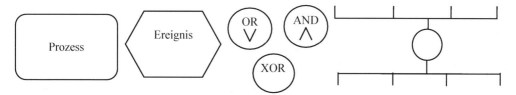

Bild 2-13 Notationselemente und Strukturen der EPK

Mit Hilfe der oben skizzierten Notationselemente können Geschäftsprozesse oder Teile davon modelliert und dokumentiert werden. Ein Geschäftsprozess wird dabei prinzipiell als alternierende Folge EREIGNIS → FUNTION → EREIGNIS → usw. beschrieben. Er beginnt und endet grundsätzlich mit dem Notationselement Ereignis. Bei Bedarf werden die logischen Operatoren zwischengeschaltet, um Zusammenführungen und Verzweigungen von Prozessen zu modellieren.

Zentrales Merkmal der EPK-Methode ist die Abbildung der zu einem Prozess gehörenden Funktionen in derer zeitlich-logischen Abfolge. Dabei können Prozesse mit Hilfe von EPKs auf unterschiedlichen Ebenen (Level) im entsprechenden Detaillierungsgrad beschrieben werden.

Die *erweiterte Ereignisgesteuerte Prozesskette (eEPK)* stellt eine erweiterte Form der Modellierungs-Methode EPK dar. Die in der EPK dargestellten logischen Abläufe eines Geschäftsprozesses können mit Hilfe der eEPK-Elemente unter anderem um die Gesichtspunkte Organisationseinheiten und Informationsobjekte erweitert werden. Organisationseinheiten stehen für Rollen oder Personen, die für bestimmte Funktionen verantwortlich sind. Ein Informationsobjekt kann als Input oder Output einer Funktion angesehen werden.

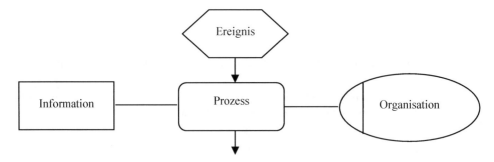

Bild 2-14 Notationselemente der erweiterten EPK in typischer Konstellation

2.7   Zusammenfassung

Projekte und ihr Management sind für den Ingenieur als Manager tägliches Brot. Projekte zu managen bedeutet:

- einmalige Aufgaben zu definieren und abzugrenzen,
- sie vorzubereiten, zu planen, abzuschätzen und zu organisieren,
- diese Aufgaben im Team zielgerichtet durchzuführen,
- mit den internen und externen Beteiligten zu kommunizieren,
- die Aufgabenerfüllung zu überwachen und die Zielerreichung sicherzustellen,
- das Projekt erfolgreich abzuschließen und zur Zufriedenheit aller zu beenden.

2.8 Literaturhinweise

Als Basislektüre eignen sich Bücher über Projektmanagement zu den jeweiligen Anwendungs-bereichen. Einen generellen Leitfaden bietet der „**Guide to the Project Management Body of Knowledge**" (PMBOK) bzw. die deutsche Version, eine Norm liegt mit der DIN EN ISO 69901 vor.

Verwendete und empfohlene Literatur

Antes, W.: Projektarbeit für Profis. Ökotopia Verlag, Münster 1997

Brown, M.: Erfolgreiches Projektmanagement in 7 Tagen. Verlag mvg, Landsberg 1997

DeBono, E.: Taktiken und Strategien erfolgreicher Menschen. Verlag mvg, München 1995

DeMarco, T.: Der Termin. Hanser Verlag, München 1998

Drucker, P.: Die ideale Führungskraft. ECON Verlag, Düsseldorf, 1995 (The Effective Executive, 1985).

Drucker, P.: Umbruch im Management – was kommt nach dem Reengineering? ECON Verlag, Düsseldorf 1996 (Managing in a time of great change 1995)

Fischer, R., Scharp, A.: Führen ohne Auftrag – wie Sie Ihre Projekte im Team erfolgreich durchsetzen. Campus Verlag, Frankfurt 1998 (Getting it done, 1998)

Hofstede, G.: Lokales Denken, globales Handeln – Kulturen Zusammenarbeit und Management. dtv – Beck Verlag, München 1997

Holzbaur, U.: Management, Kiehl Verlag, Ludwigshafen 2001

Holzbaur, U.: Entwicklungsmanagement. Springer Verlag, Heidelberg, Berlin, New York 2007

Homann, K., Blome-Drees, F.: Wirtschafts- und Unternehmens-Ethik, UTB – Vandenhoek&Ruprecht, Göttingen 1992

Hopfenbeck, W.: Allgemeine Betriebswirtschafts- und Managementlehre. Verlag mi, Landsberg 1998

IMD internationale Lausanne, London Business School, The Warton School of the University of Pennsylvania (eds:) Das MBA-Buch – Mastering Management. Schäffer-Pöschl Verlag, Stuttgart 1998

Laux, H., Liermann, F.: Grundlagen der Organisation: Die Steuerung von Entscheidungen als Grundproblem der Betriebswirtschaftslehre. Springer Verlag, Heidelberg, Berlin, New York 1997

Lay, R.: Ethik für Manager, ECON, Düsseldorf 1996

Lay, R.: Führen durch das Wort. rororo Rowohlt Verlag, Reinbeck 1981

Madauss, B. J.: Handbuch Projektmanagement, Schäffer-Poeschel Verlag, Stuttgart 1994

Mehrmann, E., Wirtz, T.: Effizientes Projektmanagement – Erfolgreich Konzepte entwickeln und realisieren, ECON, Düsseldorf 1996

Oltmann, I.: Projektmanagement – Zielorientiert denken, erfolgreich zusammenarbeiten. rororo – Rowohlt Verlag, Reinbeck 1999

PMI (Project Management Institute): A Guide to the PMBOK (Project Management Body of Knowledge), PMI, 2008

Portny, S. E.: Projektmanagement für Dummies. mitp. Bonn 2001

Probst, G. J. B., Gomez, P. (Hrsg.): Vernetztes Denken – Unternehmen ganzheitlich führen. Gabler Verlag, Wiesbaden 1989

Schelle, H.: Projekte zum Erfolg führen. dtv – Beck Verlag, München 1999

Schlick, G. H.: Projektmanagement – Gruppenprozesse – Teamarbeit. expert-Verlag, Renningen 1996

Schleiken, T., Winkelhofer, G. (Hrsg.): Unternehmenswandel mit Projektmanagement. Lexika-Verlag, München 1997

Specht, O., Schmitt, U.: Betriebswirtschaft für Ingenieure + Informatiker, Oldenburg Verlag, München 2000

Vester, F.: Leitmotiv vernetztes Denken. Heyne Verlag, München 1988

3 Produktionsmanagement

Der Wohlstand der westlichen (Industrie-)Staaten resultiert im Wesentlichen aus der industriellen Produktion. In der Bundesrepublik Deutschland betrug im Jahr 2006 der Anteil der Erwerbstätigen an der Gesamtbevölkerung ca. 50 %. Davon sind ungefähr 30 % oder 12 Millionen Menschen im Sekundären Sektor (Industrie, Produzierendes Gewerbe) beschäftigt [Quellen: Der Fischer Weltalmanach 2008, S. 688; http://www.zahlenbilderdigital.de].

3.1 Planungs- und Entscheidungsfelder

Ein betriebliches *Produktionssystem* lässt sich durch die Elemente Input, Transformation und Output beschreiben [Kurbel, S. 2]. Aus systemtheoretischer Sicht kann ein Produktionssystem vereinfacht als Regelkreis, bestehend aus dem physischen System zur Leistungserstellung und dem zugehörigen Führungssystem aufgefasst werden [Schneider, S. 13]. Wir beschäftigen uns mit den Managementaspekten des Transformationsprozesses. Am Beginn aller Überlegungen steht immer die Leistung, die von einem Unternehmen erbracht, bzw. die Produkte, die hergestellt werden sollen. Alle Industrieunternehmen verfolgen das strategische Ziel einer langfristigen Unternehmenssicherung und -entwicklung. Dieses prinzipielle Ziel gilt auch für das Subsystem Produktion.

3.1.1 Definition wichtiger Begriffe

- *Produktion:* Der im Alltag verwendete Begriff Produktion beschreibt verschiedene Sachverhalte: Man produziert materielle Güter, Dienstleistungen, aber auch rein ideelle Güter wie Ideen oder Informationen. Die nachfolgenden Betrachtungen konzentrieren sich auf den Prozess des Hervorbringens materieller Güter. Die Produktion materieller Güter ist nur möglich, wenn zuvor schon Ausgangs- oder Einsatzstoffe existiert haben. Sie kann daher als Transformationsprozess verstanden werden, der Ausgangsstoffe in Ausbringungen wandelt. Bewerkstelligt wird diese Transformation durch den Einsatz entsprechender Ressourcen [Schneeweiß, S. 2 ff.]. Neben der Bezeichnung Produktion finden in diesem Zusammenhang auch die Bezeichnungen Fertigung bzw. Herstellung Verwendung. Dabei ist die Bedeutung des Begriffs Produktion im Regelfall weiter gefasst (Entwicklung, Konstruktion, Arbeitsvorbereitung, Materialwirtschaft usw.) und beinhaltet auch Tätigkeiten im Vorfeld bzw. Nachlauf zur eigentlichen Fertigung. Das Thema Fertigung umfasst dagegen den unmittelbaren Herstellungsprozess mit Teilefertigung und Montage.

- *Management:* Beim Begriff Management wird in der Literatur [siehe z. B. Corsten, S. 7 ff.] zwischen einem institutionellen und einem funktionalen Ansatz unterschieden. Die institutionelle Sichtweise betrachtet Personenkreis und Hierarchie-Ebenen, während bei der funktionalen Betrachtung die Aufgaben des Managements im Vordergrund stehen.

- *Produktionsmanagement:* Menschliche Arbeitsleistung ist erforderlich, um zum einen den realen Produktionsprozess durchzuführen und zum anderen, um das System der Leistungserstellung zu planen und zu lenken. Deshalb spricht man auch von der Produktionsführung oder dem Produktionsmanagement als einem dispositiven Faktor [Kurbel, S. 3]. Zur Sicherstellung und Gewährleistung eines wirtschaftlichen Ablaufs der Produktion, ist vom Produktionsmanagement eine Reihe von Aufgaben zu erfüllen. Eine in der Literatur übliche Unterscheidung der Aufgaben des Produktionsmanagements orientiert sich am Kriterium „Stärke und Dauer von Erfolgswirkungen". Konkret wird deshalb zwischen strategischem, taktischem und operativem Produktionsmanagement unterschieden [siehe beispielsweise Corsten, S. 7].

3.1.2 Strategisches Produktionsmanagement

> Im Rahmen langfristig strategischer Entscheidungen wird festgelegt, welche Fähigkeiten und Potenziale im Bereich der Leistungserstellung zu schaffen und/oder zu bewahren sind. Das *Strategische Produktionsmanagement* ist mit Blick auf seinen langfristigen Charakter eine typische Aufgabe der Unternehmensführung.

Die Planung des Leistungsangebots verfügt über eine qualitative und quantitative Dimension. Die angestrebten Produkte bestimmen die zu ihrer Herstellung notwendigen Potenziale und Prozesse. Dabei darf nicht übersehen werden, dass die im Allgemeinen langlebigen Betriebsmittel mit ihrer Kapazität und Flexibilität wenigstens kurz- und mittelfristig den Gestaltungsspielraum für die zu vermarktenden Produkte begrenzen [Corsten, S. 77–79].

Prinzipielle Aufgaben und Entscheidungsfelder des Strategischen Produktionsmanagements sind der nachfolgenden Tabelle zu entnehmen.

Tabelle 3.1   Aufgaben und Entscheidungsfelder des Strategischen Produktionsmanagements, in Anlehnung an [Schneider, S. 14]

Produkte und Produktions- programm	Produktionspotenziale	Produktionsprozesse
• Festlegung von Branchen und Produktfeldern • Langfristiges Produktions- programm (quantitativer Aspekt)	• Grundlegende Planung des Ressourcenbedarfs (qualitativ, quantitativ) • Langfristige Festlegung der Produktionsstandorte • Festlegung der technologischen Kernkompetenzen • Festlegung Absatz-/Distributionswege u. a. m.	• Definition und Entwicklung von produktionstechnischen Kernkompetenzen • Grundsätze der Anordnungs- und Organisationskonzepte (Produktionssysteme) • Grundlegende Festlegungen zur Rohstoff- und Komponentenversorgung

Eine inhaltliche Auseinandersetzung mit den hier aufgeführten Aufgabenstellungen ist nicht Gegenstand dieses Buches. Zu Themenkreisen wie Identifizierung von Produktfeldern, Standortplanung, Kapazitätsdimensionierung usw. sei auf entsprechende Literatur verwiesen.

3.1.3 Taktisches Produktionsmanagement

> Vom *Taktischen Produktionsmanagement* werden ganz allgemein die Vorgaben der Strategischen Planung konkretisiert und umgesetzt.

Das Taktische Produktionsmanagement ist zeitlich und hierarchisch dem Strategischen Produktionsmanagement nachgeordnet. In der nachfolgenden Tabelle sind die Aufgaben umfassend zusammengestellt.

Tabelle 3.2   Aufgaben und Entscheidungsfelder des Taktischen Produktionsmanagements, in Anlehnung an [Schneider, S. 14]

Produkte und Produktions-programm	Produktionspotenziale	Produktionsprozesse
• Planung der Produktentwicklung • Entwicklung/Pflege Produktprogramm • Entscheidungen zu Eigenfertigung und Fremdbezug	• Planung der Potenzialausstattung • Investitionsplanung • Beschaffungsplanung • Mitarbeiterqualifizierung	• Verfahrensentwicklung • Mittelfristige Aufgaben der Konstruktion • Mittelfristige Aufgaben der Arbeitsvorbereitung • Prozessgestaltung • Konzeption der Auftragsabwicklung

> Kapitel 3 konzentriert sich auf die Behandlung ausgewählter Aspekte des Taktischen Produktionsmanagements. Das sind die Themen
>
> 1.   Produktentwicklung und -pflege,
> 2.   Prozessgestaltung (Anordnungs- und Ablaufplanung) und im Besonderen
> 3.   *Konzeption der Auftragsabwicklung.*

3.1.4 Operatives Produktionsmanagement

> Aufgabe des *Operativen Produktionsmanagements* ist die im Sinne der Unternehmensziele effiziente Nutzung der vom Taktischen Produktionsmanagement entwickelten Infrastruktur oder auch des Produktionssystems.

3.1.5 Zusammenfassung Planungs- und Entscheidungsfelder

Produktionsmanagement im Sinne des Durchführens von Lenkungsaufgaben findet auf drei Ebenen statt, einer strategischen, einer taktischen und einer operativen. Zu den strategischen Aufgaben gehören Themen wie Festlegung von Branchen und Produktfeldern, aber auch die Festlegung von Produktionsstandorten.

Im Mittelpunkt des gesamten Kapitels 3 stehen die Aufgaben des Taktischen Produktionsmanagements, und hier insbesondere die der Auftragsabwicklung. Beim Operativen Produktionsmanagement schließlich geht es um das reine „Doing" in den Grenzen der strategischen Vorgaben bzw. der Rahmenbedingungen (Infrastruktur), die vom taktischen Produktionsmanagement entwickelt und realisiert wurden.

3.2   Produktentwicklung und -pflege

Zu den wichtigsten unternehmenspolitischen Zielen zählen: Steigerung von Gewinn und Umsatz, attraktive Produktpolitik, Steigerung des Marktanteils, Kosteneinsparungen, Kapazitätsauslastung, Qualitätsverbesserung, Verbesserung des Images u. a. m. Im Zentrum der Produktpolitik steht die *Produktentwicklung* (z. B. konstruktive, ästhetische Gestaltung, Positionierung der Produkte am Markt, Preispolitik u. a. m.). Die langfristige Existenz eines Unternehmens kann nur dann gesichert werden, wenn es immer wieder gelingt, rechtzeitig neue Produkte ins Programm aufzunehmen und veraltete zu eliminieren. Deshalb ist die Produktpflege ein wesentliches Element der Produktpolitik. Das erfordert nach Härdler [S. 315 ff.] eine kontinuierliche

- Überwachung des Produktprogramms eines Unternehmens (Produkt- und Programmanalysen, Kunden- und Händlerbefragungen, Konkurrenzbeobachtungen u. a. m.),

- Entwicklung und Einführung neuer Produkte (Produktinnovationen),

- Überarbeitung bestehender Produkte (Produktvariation),

- Herausnahme veralteter Produkte aus dem Produktprogramm eines Unternehmens und

- Planung und Realisierung begleitender Maßnahmen wie Kundendienst und Garantieleistungen.

Mit der Produktpolitik ist die Gestaltung des *Produktprogramms* eng verknüpft. Dabei ist über das vom Unternehmen angebotene Produktspektrum und die Mengenanteile der verschiedenen Produktarten/Produkte zu entscheiden. In Abgrenzung zum später diskutierten Begriff Produktionsprogramm beinhaltet der Begriff Produktprogramm auch Erzeugnisse, die nicht im Unternehmen selbst hergestellt werden (Handelsware). Die Entscheidungen, die hier zu treffen sind, legen sehr grob die benötigten Produktionskapazitäten fest. Bei der artmäßigen Zusammensetzung des Produktprogramms, ist zwischen Programmbreite und Programmtiefe zu unterscheiden. Die Breite gibt Auskunft darüber, welche Produktarten (Pumpen, Getriebe usw.) im Produktprogramm enthalten sind. Mit der Tiefe wird beschrieben, wie viele verschiedene Ausführungsvarianten einer Produktart in das Programm Eingang finden [Heinen, S. 385–386].

Die mengenmäßige Zusammensetzung des Produktprogramms hängt vor allem von drei Einflussgrößen ab:

- der prognostizierten Aufnahmefähigkeit des Marktes,
- den Produktions- und Fertigungskapazitäten und
- den Beschaffungsmöglichkeiten.

Für die mengenmäßige Ausprägung der im Unternehmen hergestellten Erzeugnisse ist der Begriff (grobes) Produktionsprogramm üblich.

3.3 Gestaltung der Produktionsprozesse

Die im Regelfall arbeitsteilige Produktion setzt sich aus den Bereichen Teilefertigung und Montage zusammen. Die zugehörigen Prozesse müssen zielgerichtet und unter der Maßgabe der Wirtschaftlichkeit geplant und realisiert werden [Wenzel/Fischer/Metze/Nieß, S. 153].

3.3.1 Typologie der Produktionsprozesse

Nachfolgend werden Begriffe wie Repetitionstyp, Anordungstyp u. a. beschrieben und diskutiert. Mit ihrer Hilfe ist eine Charakterisierung der Produktionsprozesse möglich [Schneeweiß, S. 10–17].

Tabelle 3.3 Kriterien zur Entwicklung bzw. Beschreibung von Produktionsprozessen

Kriterien	Benennung
Häufigkeit der Herstellung eines Produktes	Repetitionstyp
Anordnung der Betriebsmittel	Anordnungstyp
Organisation des Fertigungsablaufs	Ablauftyp
Materialflusscharakteristik	Fertigungsstrukturtyp
Artikulation des Bedarfs	Auftragstyp

Repetitionstyp

Beim Repetitionstyp ist die zu produzierende Menge das klassenbildende Merkmal. In der Literatur wird zumindest zwischen den folgenden fünf Repetitionstypen [Vossebein, S. 48 ff.] unterschieden:

- Der *Einzelfertiger* stellt Unikate her, z. B. Spezialmaschinen.

- Die *Serienfertigung* kann, als sich wiederholende, jeweils abgegrenzte Produktion einer bestimmten Stückzahl (Serie) eines Gutes aufgefasst werden.

- Die *Massenfertigung* besteht in der ständigen Produktion ein und desselben Produktes.

- Die *Sortenfertigung* ist ein Sonderfall der Massenfertigung, hat aber auch große Ähnlichkeiten mit der Serienfertigung. Die produzierten Stückzahlen sind zwar hoch, aber es wird regelmäßig zwischen eng mit einander verwandten Produkten umgerüstet.

- Bei der *Chargenfertigung* kommt es durch leichte Qualitätsunterschiede im Produktionsprozess oder bei den Produktionsfaktoren zu ungewollten Produktdifferenzierungen. Eine
  Charge ist eine Menge von Materialflussobjekten, die unter absolut identischen Bedingungen (z. B. gemeinsame Wärmebehandlung in einem Härteofen) hergestellt wurde.

Anordnungstyp

Hinsichtlich der räumlichen Anordnung der Betriebsmittel lassen sich vier wesentliche Fälle
unterscheiden:

- Die *Werkstattfertigung* (= Werkstattanordnung) fasst nach dem sogenannten Verrichtungs-
  prinzip Maschinen oder Arbeitsplätze gleicher Technologie (z. B. Drehmaschinen, Fräs-
  maschinen, Bohrmaschinen usw.) zu „Werkstätten" zusammen.

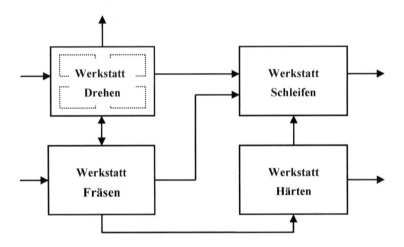

Bild 3-1 Werkstattfertigung

- Bei der *Fließfertigung* (siehe Bild 3-2) orientieren sich die Aufstellung der Betriebsmittel
  und der Einsatz der Arbeitskräfte am technisch vorgegebenen Fertigungsablauf. Fertigungs-
  straßen, taktgebundene und nicht taktgebundene Fließbänder sind Beispiele für die Bearbeitung eines Werkstückes über eine fest installierte Abfolge von Bearbeitungsstationen.

- Bei der *Gruppenfertigung* (= Gruppenanordnung) werden verschiedene Betriebsmittel und
  Arbeitsplätze zu teilautonomen „Fertigungsinseln" zusammengeschlossen, in denen Ar-
  beitsgruppen so weit möglich eigenverantwortlich arbeiten. Innerhalb dieser Arbeitssysteme wird je nach Aufgabenstellung nach dem Werkstatt- bzw. Fließprinzip gearbeitet.

- Die *Baustellenfertigung* (= Baustellenanordnung) zeichnet sich dadurch aus, dass sich das
  zu fertigende Objekt nicht bewegt. In diesem Fall sind die Betriebsmittel mobil. Beispiele
  für eine Baustellenfertigung sind der Haus-, Schiff- und Flugzeugbau.

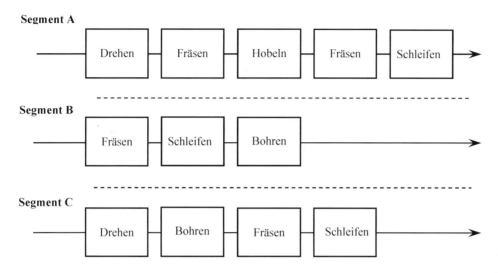

Bild 3-2 Fließfertigung (mit segmentierten Bereichen)

Ablauftyp

Der Ablauftyp charakterisiert den Fertigungsprozess. Es wird zwischen *kontinuierlichen* und *diskontinuierlichen Prozessen* unterschieden. Kontinuierliche Prozesse sind häufig in der Grundstoff-, Chemie- und Nahrungsmittelindustrie anzutreffen. Diskontinuierliche Fertigungsprozesse sind bei der Herstellung von einzeln identifizierbaren Objekten gegeben (Werkzeuge, Maschinen).

Fertigungsstrukturtyp

Hinsichtlich der Fertigungsstruktur ist zwischen zwei grundsätzlichen Materialflusscharakteristika zu unterscheiden:

- Bei der *Analytischen Fertigung* entstehen aus wenigen Rohstoffen viele verschiedene Enderzeugnisse. In der chemischen Grundstoffindustrie ist dieser Strukturtyp vorherrschend.

- Eine *Synthetische Fertigung* liegt vor, wenn aus vielen Einzelteilen wenige Erzeugnisse hergestellt werden. Typische Beispiele findet man im Maschinenbau oder in der Elektroindustrie.

Auftragstyp

Als weitere Möglichkeit zur Charakterisierung von Produktionssystemen ist eine Unterscheidung in *kundenauftragsgebundene* und *kundenauftragsanonyme* Fertigung.

> Wir haben es in der Praxis mit verschiedenen Ausprägungen des Auftragstyps zu tun. Diese unterscheiden sich im Wesentlichen durch die Lage des sogenannten *Kunden-Entkopplungspunktes* (siehe Bild 3-3).

Als Kunden-Entkopplungspunkt wird diejenige Stelle in der betrieblichen Prozesskette Beschaffung, Teilefertigung, Montage und Versand bezeichnet, ab der die Materialflussobjekte oder auch Aufträge bestimmten Kunden zugeordnet sind! Vor dem Entkopplungspunkt werden die Aufträge kundenanonym auf der Grundlage eines Produktionsprogramms ausgeführt (siehe Kapitel 3.6.2). Begrifflich wird zwischen dem sogenannten *Upstream-Bereich* bis hin zu einem (Zwischen-)Lager und dem *Downstream-Bereich* bis zum Fertigwarenlager unterschieden.

Der jeweils gewählte Entkopplungspunkt hängt unter anderem vom Verhältnis der marktüblichen Lieferzeit zur (Produktions-)Durchlaufzeit ab. Bei der reinen Lagerfertigung wird aufgrund eines Produktionsprogramms beschafft, gefertigt und montiert und aus dem Fertigwarenlager beliefert (Fall I). Mit steigender Variantenzahl wird dies unmöglich, weil die Kapitalbindung zu groß würde. In solchen Fällen versucht man, Standardkomponenten vorzufertigen und erst nach Eingang einer Bestellung eine auftragsspezifische Variantenmontage durchzuführen.

Der letzte denkbare Fall (IV) ist die kundenspezifische Einmalfertigung, bei der eine komplette Neukonstruktion, Generierung der zugehörigen Daten, Beschaffung der Materialien usw. notwendig ist. Typisch hierfür sind Erzeugnisse und Systeme des Anlagenbaus wie Papiermaschinen, Walzwerke, Kraftwerke u. a. m.

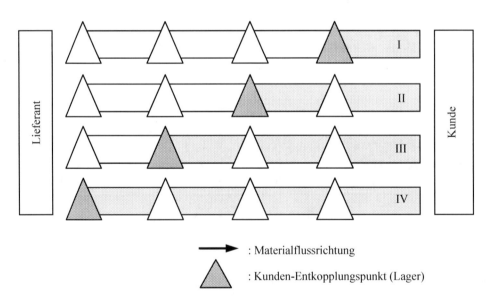

               ➤   : Materialflussrichtung

               △   : Kunden-Entkopplungspunkt (Lager)

Bild 3-3 Verschiedene Ausprägungen des Auftragstyps

Mischformen und Kombinationen

In einem typischen Unternehmen treten die zuvor diskutierten Klassen von Produktionsprozessen weder in *Reinkultur noch jeweils ausschließlich* auf! So können beispielsweise Einzelteile oder Baugruppen in Prozessen mit Fließanordnung (Serienfertigung) kundenauftragsanonym hergestellt werden. Die nachfolgende Montage wird dann beispielsweise kundenspezifisch gemäß dem Anordnungstyp Gruppenfertigung durchgeführt.

3.3.2 Zusammenfassung Gestaltung der Produktionsprozesse

Das Mengenkriterium (Repetitionstyp) ist das zentrale Merkmal, das die Gestaltung des physischen Produktionssystems impliziert. Erst bei einer hinreichenden großen Stückzahl macht eine entsprechende Automatisierung und/oder eine Orientierung der Betriebsmittelanordnung an den Bedürfnissen eines bestimmten Produktes, einer Produktgruppe betriebswirtschaftlich Sinn.

Die realisierte Ablauforganisation orientiert sich in der Regel an der vom Markt geforderten (oder von Wettbewerb dargestellten) Lieferzeit, aber auch wirtschaftliche Aspekte und Sicherheitsbedürfnisse beeinflussen die Lage des Kunden-Entkopplungspunktes.

3.4 Fokus Auftragsabwicklung

Im Mittelpunkt des Kapitels 3 stehen Methoden, Konzepte und Systeme zur „Lenkung" der *Auftragsabwicklung*. Die zugehörigen Aufgaben sind in der Praxis mit dem Begriff *Produktionsplanung und -steuerung* belegt!

3.4.1 Definitionen

Logistik, Materialwirtschaft, Produktionsplanung und -steuerung sind in Produktionsunternehmen historisch gewachsene Begriffe und Aufgabengebiete, die sich durchdringen und auch zum Teil auch ergänzen. Nachfolgend werden diese Begriffe definiert und gegeneinander abgegrenzt [Eversheim/Schuh, S. 14-1 ff.].

- *Logistik*: Die aus dem Lager- und Transportwesen entstandene Logistik hat die umfassende unternehmerische Führung der Bewegungs- und Lagerungsvorgänge realer Güter zum Gegenstand. Im Vordergrund der Aufgaben steht die Planung und Durchführung der technischen Grundfunktionen Lagern, Transportieren, Handhaben, Verteilen, Kommissionieren und Verpacken mit den dazugehörigen Funktionen der Informationsverarbeitung wie Erfassen, Speichern, Verarbeiten und Ausgeben.

- *Materialwirtschaft:* Die Materialwirtschaft ist überwiegend betriebswirtschaftlich orientiert und sieht ihre Aufgabe in der wirtschaftlichen Beschaffung, Bevorratung und Bereitstellung sowie der Entsorgung der Sachgüter eines Unternehmens. Als Material gelten hierbei Roh-, Hilfs-, Betriebsstoffe, Zulieferteile und Handelswaren. Nicht betrachtet werden in der Regel die innerbetriebliche Planung und Steuerung sowie der Distributionsprozess.

- *Produktionsplanung und -steuerung:* Die Funktion Produktionsplanung und -steuerung wurde mit wachsender Produktvielfalt zur Durchführung der Auftragsabwicklungsprozesse notwendig. Wesentliche Aufgaben sind das Planen, Veranlassen, Überwachen sowie Einleiten von Maßnahmen bei unerwünschten Abweichungen. Im Vordergrund der Betrachtung stehen dabei sowohl (anonyme) Vertriebs- wie auch konkrete Kundenaufträge von der Angebotsbearbeitung bis zum Versand unter Mengen-, Termin- und Kapazitätsaspekten. Die Abkürzung PPS für das Thema Produktionsplanung und -steuerung wird häufig dann verwendet, wenn von einem Softwaresystem zur Unterstützung der Aufgaben der Produktionsplanung und -steuerung die Rede ist [Günther/Tempelmeier, S. 425].

3.4.2 Spannungsfeld, Systemgrößen und Ziele

Die Aufgaben und Ziele der Produktionsplanung und -steuerung sind im Spannungsfeld zwischen Unternehmen und Markt zu betrachten.

Ein Unternehmen besitzt in der Regel begrenzte Ressourcen. Der Begriff Ressource beschreibt alle Produktionsmittel, die im Rahmen eines Fertigungsprozesses der Herstellung von Erzeugnissen dienen. Das sind Mitarbeiter, Arbeitsplätze, Maschinen und Vorrichtungen. Materialien sind jedoch ausdrücklich keine Ressourcen, sondern Einsatzstoffe. Es ist von einem Wettbewerb der betrieblichen Aufträge um diese knappen und teuren Kapazitäten auszugehen. Das Unternehmen benötigt einerseits hohe Planungssicherheit (Unsicherheiten kosten Geld) und andererseits eine möglichst gleichmäßige Auslastung der Kapazitäten (um Stillstandskosten zu vermeiden). Weiterhin sollten die Bestände an Rohmaterial, Halbfabrikaten und Fertigwaren möglichst gering sein, um die Kapitalbindungskosten und den Aufwand für Lagerhaltung, Transport und Handhabung der Materialflussobjekte niedrig zu halten. Insgesamt müssen die Leistungen des Unternehmens „marktgerecht" erbracht werden. Das heißt, der Kunde ist lediglich bereit für diejenigen Leistungen einen angemessenen Preis zu bezahlen, die er tatsächlich auch benötigt. Die Kunden wiederum wollen, dass ihr Auftrag möglichst schnell durch das Unternehmen „fließt" damit er rasch zur Verfügung steht.

Die oben im Spannungsfeld skizzierten Systemgrößen (Kapazitäten, Bestände, Durchlaufzeiten, Kosten, Termine usw.) spiegeln sich auch in den Zielen wider, die sich für das Thema Produktionsplanung und -steuerung formulieren lassen.

Die mit der Produktionsplanung und -steuerung verfolgten Ziele müssen sich in das Zielsystem des Unternehmens einordnen. Als eine der Leitlinien unternehmerischen Handelns unter ökonomischen Gesichtspunkten gilt das Wirtschaftlichkeitsprinzip. Dieses fordert, dass die Wirtschaftlichkeit, z. B. definiert als Quotient aus der erbrachten Leistung des Unternehmens und den dafür entstandenen Kosten, möglichst hoch sein soll. Im Rahmen der Planungsentscheidungen des Produktionsmanagements lassen sich in erster Linie die *Kosten* beeinflussen. Der erzielte Umsatz (Leistung des Unternehmens) hängt dagegen im Wesentlichen von Faktoren ab, die außerhalb der Einflusssphäre des Produktionsmanagements liegen (Produkte, Mengen, Konditionen, Marketing-Maßnahmen usw.).

Die Zielsetzung für die Produktionsplanung und -steuerung kann deshalb vereinfacht wie folgt formuliert werden: Entscheidungen und Maßnahmen der Produktionsplanung und -steuerung sind so zu treffen, dass eine geforderte Leistung mit möglichst niedrigen Kosten erbracht wird [Kurbel, S. 19-21].

Beispiele für von der Produktionsplanung und -steuerung beeinflussbare Kosten sind der nachfolgenden Tabelle 3.4 zu entnehmen.

Tabelle 3.4 Beispiele für beeinflussbare Kosten (Kurzfristbereich)

Entscheidungsrelevante Kosten
• Vorbereitung der Produktionsanlagen (Einrichte-, Rüstkosten)
• Stillstand von Produktionsanlagen (Leer-, Stillstandskosten)
• Lagerung von Rohmaterial und fremdbezogenen Teilen, Vor-, Zwischen- und Endprodukten (Lagerhaltungskosten)
• Nichteinhaltung von Lieferterminen; bedeutet z. B. Kosten für Konventionalstrafen, Zukauf, Preisnachlässe, Goodwill-Verlust
• Terminüberschreitungen (Überstunden, Mehrschichtbetrieb usw.)

3.4.3 Prinzipielle Aufgabenstellungen

Abgeleitet aus der obigen Definition muss sich die Produktionsplanung und -steuerung beispielsweise mit folgenden grundsätzlichen Problemstellungen beschäftigen:

- *Mengenprobleme:* Welche Mengen an End-, Zwischen-, Vorprodukten sollen im Planungszeitraum hergestellt werden? Sollen Lose gebildet werden? Welche Losgrößen sind zu wählen? Welche Mengen fremdbezogener Teile sollen zusammen beschafft werden?

- *Terminprobleme:* Zu welchen Zeitpunkten soll die Fertigung der einzelnen Aufträge durchgeführt bzw. die Beschaffung ausgelöst werden?

- *Zuordnungsprobleme:* Auf welchen Betriebsmitteln und gegebenenfalls mit welchem Personal, Werkzeug etc. soll die Fertigung erfolgen?

- *Reihenfolgeprobleme:* In welchen Reihenfolgen sollen die Fertigungsaufträge, die ja teilweise dieselben Betriebsmittel und Arbeitsplätze durchlaufen, abgearbeitet werden?

3.5 Grunddaten

Die Produktionsplanung und -steuerung benötigt eine Vielzahl von Daten. Dabei ist zwischen Stamm- und Bewegungsdaten zu unterscheiden. Stammdaten sind Daten mit einer mittel- bis langfristigen Gültigkeit. Bewegungsdaten dagegen sind Daten mit einer zeitlich begrenzten, sprich kürzeren, Gültigkeit. Bestandsinformationen zu einem Materialflussobjekt gehören z. B. zur Klasse der Bewegungsdaten. Die wichtigsten von der Produktionsplanung und -steuerung benötigten Daten [Zäpfel, S. 190; Schuh, S. 318] beschreiben die:

- einzelnen Objekte des Materialflusses,
- Erzeugnis-Strukturen,
- Fertigungs- und Montageprozesse,
- qualitative und quantitative Ausstattung der Ressourcen und (an den Schnittstellen),
- Lieferanten und Kunden eines Unternehmens.

Die oben angesprochenen Informationen werden beispielsweise von der Konstruktion, der Arbeitsvorbereitung und/oder dem Einkauf bereitgestellt, oder auch von der Produktionsplanung und -steuerung gepflegt. Im Unternehmen muss eine möglichst einheitliche Datenbasis existieren. Das Schaffen aktueller, konsistenter Grunddaten ist sehr aufwändig, bringt aber dem

Unternehmen erhebliche Vorteile. Alle am Produktentstehungs- und Auftragsabwicklungspro-
zess beteiligten Unternehmensbereiche arbeiten mit denselben Daten. Damit können Fehler, die
aus Dateninkonsistenzen resultieren, vermieden werden [Wöhe, S. 576].

3.5.1 Teilestammdaten

Bei der Auftragsabwicklung/Produktionsplanung und -steuerung spielen die *Teilestammdaten*
eine zentrale Rolle. Hier werden die Informationen zu den Materialflussobjekten gesammelt
und strukturiert. Der Begriff Teil wird dabei meist als Oberbegriff für alle identifizierten Materialflussobjekte (Enderzeugnisse, Baugruppen, Einzelteile, Rohmaterial usw.) verwendet [Kur-
bel, S. 57]. Synonym für den Begriff Teilestamm finden auch die Bezeichnungen Material- und
Artikelstamm Verwendung. In der Praxis werden unter dem Begriff Teilestammdaten ggf. aber
auch Bewegungsdaten gespeichert und verwaltet (z. B. Bestände). Beispiele für Datenklassen
eines Teilestammes sind:

- Grunddaten Teilestamm
- Klassifizierung
- Einkauf
- Disposition
- Prognose
- Lagerung
- Qualitätsmanagement
- Arbeitsvorbereitung
- Fertigungshilfsmittel
- Kalkulation
- Buchhaltung u. a. m.

Die Teilestammdaten sind hinsichtlich der Anzahl Attribute in den einzelnen Klassen meist
sehr umfangreich. Beispiele für notwendige bzw. mögliche Grunddaten zeigt die nachfolgende
Tabelle. Grundsätzlich wird im Teilestamm zwischen zwei Arten von Daten unterschieden
[Benz/Höflinger, S. 75]:

- beschreibende Daten, z. B. Bezeichnungen, Mengeneinheiten und Abmessungen
- steuernde Daten, wie z. B. Dispositionsmerkmale.

Tabelle 3.5 Beispiele für Grunddaten eines Teilestammes

Grunddaten		
Allgemeine Daten	**Materialdaten**	**Sonstige Daten**
Identnummer	Werkstoff	Konstruktionszeichnung
Bezeichnung	Bruttogewicht	Dokumente
Basismengeneinheit	Nettogewicht	Gefahrgutkennzeichnung
Warengruppe	Volumen	
Status	Abmessungen	

3.5.2 Erzeugnis-Strukturen: Stücklisten

Erzeugnisse der klassischen Produktionsindustrie (Stückgüter) werden in der Regel in einem mehrstufigen Fertigungs- und Montageprozess aus Einzelteilen und Baugruppen hergestellt und zusammengefügt. *Stücklisten* beschreiben diesen Zusammenhang bzw. die „Zusammensetzung" der Erzeugnisse aus Rohmaterialien, Einzelteilen und Baugruppen. Die Komplexität einer Stückliste hängt von verschiedenen Einflussgrößen ab, wie z. B. der Art des Produktes, der Fertigungstiefe (d. h. dem Eigenfertigungsanteil am Produkt), dispositiven Überlegungen usw.

3.5.2.1 Stücklisten aus Sicht der Nutzer

Die Struktur einer Stückliste lässt sich optisch aufbereitet als Graph darstellen. An der Verbindung zwischen Erzeugnis und den Komponenten usw. ist die sogenannte Stücklistenmenge zu sehen. Sie beschreibt die Menge, in der ein untergeordnetes Teil in einem übergeordneten Teil Verwendung findet. In dem gezeigten Beispiel (Bild 3-4) besteht ein Enderzeugnis A aus zwei Baugruppen B, drei Teilen C und einem Teil D. Die Baugruppe B wiederum setzt sich aus vier Teilen E und drei Teilen F zusammen, während das Teil D mittels linearer Transformation aus G entsteht.

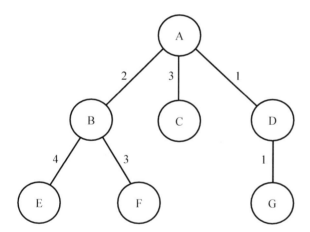

Bild 3-4 Grafisch aufbereitete Stückliste

Nach ihrem Aufbau und Zweck ist zwischen unterschiedlichen Stücklistenarten zu unterscheiden:

Mengenübersichtsstückliste

Eine *Mengenübersichtsstückliste* ist eine Tabelle, in der die Komponenten eines Erzeugnisses nach Teilenummern aufsteigend sortiert sind, *ohne* dass dabei der strukturelle Zusammenhang deutlich wird. Diese Art der Darstellung eignet sich beispielsweise für Ersatzteilkataloge, die eine Auflistung aller Einzelteile eines Produktes enthalten sollen, oder auch als Ergänzung einer Zusammenbauzeichnung [siehe beispielsweise Wiendahl, S. 205].

Strukturstückliste

Strukturstücklisten geben gemäß ihrer Namensgebung den strukturellen Aufbau eines Erzeugnisses wieder. Die hierarchische Struktur des Erzeugnisses wird üblicherweise tabellarisch dargestellt. Durch Angabe der Bau- oder Fertigungsstufe wird deutlich, an welcher Stelle die entsprechende Baugruppe, bzw. das Teil, in das Erzeugnis eingebaut wird. In den Tabellen werden die einzelnen Fertigungsstufen typischerweise unterschiedlich stark eingerückt dargestellt (siehe Bild 3-5).

Zum Zweck der Materialbedarfsplanung erfolgt weiterhin eine Sortierung der einzelnen Knoten. Um gleiche Materialien zusammenfassen zu können, verwendet man eine Sortierung nach sogenannten Dispositionsstufen (bzw. dem sogenannten low-level-code), der für jedes Teil die tiefste Fertigungsstufe angibt, auf der dieses Teil benötigt wird.

Baukastenstückliste

Baukastenstücklisten sind *einstufige Strukturstücklisten*. Eine mehrstufige Struktur entsteht durch Verknüpfung mehrerer Baukastenstücklisten (siehe Bild 3-5). Die Pflege von komplexeren Stücklisten über den Weg des Anlegens von Baukastenstücklisten ist in der Praxis Standard. Ein mehrfach vorkommender „Baukasten" muss nur einmal erstellt und gepflegt werden. Dies verringert nicht nur die Zahl an Strukturelementen, sondern erleichtert auch den technischen Änderungsdienst. Diese übersichtliche Form der Stücklistenspeicherung und -pflege erhält man allerdings nur dann, wenn bei der Erstellung der Stücklisten genau auf die Wiederverwendung von Komponenten und Teilen geachtet wird.

Variantenstückliste

Als *Variante* wird die Veränderung der Grundausführung eines Erzeugnisses bezeichnet, die durch Weglassen oder Hinzufügen verschiedener Komponenten entsteht.

Werden mehrere ähnliche Erzeugnisse gefertigt, deren Bestandteile nur geringe Unterschiede aufweisen, sind die verschiedenen Erzeugnisse sehr einfach mit Hilfe von Variantenstücklisten abbildbar. Dies geschieht beispielsweise, indem eine Materialkomponente durch eine andere ersetzt wird. Varianten können sich auch lediglich durch die Anzahl einer bestimmten Komponente unterscheiden.

Gespeichert bzw. datentechnisch verwaltet werden Gleichteile und mögliche Komponenten. Gleichteile sind diejenigen Materialflussobjekte, die in allen Varianten vorkommen. Im Bedarfsfall wird dann temporär die Variante über eine Auswahl der gewünschten Attribute ausgeprägt. Variantenstücklisten ermöglichen eine weitgehend redundanzfreie Verwaltung der Erzeugnisstrukturen.

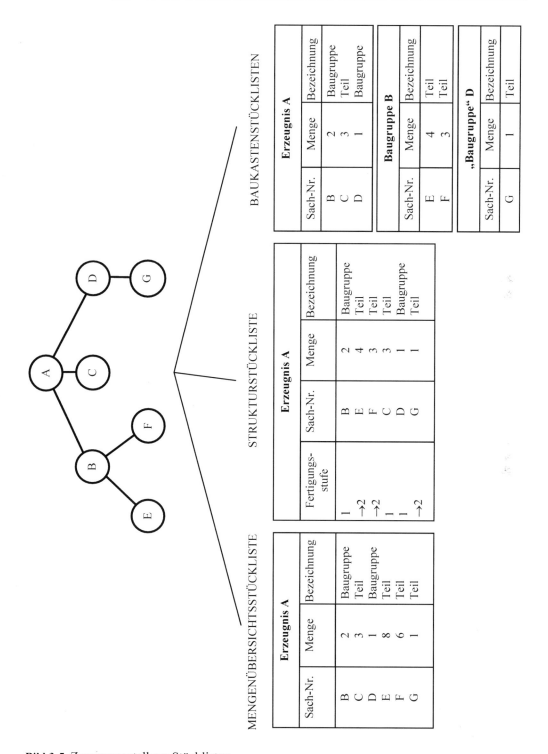

MENGENÜBERSICHTSSTÜCKLISTE

Erzeugnis A

Sach-Nr.	Menge	Bezeichnung
B	2	Baugruppe
C	3	Teil
D	1	Baugruppe
E	8	Teil
F	6	Teil
G	1	Teil

STRUKTURSTÜCKLISTE

Erzeugnis A

Fertigungs-stufe	Sach-Nr.	Menge	Bezeichnung
1	B	2	Baugruppe
→2	E	4	Teil
→2	F	3	Teil
1	C	3	Teil
1	D	1	Baugruppe
→2	G	1	Teil

BAUKASTENSTÜCKLISTEN

Erzeugnis A

Sach-Nr.	Menge	Bezeichnung
B	2	Baugruppe
C	3	Teil
D	1	Baugruppe

Baugruppe B

Sach-Nr.	Menge	Bezeichnung
E	4	Teil
F	3	Teil

„Baugruppe" D

Sach-Nr.	Menge	Bezeichnung
G	1	Teil

Bild 3-5 Zusammenstellung Stücklisten

Teileverwendungsnachweis

Möchte man dagegen wissen, in welchen Baugruppen und Produkten ein bestimmtes Teil oder eine Baugruppe verwendet wird, dann muss man die Struktur „von unten nach oben" betrachten, d. h. die Verwendung untersuchen. Ein Teileverwendungsnachweis wird beispielsweise dann benötigt, wenn eine bestimmte Teilnummer durch eine neue ersetzt werden soll. In dem gezeigten Beispiel in Bild 3-4 ist das Teil E achtmal und das Teil F sechsmal in einem Endprodukt A enthalten.

3.5.2.2 Stücklisten aus Sicht der Datenverarbeitung

Alle notwendigen Informationen zur Beschreibung der verschiedenen Stücklistenformen ($\neq$ Variantenstückliste) lassen sich in einer relationalen Datenbank mittels der nachfolgend dargestellten beiden Tabellen beschreiben.

TEILSTAMMDATEN   STRUKTURDATEN

x	....	....
A		
B		
C		
D		
E		
F		
G		

x_1	x_2	Menge	VLZ
A	B	2	1
A	C	3	1
A	D	1	1
B	E	4	2
B	F	3	2
D	G	1	1

Bild 3-6 Speicherung von Stücklistenstrukturen mit Hilfe von Tabellen

3.5.3 Fertigungs- und Montageprozesse: Arbeitsplan

Arbeitspläne sind das zentrale Instrument zur Beschreibung bzw. Unterstützung der industriellen Fertigungs- und Montageprozesse. Sie werden von der Arbeitsvorbereitung erstellt und legen die einzelnen Arbeitsvorgänge und deren Reihenfolge bei Herstellung einer Stücklistenposition (Einzelteil, Baugruppe, Enderzeugnis) fest. Die Aufgaben der Arbeitsvorbereitung lassen sich nach gemäß deren Fristigkeit unterscheiden.

Tabelle 3.6 Aufgaben der Arbeitsvorbereitung, in Anlehnung an [Wiendahl, S. 198 ff.]

Horizont	Aufgabe	Beschreibung
mittelfristig	Materialplanung	Planung der am Lager vorhandenen Materialsorten, Unterstützung bei der Lieferantenauswahl
	Methodenplanung	Entwicklung neuer Verfahren, Methoden und Hilfsmittel
	Investitions- und Fabrikplanung	Planung von Fertigungsmitteln, Anlagen und Produktionsbereichen einschließlich Arbeitsplatzgestaltung

Horizont	Aufgabe	Beschreibung
mittel- bis kurzfristig	Planungsvorbereitung	Beratung von Konstruktion und Fertigung
	Kostenplanung	Vorkalkulation und Entscheidungsvorbereitung für Eigen-/Fremdfertigung
	Qualitätssicherung	Erstellen von Prüfplänen und Beratung der Qualitätsplanung, Unterstützung der Zertifizierung
	Stücklistenerstellung	Erstellen von Fertigungs- und Montagestücklisten aus Konstruktionsstücklisten
	Arbeitsplanerstellung	Bestimmung von Arbeitsvorgangfolge, Betriebseinrichtungen und Vorgabezeiten
	NC-Programmierung	Erstellen von Steuerprogrammen für NC-Maschinen und Handhabungsgeräte
	Fertigungsmittelplanung	Konstruktion und Fertigung spezieller Fertigungseinrichtungen und Prüfmittel

3.5.3.1 Inhalt und Struktur von Arbeitsplänen

Im Arbeitsplan werden für jeden Arbeitsvorgang die Details der notwendigen Tätigkeiten (Arbeitsablauf) an den verschiedenen Arbeitsplätzen und Betriebsmitteln spezifiziert und um weitere organisatorische Informationen, wie die Rüstzeiten, Stückzeiten, Kostenstellen, Fertigungseinrichtungen, Vorrichtungen, Messmittel u. a. m., ergänzt.

ARBEITSPLAN					
Sachnummer: 234567			Bezeichnung: Lagerbolzen		
Material: S185 DIN		Bezeichnung: Rundstahl	ME: cm		Menge: 1
Arbeitsablauf:					
AG-Nr.	Arbeitsvorgang	Arbeitsplatz	tr (min)	te (min)	....
010	Sägen	8412		01	
020	Entgraten	8412	–	03	
030	Drehen	8417	–	25	
–	–	7884	120	60	
–	–	–	–	–	

Bild 3-7 Arbeitsplan mit Strukturelementen (tr = Rüstzeit, te = Bearbeitungszeit)

Arbeitspläne sind insbesondere auch Grundlage für die

- Erstellung der Arbeitsunterlagen und arbeitsvorgangsgesteuerte Belegbuchungen,
- Termin- und Kapazitätsplanung,
- Fertigung und Montage,
- Vor- und Nachkalkulation der gefertigten Produkte,
- Entlohnung bei Akkordlohn usw.

3.5.3.2 Bezug zwischen Stückliste und Arbeitsplan

Arbeitsplan und Stückliste sind inhaltlich und über die gemeinsame Ident-Nummer miteinander verknüpft. Der Arbeitsplan beschreibt den Entstehungsprozess einer Stücklistenposition (siehe Bild 3-8).

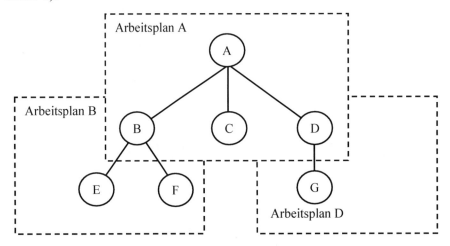

Bild 3-8 Bezug Stückliste/Arbeitspläne

3.5.4   Beschreibung der qualitativen und quantitativen Ausstattung von Betriebsmitteln und Arbeitsplätzen

3.5.4.1 Definitionen

Die Kapazität ist eine der zentralen Systemgrößen des Fertigungsprozesses. Es muss zwischen

- der quantitativen und
- der qualitativen Kapazität

eines produktionswirtschaftlichen Systems (Mitarbeiter und/oder Betriebsmittel) unterschieden werden. Die quantitative Kapazität ist die realisierbare Ausbringung (Anzahl Stück pro Periode) oder genauer gesagt die zeitliche Verfügbarkeit während eines bestimmten Zeitraumes. Die quantitative Kapazität wird pro Periode (Monat, Woche, Tag, Schicht) in Zeiteinheiten (Stunden pro Tag, Stunden pro Schicht usw.) angegeben.

Die qualitative Kapazität hingegen kennzeichnet das Vermögen eines Mitarbeiters oder eines Betriebsmittels, eine Leistung mit bestimmten Eigenschaften zu erbringen [Layer, S. 871 ff.].

Es ist weiterhin zwischen einem Kapazitätsbestand (Leistungsangebot) und einem Kapazitätsbedarf (Leistungsnachfrage) zu unterscheiden (siehe Bild 3-9). Eine möglichst große Übereinstimmung zwischen Leistungsangebot und -nachfrage stellt die betriebswirtschaftlich optimale,
weil kostengünstige Lösung dar.

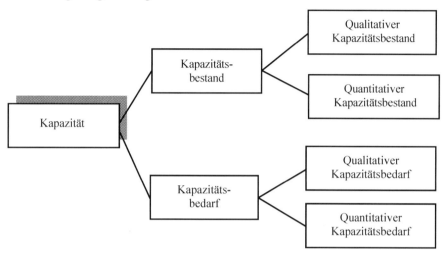

Bild 3-9 Kapazitätsbestand und -bedarf

Kapazitätsobjekte (auch Gruppen) können zu hierarchischen Strukturen verknüpft werden. Das
übergeordnete Strukturelement liefert die Kapazitäts-(Ersatz-)Werte, sofern für ein untergeordnetes Element keine eigenen Daten vorliegen.

3.5.4.2 Kapazitätsangebot und Kapazitätsbedarf

Wöhe [S. 312] unterscheidet zwischen Minimal-, Maximal- und Optimalkapazität. Als Mini-
malkapazität wird die notwendige, zeitliche Mindestleistung eines Fertigungssystems bezeichnet. Die Maximalkapazität ist das innerhalb eines Zeitabschnitts höchstmögliche, zeitliche
Leistungsvermögen. Dasjenige Kapazitätsangebot, bei dem sich die minimalen Stückkosten
ergeben, nennt man schließlich Optimalkapazität.

Bei der Festlegung des Kapazitätsbestands oder auch -angebots muss berücksichtigt werden,
dass gegenüber einer z. B. rein numerisch verfügbaren Zeit im Regelfall Abweichungen auftreten. Die sogenannten Verlustzeiten gliedern sich in

- solche, die vorhersehbar sind (z. B. geplante Instandhaltung) und

- solche, die im Einzelnen nicht vorhersehbar sind (z. B. Werkzeugbruch), jedoch aufgrund
  von Erfahrungswerten in gewissem Umfang berücksichtigt werden können.

Die quantitativen Kapazitätsangebote müssen über einen Planungshorizont beschrieben sein.
Das Ergebnis der zeitlichen Fortschreibung heißt Kapazitätskalender. Der Kalender auf der
obersten Hierarchiestufe ist der *Fabrikkalender*. Er nummeriert fortlaufend alle Arbeitstage
und klammert Feiertage, Sonntage, Betriebsferien usw. aus.

Die benötigte Kapazität (Kapazitätsbedarf) leitet sich aus Kundenaufträgen oder dem sogenannten Produktionsprogramm (siehe Kapitel 3.6.2) unter Zuhilfenahme der Arbeitspläne ab.

3.5.5 Nummerung

Erzeugnisse, Teile, Stücklisten, Arbeitspläne, Betriebsmittel, Arbeitsplätze, Kunden, Lieferanten usw. benötigen neben einer Bezeichnung zwingend eine eindeutige Identifikation. Hierzu werden alphanumerische Schlüssel eingesetzt. Schüssel dienen der Informationsvermittlung in verkürzter oder verschlüsselter Form. Nach dem Zweck des verwendeten Schlüssels unterscheidet man [Schwarze, S. 250]:

- zwischen einem *Identifikationsschlüssel* oder identifizierendem Schlüssel, d. h., es gibt in einem abgegrenzten Gegenstandsbereich *keine* zwei verschiedenen Objekte mit gleichem Schlüssel. Ein identifizierender Schlüssel enthält häufig keine Informationen über die Eigenschaften eines Objekts.

- und einem *Klassifikationsschlüssel* oder klassifizierender Schlüssel mit Informationen über die Eigenschaften bestimmter Objekte. Er ordnet die verschiedenen Objekte Klassen mit übereinstimmenden Eigenschaften zu. Klassifikationsschlüssel sind nicht zwingend eindeutig, d. h., zwei verschiedene Objekte können durchaus denselben Schlüssel haben.

Matrikel-Nummern von Studenten sind ein Beispiel für einen identifizierenden Schlüssel. Ein Schlüssel, der Restaurants je nach Qualität ein bis fünf Sterne zuordnet, ist ein Klassifikationsschlüssel.

Wenn Informationen sowohl zur Identifikation als auch zur Klassifikation eines Sachverhaltes in einer (zusammengesetzten) Nummer vermittelt werden, spricht man von einer Sachnummer oder einem Sachnummernsystem (DIN 6763). Ein Sachnummernsystem kann als

- Verbund-Nummernsystem oder
- Parallel-Nummernsystem

aufgebaut werden. *Verbund-Nummernsysteme* ergänzen einen oder mehrere klassifizierende Schlüssel um eine nicht eindeutige Zählnummer. Erst der Gesamtschlüssel ist eindeutig. Ein Beispiel für eine Verbund-Nummer ist die Internationale Standard Buchnummer (ISBN).

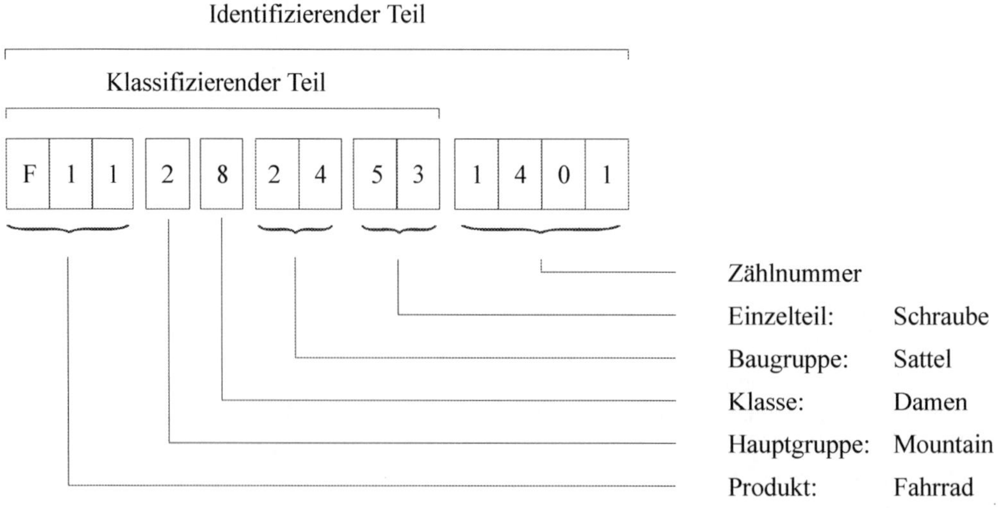

Bild 3-10 Verbund-Nummernsystem

Bild 3-11 zeigt den prinzipiellen Aufbau einer Sachnummer mit Parallelverschlüsselung. Bei *Parallel-Nummernsystemen* werden einer eindeutigen Identifizierungsnummer ein oder mehrere unabhängige Klassifizierungsschlüssel zugeordnet. Der Vorteil dieser Verschlüsselung liegt in der größeren Flexibilität und Erweiterungsmöglichkeit, da beide Teilsysteme voneinander unabhängig sind.

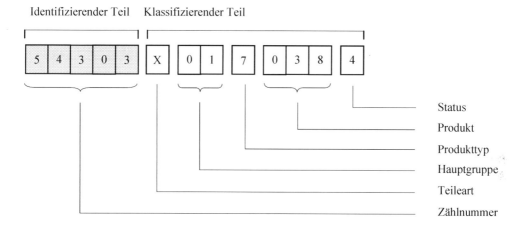

Bild 3-11 Parallel-Nummernsystem

3.5.6 Zusammenfassung Grunddaten

Im Teilestammdaten(satz) werden alle für ein Materialflussobjekt relevanten Stammdaten gesammelt. Stücklisten zeigen die schematische Zusammensetzung eines Erzeugnisses aus Baugruppen, Einzelteilen, Materialien und Rohstoffen (Stücklistenpositionen). Die Struktur kann einfach oder komplex sein. Die Komplexität einer Stückliste hängt von der Art des Produktes sowie der Fertigungstiefe ab, d. h. vom Anteil der Eigenfertigung am Produkt. Ein Arbeitsplan beschreibt detailliert die einzelnen Arbeitsvorgänge, die notwendig sind, um eine Stücklistenposition herzustellen. Im Zusammenhang mit dem Begriff Kapazität ist zwischen dem Kapazitätsbestand und dem Kapazitätsbedarf zu unterscheiden. Sachnummern dienen vorrangig der Identifikation von Enderzeugnissen, Baugruppen und Teilen.

3.6 Produktionsplanung

Vom operativen Produktionsmanagement sind planende, steuernde und kontrollierende Führungsaktivitäten im mittel- bis kurzfristigen Bereich gefordert. Dabei reicht der Planungs- und Entscheidungshorizont von *≥ 1 Jahr bis in den Tages- oder Stundenbereich*. Die oben formulierten Aufgaben werden in der Praxis in zwei miteinander kommunizierende Planungsebenen untergliedert [Härdler, S. 287]:

1. *Produktionsplanung:* Planerische Erarbeitung detaillierter Vorgaben für die Produktionsdurchführung und

2. *Produktionssteuerung:* Steuerung im Sinne des Veranlassens, Überwachens und Sicherns des Produktionsvollzugs.

Als Randbedingungen gelten die Vorgaben der strategischen bzw. taktischen Planung, aber auch die Vorgaben aus einer zeitlich (nicht strukturell) vorgelagerten Planung wie der *Umsatzplanung bzw. Absatzplanung.* Das nachfolgende Bild 3-12 gibt einen umfassenden Überblick,

- einerseits über die Einbindung des Themas Produktionsplanung und -steuerung in den betrieblichen Planungsablauf im mittel- bis kurzfristigen Bereich und

- andererseits über die Zerlegung des Themas in Aufgabenkomplexe (Produktionsprogrammplanung, Materialwirtschaft, Zeitwirtschaft und Werkstattsteuerung).

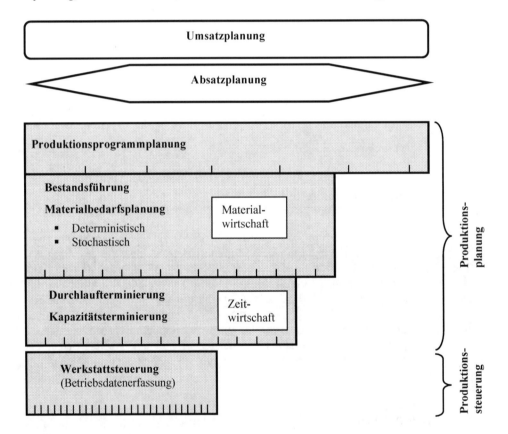

Bild 3-12 Ablauf der Produktionsplanung und -steuerung (PPS)

Es ist wie folgt zu interpretieren: Von oben nach unten nimmt, auf den einzelnen Planungsstufen, die Länge des Planungshorizonts ab, die Güte und die zeitliche Detaillierung (Granularität) der Planungsergebnisse dagegen zu. Durch diese hierarchisch sequentielle Vorgehensweise werden Aufwand und Komplexität der Planung reduziert.

3.6.1 Einbindung in den betrieblichen Planungsprozess im kurzfristigen Bereich

3.6.1.1 Umsatzplanung

Die Ausgangsinformationen zur Ermittlung des Produktionsprogramms liefert die *Umsatz-planung*. Sie ist Teil der betrieblichen Finanzplanung, die Einnahmen- und Ausgabenströme plant. Die wichtigsten leistungsabhängigen Periodeneinnahmen sind die Umsatzerlöse. Im Umsatzplan werden die operativen Ziele des Unternehmens in monetären Größen formuliert. Die Qualität dieser Plangrößen hängt wesentlich von der Zuverlässigkeit der zu Grunde liegenden Markt-, Wettbewerbs-, Marktanteils-, Absatz- und Preisprognosen ab.

3.6.1.2 Absatzplanung

Im *Absatzplan* werden die monetären Ziele der Umsatzplanung in *Mengen* mit den entsprechenden Ausprägungen mit den zugehörigen terminlichen Zielen transformiert. Er beinhaltet dabei Eigenerzeugnisse, Dienstleistungen und auch Mengen, die als Handelsware in den folgenden Planungsabschnitten verkauft werden sollen. Das Festlegen des Absatzplans ist Aufgabe des Vertriebs-Managements. Um den Absatzplan zu entwickeln, kann der Vertrieb z. B. Marktinformationen national und international erfassen und über die verschiedenen Absatzwege, Produkthaupt- und -untergruppen verdichten.

Eine andere Möglichkeit zur Ermittlung des Absatzplans ist die Ableitung von Planzahlen mittels geeigneter Prognosemethoden (siehe Kapitel 3.6.1.3).

3.6.1.3 Exkurs: Quantitative Methoden der Bedarfsermittlung (Prognose)

Univariable Vorhersageverfahren

Die *univariablen* Vorhersageverfahren basieren auf der Überlegung, dass sich das zukünftige Nachfrageverhalten für ein Erzeugnis am besten vorhersagen lässt, indem man den vergangenen Nachfrageprozess analysiert und diese Zeitreihe in die Zukunft extrapoliert. Dabei unterstellen diese Verfahren, dass die in der Vergangenheit gültige Kombination aus Marketinginstrumenten, Nachfragestruktur, Preispolitik, Wettbewerbssituation usw. sich über der Zeit nicht grundlegend ändert.

Das setzt natürlich voraus, dass das Unternehmen den Nachfrageverlauf der zu prognostizierenden Erzeugnisgruppe oder eines einzelnen Erzeugnisses kennt. Die anzuwendenden mathematisch-statistischen Prognoseverfahren ermitteln aus diesen Vergangenheitswerten Abschätzungen für einen Zeitbereich in der Zukunft. Prognoseverfahren werden auch bei der stochastischen Materialbedarfsplanung angewandt (siehe Kapitel 3.6.3.4). Für die univariable Bedarfsvorhersage stehen verschiedene Methoden zur Verfügung. Die in Tabelle 3.7 beispielhaft zusammengestellten Methoden sind mathematisch gesehen schlicht. Deshalb ist ihre Prognosequalität bei komplexen Nachfrageverläufen gering.

Tabelle 3.7 Elementare Methoden der Bedarfsprognose (bei konstantem Bedarf)

Methode	Formel für Berechnung	Bewertung
Einfacher Mittelwert	$$V_{n+1} = \frac{1}{n}\sum_{i=1}^{n} T_i$$ V_{n+1} = Vorhersage für Periode n+1 T_i = Nachfragewert der Periode i n = Periodennummer	• Hoher Einfluss nicht mehr aktueller Daten • Große Datenmenge bzw. hoher Speicherbedarf
Gleitender Mittelwert	$$V_{n+1} = \frac{1}{m}\sum_{i=1+n-m}^{n} T_i$$ V_{n+1}, T_i, n; wie oben m = Anzahl der betrachteten Werte	• Bessere Reaktion auf Bedarfsschwankungen (bei kleinem n) • Kleinere Datenmenge bzw. geringerer Speicherbedarf
Gewogener gleitender Mittelwert	$$V_{n+1} = \frac{1}{\sum_{j=1}^{m} G_j} \cdot \sum_{i=1+n-m,\,j=1}^{i=n,\,j=m} G \cdot T_i$$ G_j = Gewichtungsfaktor	• Höhere Gewichtung des Einflusses aktueller Daten • Aufwändigere Berechnung • Laufende Kontrolle der Gewichtung erforderlich
Exponentielle Glättung 1. Ordnung	$$V_{n+1} = V_n + \alpha(T_n - V_n)$$ V_n = Vorhersage für aktuelle Periode n T_n = Nachfrage für laufende Periode n α = Glättungsfaktor $0 \leq \alpha \leq 1$	• Einfache Berechnung • Geringer Speicherbedarf • Reaktion über α einstellbar α klein = träge Reaktion α groß = nervöse Reaktion

Welches Verfahren zum Einsatz kommt, hängt im Wesentlichen von folgenden Einflussgrößen ab:

- Nachfrageverlauf (konstant, trendförmig, saisonal)
- Differenz Vorhersage zu Ist-Werten (Fehlerminimum)
- Reaktion auf echte Bedarfsänderungen, aber Toleranz gegenüber Zufallsschwankungen
- Anforderungen an die EDV
- Handhabbarkeit und Verständlichkeit (Transparenz des Rechenformalismus) für die betriebliche Praxis.

Von konstantem Verbrauch spricht man üblicherweise dann, wenn nur geringe zufällige Schwankungen um eine im Wesentlichen stabile Bedarfshöhe auftreten. Ein trendförmiger Verlauf liegt vor, wenn trotz zufälliger Schwankungen eine gleichmäßig auf- oder absteigende Verbrauchsentwicklung zu erkennen ist. Der Trend kann hierbei positiv linear, positiv nicht linear, negativ linear oder negativ nicht linear sein. Als saisonabhängig wird ein Bedarf eingestuft, wenn der Spitzenbedarf in periodisch vergleichbaren Zeiträumen auftritt, der Unterschied zum Durchschnittsbedarf erheblich größer als die zufälligen Bedarfsschwankungen ist und sich durch eindeutige und wiederkehrende Ursachen erklären lässt.

Besondere Bedeutung hat in der Praxis das Verfahren Exponentielle Glättung 1. Ordnung. Es müssen pro Materialflussobjekt nur vier Werte gespeichert werden: die tatsächliche Nachfrage der laufenden Periode, der Vorhersagewert für die aktuelle Periode, der Glättungsfaktor und der neue Vorhersagewert. Die Wahl des geeigneten Glättungsfaktors ist entscheidend: Ein niedriger Faktor α reagiert träge auf einen sich ändernden Bedarfsverlauf. Ein größerer Glättungsfaktor führt zu einem nervösen Vorsagemodell, weil auch Zufallsschwankungen berücksichtigt werden. Zweckmäßigerweise wird ein Glättungsfaktor zwischen $\alpha = 0,1$ und $\alpha = 0,3$ gewählt.

Multivariable Vorhersageverfahren

Vorhersagen mit *multivariablen Verfahren* gehen davon aus, dass die zu prognostizierende Größe eine Funktion von mehreren unabhängigen Variablen ist. So könnte man beispielsweise versuchen, den Absatz von Möbeln aus dem Einkommen, der Anzahl der Hochzeiten und der Anzahl Haushaltsgründungen abzuleiten.

3.6.2 Produktionsprogrammplanung

Die *Produktionsprogrammplanung* (als Teil der Produktionsplanung und -steuerung) muss die geplanten Leistungen der Produktion nach Art, Menge und Zeitraum für einen unmittelbar folgenden Planungshorizont festlegen. Das Ergebnis heißt *Produktionsprogramm*. Dieser Plan dient als grobe Vorgabe oder auch Orientierung, was in welchen Mengen wann zu produzieren und zu beschaffen ist. Erst wenn das Produktionsprogramm vorliegt, können in nachfolgenden Schritten detailliertere Pläne erstellt werden. Hierbei gibt es im Prinzip keinen Unterschied zwischen einem Hersteller von Serienprodukten und einem Hersteller kundenspezifischer Einzelerzeugnisse.

3.6.2.1 Produktionsprogramm, Randbedingungen und Adressaten

Grundsätzlich beschreibt das Produktionsprogramm all das, was ein Unternehmen *fertigt* und an Kunden verkauft, gleichgültig ob es sich um Ersatzteile oder um komplette Erzeugnisse handelt.

Die Produktionsprogrammplanung orientiert sich am Absatzplan (siehe Kapitel 3.6.1.2) und berücksichtigt zusätzlich die Gegebenheiten auf den Beschaffungsmärkten, die Kapazitäten des Produktionsbereichs (Engpässe) und die geplante Bestandsentwicklung. Sie legt weiterhin fest, welche Aufträge eventuell an Fremdfertiger abgegeben werden. Die Entscheidung über die Aufträge, die selbst bearbeitet werden, wird im Wesentlichen von den verfügbaren Kapazitäten und dem angestrebten Kapazitätsaufbau bzw. -abbau bestimmt. Dabei spielen auch Überlegungen der Finanzierbarkeit, sowohl von Investitionen als auch die Vorfinanzierung von Material, eine wichtige Rolle. Die benötigten Mengen müssen nicht zwingend bedarfssynchron hergestellt werden. Die Produktion kann bei Lagerfähigkeit auch losgelöst vom Absatz erfolgen. Einer Vorproduktion liegen vorrangig Kostenüberlegungen zugrunde.

Das Produktionsprogramm wird meist für Produkttypen und nicht für jedes einzelne Erzeugnis erstellt. Ein Produkttyp ist eine Zusammenfassung von Ausführungsvarianten eines Produkts, die technisch, funktionell oder technologisch zusammengehören. Durch die Zusammenfassung wird der Planungsaufwand reduziert. Unter einem zeitlichen Blickwinkel wird die Detaillierung des Produktionsprogramms im Regelfall auf Zeitrastereinheiten wie Quartale oder Monate beschränkt. Die Produktionsprogrammplanung weist somit den Charakter einer noch vergleichsweise hoch aggregierten Grobplanung auf. Die Länge des Planungshorizontes hängt von der Komplexität des Produktes ab (siehe Tabelle 3.8). Er muss aber umso länger sein, je heterogener das Produktionssortiment und je mehrstufiger die Fertigung ist. Bei ausgesprochen saisonalen Produkten ist es zwingend notwendig, dass der Planungszeitraum mit einem Saisonzyklus oder einem ganzzahlig Vielfachen davon übereinstimmt.

Die wichtigsten Adressaten für das Produktionsprogramm als Ergebnis der Produktionsprogrammplanung sind:

- die Fertigung
- die Materialwirtschaft
- die Beschaffung und
- das Personalwesen.

3.6.2.2 Pflege des Produktionsprogramms

Ein verabschiedetes Produktionsprogramm stellt eine *Vereinbarung* zwischen Vertrieb, Fertigung und Einkauf dar. Vereinbarung heißt, alle Beteiligten müssen nach Kräften zur Planerfüllung beitragen. Es muss periodisch überarbeitet und fortgeschrieben werden. Das heißt, das Produktionsprogramm wird beispielweise in einem monatlichen Turnus inhaltlich überprüft, ggf. korrigiert und am Ende des Horizontes um einem neuen Monat ergänzt (siehe Planungsrate in Tabelle 3.8).

Tabelle 3.8 Ausprägung verschiedener Aspekte der Planung, in Anlehnung an [Schneeweiß, S. 285]

	Planungs-horizont	Länge Zeitraster-elemente	Planungs-objekt	Kapazitäts-einheit	Planungs-rate
Produktions-programm-planung	Produkt-abhängig, 1–2 Jahre	Quartal, Monat	Produkttyp, Erzeugnis	Kapazitäts-engpässe	monatlich
Material-bedarfs-planung	Produkt-abhängig, 1–6 Monate	Tag	Erzeugnis, Teil		wöchentlich
Termin-/ Kapazitäts-planung	1–3 Monate	Tag, Stunde	Auftrag, Arbeits-vorgang	Arbeitsplatz-gruppe, Arbeitsplatz/ Maschine	wöchentlich, täglich
Werkstatt-steuerung	1–2 Wochen	Stunde, Minute	Arbeits-vorgang	Arbeitsplatz/ Maschine	täglich, stündlich

Der vereinbarte Plan hat unter anderem Konsequenzen für die zur Verfügung zu stellenden qualitativen und quantitativen Kapazitäten. Der zeitliche Vorlauf muss dazu genutzt werden, eventuell notwendige Kapazitätsanpassungen termingerecht durchzuführen. Für eine kundenauftragsanonyme Fertigung und die Kundenauftragsverwaltung liefert das Produktionsprogramm die prinzipiellen Mengen- und Terminvorgaben.

3.6.2.3 Abstimmung Kundenauftragsverwaltung

Wesentliche Aufgaben der im Regelfall auftragsorientiert arbeitenden Unternehmen sind Kundenauftragseinplanung, Verwaltung der Kundenaufträge und Sicherstellung der zugesagten Liefertermine. Kundenauftragseingänge erfolgen ggf. kurzfristig und variieren stark in ihrer Anzahl und Ausprägung. Dies bedingt eine tägliche Einplanung der Aufträge, dabei ist ein permanenter Abgleich mit dem anonym geplanten Produktionsprogramm notwendig (Machbarkeit, Verfügbarkeitsprüfung, Reservierungen).

Handelt es sich um einen Auftrag zu einem noch nicht spezifizierten „Konstruktionserzeugnis" müssen die Tätigkeiten in den indirekten Bereichen wie Konstruktion, Arbeitsvorbereitung usw. geplant, terminiert und koordiniert werden [Betriebshütte, S. 14–64].

3.6.3 Materialwirtschaft

Aufgabe der Materialwirtschaft ist es, den Materialbedarf mit der Bereitstellung der benötigten Teile zu synchronisieren. Sie übernimmt als Vorgabe konkrete Kundenaufträge und das Produktionsprogramm. Gelingt die Abstimmung nicht optimal, sind zwangsläufig Bestände oder eine Nichtverfügbarkeit die Folge. Der Aufgabenumfang der Materialwirtschaft besteht aus den beiden Teilen Bestandsführung und Materialbedarfsplanung (siehe Bild 3-12). Die von der Materialwirtschaft zu betrachtenden und zu verantwortenden Systemgrößen sind dabei die Größen Bedarf, Bestand und Bestellung. Bei der Materialwirtschaft handelt es sich um eine im Vergleich zur Produktionsprogrammplanung verfeinerte bzw. detailliertere Mengen- und Terminplanung. Der Kapazitätsaspekt wird dabei grundsätzlich nicht berücksichtigt, es wird von „unendlichen" Kapazitäten ausgegangen. Oder besser formuliert, die Materialwirtschaft verlässt sich auf den groben Kapazitätsfilter (auf Engpässe) der vorausgegangenen Produktionsprogrammplanung.

Wöhe [S. 540] definiert die Aufgaben der Materialwirtschaft wie folgt: Aufgabe der Materialwirtschaft ist es, auf der Grundlage des verabschiedeten Produktionsprogramms die benötigten Materialarten und Qualitäten,

- in den benötigten Mengen,
- zur rechten Zeit und
- am rechten Ort

bereitzustellen.

3.6.3.1 Begriffe und Definitionen

- *Bedarf:* Der Begriff Bedarf ist zukunftsorientiert belegt. Bedarf bezeichnet eine definierte Menge an Teilen oder Erzeugnissen, die zu einem bestimmten zukünftigen Zeitpunkt von einem Verbraucher (durch Nachfrage) benötigt werden wird. Es ist zwischen den in Bild 3-13 dargestellten Bedarfsarten zu unterschieden. Die Begriffe Primär-, Sekundär- und Tertiärbedarf treten nur im Zusammenhang mit der Deterministischen oder Plangesteuerten Bedarfsplanung auf (siehe Kapitel 3.6.3.3).

  Primärbedarf ist der Bedarf an verkaufsfähigen Erzeugnissen (Enderzeugnisse, Ersatzteile). Sekundärbedarf ist Bedarf an allen abhängigen Materialflussobjekten, d. h. Objekten, die

unmittelbar oder auch mittelbar von Objekten des Primärbedarfs benötigt werden. Tertiärbedarf ist der Bedarf an Hilfs- und Betriebsstoffen. Hilfsstoffe gehen zwar unmittelbar in
das zu fertigende Erzeugnis ein, sind aber von untergeordneter Bedeutung, weil ihr wert-
oder mengenmäßiger Anteil gering ist (z. B. Schmierstoff einer Pumpe). Betriebsstoffe sind
nicht Bestandteil eines herzustellenden Erzeugnisses (z. B. Energie, Kühlmittel). Bruttobedarf ist der absolute Bedarf an einem Objekt, ohne Berücksichtigung eventuell vorhande-
ner Bestände. Nettobedarf liegt vor, sofern die Differenz Bruttobedarf minus verfügbaren
Bestand größer Null ist.

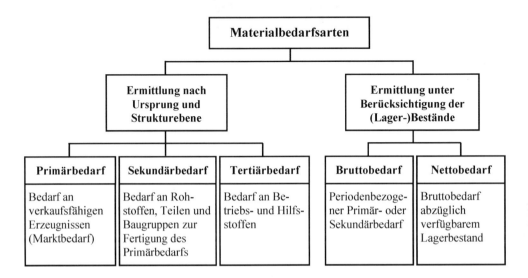

Bild 3-13 Zusammenstellung Materialbedarfsarten

- *Verbrauch:* Bei einem Verbrauch handelt sich um eine zeitlich zurückliegende Material-
  entnahme.

- *Bestand:* Der Bestand ist die mengen- oder wertmäßige „Substanz" eines bestimmten Ob-
  jektes in einem bestimmten Betriebsbereich (Lager, Fertigung) zu einem konkreten Zeitpunkt [Much/Nicolai]. Die physischen Bestände werden je Teilenummer z. B. nach folgenden Statusmerkmalen (Bestandsarten) unterschieden:
  - qualitativ in Ordnung und terminlich freigegeben bzw.
  - qualitativ gesperrt und/oder terminlich noch nicht frei.

  Eine dispositive Differenzierung der qualitativ in Ordnung befundenen und terminlich frei-
  gegebenen Bestände unterscheidet zwischen frei verfügbaren, reservierten Beständen und
  Sicherheitsbeständen.

- *Bestellung:* Eine Bestellung ist eine Aufforderung an ein fremdes Unternehmen oder einen
  eigenen Unternehmensbereich, ein bestimmtes Teil oder Erzeugnis zu einem definierten
  Termin in einer definierten Menge und Qualität zu liefern [Much/Nicolai].

3.6.3.2 Bestandsführung

Die exakte Führung der Bestände ist Voraussetzung unter anderem für eine qualifizierte Materialbedarfsplanung (siehe Kapitel 3.6.3.3 und 3.6.3.4). Aufgaben der Bestandsführung sind neben der Führung der Materialbestände, der Nachweis aller Materialbewegungen, das zur Verfügung stellen von aussagefähigen Bestandsauswertungen, die Unterstützung der Inventur und die richtige Bewertung der Materialbestände.

Die lagerplatzbezogene Bestandsführung ist dagegen Aufgabe der Lagerverwaltung.

3.6.3.3 Deterministische Materialbedarfsplanung

Ausgangssituation/Disaggregation

Ausgangspunkt der *deterministischen* oder plangesteuerten *Materialbedarfsplanung* sind vorliegende Kundenaufträge und das Produktionsprogramm. Das Produktionsprogramm wird für den Planungszeitraum in der Zukunft benötigt, für den noch keine oder nicht genügend Kundenaufträge vorliegen (kundenauftragsanonyme Vorfertigung). Bei der zyklischen Überarbeitung der Bedarfszahlen werden Werte der Produktionsprogrammplanung im heute nahen Bereich durch „echte" Kundenaufträge ersetzt.

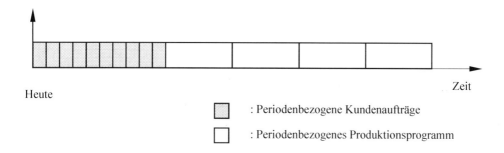

Heute

Zeit

▨ : Periodenbezogene Kundenaufträge

☐ : Periodenbezogenes Produktionsprogramm

Bild 3-14 Überlagerung Produktionsprogramm durch Kundenaufträge

Die Vorgabewerte des Produktionsprogramms bezeichnet man auch als *aggregierten Primärbedarf*. Der aggregierte Primärbedarf bezieht sich einerseits auf lange Zeitabschnitte und andererseits, um den Planungsaufwand zu reduzieren, auf eine Klasse von Produkten (Produkttypen; im Beispiel Bild 3-15 ist das die Produktgruppe A). Um eine konkrete Materialbedarfsplanung durchführen zu können, muss der aggregierte Primärbedarf zeitlich und hinsichtlich der Produktbeschreibung verfeinert werden. Die zeitliche Disaggregation geschieht durch einfache Division (z. B. einer Monatsmenge durch die Anzahl Arbeitstage; bei einer Auflösung von Monats- auf Tagesrasterung) und bei der Typendisaggregation mit Hilfe von Vergangenheits- oder Anteilszahlen. Diese geben an, mit welchem Prozentanteil ein bestimmtes Produkt in der Klasse eines Produkttyps auftritt.

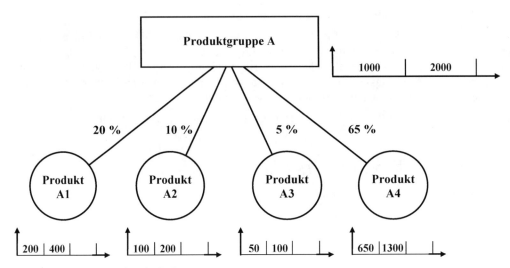

Bild 3-15 Ableitung Primärbedarfe

Bestandsabgleich

Aufgabe der Materialbedarfsplanung ist es, den vorliegenden Bedarf zu befriedigen. Existiert zu einem nachgefragten Materialflussobjekt bereits ein -frei verfügbarer- Bestand ist es betriebswirtschaftlich sinnvoll, diesen Bedarf aus vorhandenen (und nicht bereits verplanten) Beständen und nicht über einen Fertigungs- oder Beschaffungsprozess zu bedienen. Dabei ist es unerheblich, ob es sich um einen Primär- oder auch Sekundärbedarf handelt. Der Bestand an einem Materialflussobjekt ergibt sich einerseits aus dem körperlichen, d. h. dem Lagerbestand, und andererseits den offenen Bestellaufträgen (Planbestand) mit einem entsprechenden Liefertermin. Um den über der Zeit verfügbaren Bestand zu ermitteln, sind termingerecht

- die reservierten *Mengen* und
- der *Sicherheitsbestand* (dient der Absicherung nicht vorhersehbarer Ereignisse und wird dispositiv keinesfalls in Anspruch genommen)

abzuziehen. Sofern der Bruttobedarf *größer* ist als der verfügbare Bestand (körperlich, geplant), entsteht *Nettobedarf*, der über interne oder auch externe Bestellungen befriedigt werden muss.

Bestellmengenrechnung

Die Fertigung bzw. Beschaffung des periodenbezogenen Nettobedarfs geschieht meist nicht exakt periodenbedarfskonform, sondern in „größeren Einheiten" (Losen). Im betriebswirtschaftlich/technischen Sprachgebrauch wird mit dem Begriff Losgröße diejenige Menge identischer Güter bezeichnet, die auf einmal beschafft bzw. die in der Fertigung zwischen zwei Umrüstungen einer Fertigungsanlage auf dieser hergestellt werden [Bichler, S. 110]. Bei der Ermittlung von Losgrößen gilt das Wirtschaftlichkeitsprinzip. Sie sind so zu bestimmen, dass die zuordenbaren Kosten minimal werden. Dabei sind im Prinzip zwei gegenläufige Einflussgrößen zu beachten (siehe Bild 3-16):

1. Je größer beispielsweise bei gegebenen Periodenbedarfen die Fertigungslosgröße ist, desto weniger Rüstvorgänge sind erforderlich; umso niedriger sind damit auch die kumulierten *Rüstkosten*. Hieraus ergibt sich eine Tendenz zu möglichst großen Losgrößen. Entsprechendes gilt bei einer externen Bestellung: Je weniger Bestellungen anfallen, umso kleiner ist die Summe der *Bestellkosten*.
2. Da jedoch im Regelfall mindestens ein Teil eines jeden Loses auf Lager genommen wird, entstehen *Lagerhaltungskosten*. Hieraus leitet sich eine Tendenz zu möglichst geringen Losgrößen ab.

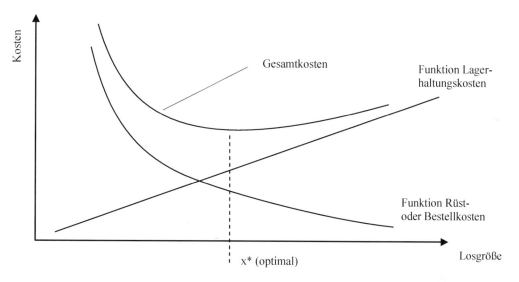

Bild 3-16 Kostenfunktionen und Ermittlung der optimalen Losgröße x*

In der betrieblichen Praxis kommen zwei Klassen von Modellen zur Losgrößenbildung zum Einsatz:

- *Modelle zur statischen Bestellmengenrechnung:* Bei der statischen Bestellmengenrechnung wird ein relativ konstanter Jahresbedarf vorausgesetzt, d. h. ein Bedarfsverlauf mit geringen Schwankungen (siehe Exkurs: Statische Verfahren).

- *Modelle zur dynamischen Bestellmengenrechnung:* Verfahren der dynamischen Bestellmengenrechnung werden eingesetzt, wenn sich der Bedarf nicht genau voraussagen lässt und starken Schwankungen unterliegt. Das „Optimum" wird bei diesen Verfahren durch eine schrittweise Näherung errechnet. Beispiele für dynamische Losgrößenverfahren sind: die gleitende wirtschaftliche Losgröße, das Verfahren nach Silver and Meal, das Part-Period-Verfahren, der Stück-Perioden-Ausgleich u. v. a. m.

Das Problem der Losbildung tritt im Wesentlichen nur bei der Kleinserien- und Serienfertigung auf. Ergebnisse der Bestellmengenrechnung sind:

- Betriebsaufträge (Aufträge an die eigene Fertigung, die benötigten Mengen zum Bedarfstermin zu liefern) und

- Bestellanforderungen zur Befriedigung durch einen externen Lieferanten.

Exkurs: Statische Verfahren

Die klassische Losgröße nach ANDLER wird über die beiden, zuvor erwähnten Einflussgrößen definiert. Das sind zum einen die Lagerhaltungs- und zum anderen die Bestellkosten (bei einem externen Lieferanten) bzw. Rüstkosten (bei einem internen Lieferanten). Für die nachfolgende Herleitung der optimalen Losgröße nach ANDLER gelten die Abkürzungen:

- x: Losgröße in Stück
- h: Herstellkosten bzw. Kaufpreis in Stück
- z: Lagerhaltungskostensatz als Dezimale (20 % = 0,2)
- b: Rüstkosten bzw. Bestellkosten je Los
- B: Gesamtbedarf (eines Jahres)

Gesucht wird die optimale Losgröße x*:
Bei über den gesamten Zeitraum konstantem Bedarf, liegt im Durchschnitt immer die halbe Losgröße auf Lager (siehe Bild 3-17). Der Wert W_{Ka} des durchschnittlich im Lager gebundenen Kapitals beträgt damit:

$$W_{Ka} = \frac{x}{2} \cdot h$$

Daraus ergeben sich folgende Lagerhaltungskosten K_K:

$$K_K(x) = \frac{x}{2} \cdot h \cdot z$$

Im betrachteten Planungszeitraum errechnen sich die Bestellkosten oder Rüstkosten K_B aus der Bestellhäufigkeit und den Bestell- bzw. Rüstkosten je Los:

$$K_B = \frac{B}{x} \cdot b$$

Die *Gesamtkostenfunktion* ergibt sich aus der Summe der beiden Kostenfunktionen:

$$K(x) = \frac{x}{2} \cdot h \cdot z + \frac{B}{x} \cdot b$$

Über eine Extremwertbetrachtung lässt sich die Formel nach ANDLER ermitteln.

$$\frac{dK(x)}{dx} = \frac{h \cdot z}{2} - \frac{B \cdot b}{x^2} = 0$$

Optimale Losgröße nach ANDLER

$$x^* = \sqrt{\frac{2B \cdot b}{h \cdot z}}$$

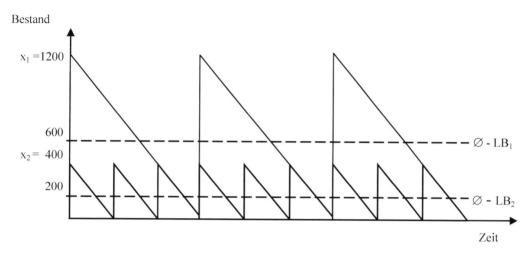

Bild 3-17 Durchschnittlicher Lagerbestand $LB_{1,2}$ bei $x_1 = 1200$ bzw. $x_2 = 400$ Stück

Stücklistenauflösung

Die Ermittlung des Sekundärbedarfs erfolgt mittels Stücklistenauflösung. Ausgehend von den zu Losen gebündelten Nettobedarfen wird durch Multiplikation mit den Mengenkoeffizienten der Sekundärbedarf ermittelt. Wenn beispielsweise ein Enderzeugnis A zwei Baugruppen B beinhaltet, ergibt sich bei einem Primärbedarf von einem Stück ein abgeleiteter Sekundärbedarf von zwei Stück der Baugruppe B. Wenngleich bei der Materialwirtschaft der Mengenaspekt im Vordergrund steht, darf der Terminaspekt *nicht* außer Acht gelassen werden [Kurbel, S. 124]. Da die Durchführung des Transformationsprozesses (Fertigung, Montage) Zeit in Anspruch nimmt, müssen die benötigten Sekundärbedarfe um eine gewisse Zeitspanne früher bereitgestellt werden. Diese Zeit heißt *Vorlaufzeit* (siehe auch Kapitel 3.6.4.1). Bei der Festlegung der Vorlaufzeit behilft man sich Erfahrungswerten und groben Schätzungen. Mit dieser Vorlaufzeit, oder Vorlaufzeiten (bei mehreren Stufen), wird das Mengengerüst der deterministischen Materialbedarfsplanung mit einer groben Zeitstruktur versehen!

Für die Sekundärbedarfsermittlung ist die Dispositionsstückliste von besonderer Bedeutung. Ein Materialfluss- oder Dispositionsobjekt ist dabei auf der untersten Stufe aller seiner Verwendungen angeordnet. Die Stücklistenauflösung erfolgt stufenweise (Dispositionsstufe für Dispositionsstufe, entgegengesetzt zur Materialflussrichtung). Der Zugriff auf eine Stücklistenposition geschieht erst dann, wenn der Bedarf aus übergeordneten Stücklistenstufen vollständig bekannt ist.

Iteration

Für jede weitere Dispositionsstufe wird der obige Prozessablauf

- Nettobedarfsermittlung,
- Losgrößenbildung und
- Stücklistenauflösung (Mengenableitung, Vorlaufverschiebung)/Sekundärbedarfsermittlung

erneut durchlaufen (sofern nicht das Ende der Stückliste erreicht ist).

3.6.3.4 Stochastische Materialbedarfsplanung

Die Verfahren zur *stochastischen* oder verbrauchsgesteuerten *Materialbedarfsplanung* sind hinsichtlich der Voraussetzungen und in der Handhabung einfach. Sie orientieren sich am Verbrauch. Hierzu wird der Lagerbestand eines Materials überwacht und je nach aktueller Bestandshöhe eine Entscheidung über eine Bestellung getroffen. Den oben genannten Vorteilen steht das Risiko fehlerhafter Dispositionsgrößen entgegen. Die Verfahren der Stochastischen Materialbedarfsplanung werden dann eingesetzt, wenn:

- keine Stücklisten vorhanden sind, weil beispielsweise das Anlegen und Pflegen von Stücklisten zu teuer ist, oder

- es sich um leicht zu beschaffende und/oder geringwertige Teile handelt (Norm-Teile).

Bestellpunktverfahren

Beim *Bestellpunktverfahren* wird eine Bestellung immer dann ausgelöst, wenn bei einem Verbrauch der Lagerbestand den sogenannten Meldebestand unterschreitet. Der Meldebestand (oder auch Bestellpunkt) muss zumindest in Höhe des durchschnittlichen Verbrauchs während der Wiederbeschaffungszeit liegen. Neben dem Meldebestand wird in der Regel zusätzlich ein sogenannter Sicherheitsbestand geführt, mit dem im Falle von Materialengpässen beispielsweise aufgrund von Lieferverzögerungen oder ungeplantem Mehrbedarf die Fertigung beliefert werden kann (siehe Bild 3-18)! Für das Bestellpunktverfahren sind feste Bestellmengen und variable Bestelltermine charakteristisch (*bestandsgesteuerte Bestellauslösung*).

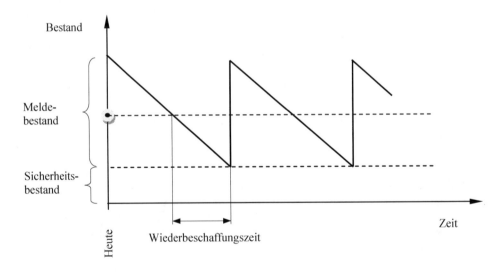

Bild 3-18 Bestellpunktverfahren

Bestellrhythmusverfahren

Beim *Bestellrhythmusverfahren* handelt es sich um eine *termingesteuerte Bestellauslösung* bei der für ein bestimmtes Materialflussobjekt zu definierten äquidistanten Zeitpunkten überprüft wird, ob eine Bestellung vorgenommen werden muss oder ob es genügt, diese bei einem späteren Überprüfungstermin auszulösen. Dabei wird wie beim Bestellpunktverfahren von einem konstanten Verbrauch (gemäß dem Verbrauch in der Vergangenheit) während der Wiederbeschaffungszeit ausgegangen. Unsicherheiten versucht man, über Sicherheitsbestände aufzufangen. Dabei kann die Bestellmenge entweder fix vorgegeben sein oder auch variieren. Das Bestellrhythmusverfahren wird beispielsweise eingesetzt, wenn

- der Lieferrhythmus durch den Lieferanten vorgegeben ist oder

- der Fertigungsrhythmus des Unternehmens eine Bestellung fehlender Materialien nur zu bestimmten Terminen vorsieht.

3.6.4 Termin- und Kapazitätsplanung

Nachdem die Materialwirtschaft *Betriebsaufträge* (= Mengen und Bereitstelltermine der benötigten Materialien) geplant hat, geht es bei der *Termin- und Kapazitätsplanung* darum, der Fertigung ein konkretes Zeitgerüst hinsichtlich der Abwicklung von Fertigungsaufträgen zu geben und die Belegung der Betriebsmittel und Arbeitsplätze in Einklang mit den verfügbaren Kapazitäten zu bringen!

Die klassische Zeitwirtschaft (= Termin- und Kapazitätsplanung) unterscheidet die beiden Funktionen *Durchlaufterminierung* und *Kapazitätsterminierung* [Kurbel, S. 176].

3.6.4.1 Abgrenzung der Begriffe Vor- und Durchlaufzeit

Die Stücklistenauflösung (deterministische Materialbedarfsplanung) verwendet die sogenannte Vorlaufzeit. Diese setzt sich aus einer Standarddurchlaufzeit plus „Sicherheitszeit" zusammen (siehe Bild 3-19). In ihr sind mit einer Sicherheitszeit unter anderem all jene Verzögerungen *pauschal* erfasst, die sich aufgrund zeitweiser Kapazitätsüberlastungen, der kurzfristigen Nichtverfügbarkeit von Materialien oder Vorrichtungen ergeben. Es wird dabei weiterhin von einem Los „üblicher" Größe (Standardlos) ausgegangen [Schneeweiß, S. 246].

Im Rahmen der Termin- und Kapazitätsplanung findet unter dem Begriff *Durchlaufzeit* der Übergang zu einer differenzierteren Betrachtung zeitlicher Aspekte des Auftragsdurchlaufs statt.

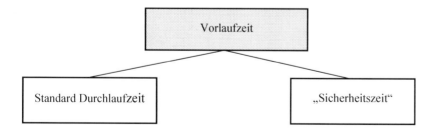

Bild 3-19 Der Begriff Vorlaufzeit

3.6.4.2 Durchlaufterminierung

> Die Termin- und Kapazitätsplanung muss die im Rahmen der Materialwirtschaft abgeleiteten Betriebsaufträge durch geeignet geplante *Fertigungsaufträge* bedienen, wobei die zuvor festgelegten Terminstrukturen nicht verletzt werden dürfen.

Es kommt im sequentiellen Ablauf (siehe Bild 3-12; Übersicht) zunächst die Funktion Durchlaufterminierung zur Anwendung. Sie muss jeden einzelnen Arbeitsvorgang und damit auch die Fertigungsaufträge selbst mit Start- und Endtermin versehen. Es handelt sich in Abgrenzung zur Belegungsplanung (siehe Produktionssteuerung, Kapitel 3.7) um eine *auftragsorientierte Terminierung*. Das heißt, es wird der komplette Auftrag betrachtet und sequentiell ein Arbeitsvorgang nach dem anderen eingeplant. Damit werden Anfangs- und Endtermine der einzelnen Arbeitsvorgänge auf den verschiedenen Arbeitsplätzen oder Maschinen festgelegt, wobei nach wie vor keine Kapazitätsgesichtspunkte berücksichtigt werden. Die Durchlaufzeit jedes einzelnen Arbeitsvorgangs setzt sich aus den in Bild 3-20 dargestellten Elementen zusammen.

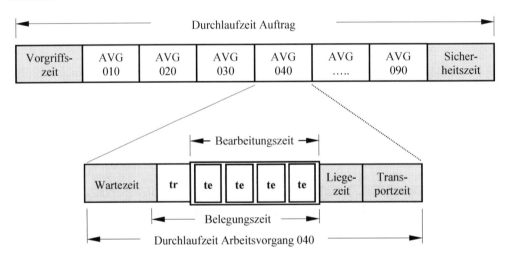

Bild 3-20 Auftragsorientierte Einplanung; Zeitelemente eines Arbeitsvorgangs (AVG)

Bei der Durchlaufterminierung lassen sich zumindest zwei grundsätzliche Vorgehensweisen unterscheiden,

- die Rückwärts- und
- die Vorwärtsterminierung.

Aus der deterministischen Materialbedarfsplanung ist der Bedarfstermin eines Betriebsauftrags n zu einer Stücklistenposition bekannt (siehe Bild 3-21). Ausgehend von diesem Termin wird bei der Rückwärtsterminierung die Durchlaufzeit des letzten Arbeitsvorgangs (des zur Stücklistenposition gehörenden Arbeitsplans) subtrahiert. Daraus ergibt sich der Fertigstellungstermin des vorausgehenden Arbeitsvorgangs usw.

Bei der Vorwärtsterminierung ist der Verfügbarkeitstermin des für den Transformationsprozess benötigten Ausgangsmaterials (= Termin Betriebsauftrag n–1) Startzeitpunkt der sequentiellen Einplanung. Es handelt sich dabei um den frühest möglichen Starttermin für einen Fertigungsauftrag zu einer Stücklistenposition. Zu diesem Termin wird die Durchlaufzeit des 1-ten Arbeitsvorgangs addiert. Das ergibt den Starttermin des zweiten Arbeitsvorgangs usw.

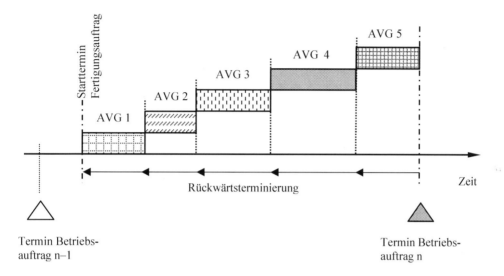

Bild 3-21 Rückwärtsterminierung

Maßnahmen zur Reduzierung der Durchlaufzeit

Bei der Durchlaufterminierung kann es, trotz großzügig dimensionierter zeitlicher Sicherheiten, zur Verletzung von *Eckterminen der Materialbedarfsplanung* kommen (z. B. bei Verzögerungen im Fertigungsprozess). Nun gibt es eine Reihe von Ansätzen zur Reduzierung der Durchlaufzeit, ohne dass eine Neuplanung notwendig wird:

- *Reduzierung von Puffer- und Liegezeiten:* Eine Durchlaufzeitverkürzung durch Reduzierung der Liegezeiten ist generell möglich, da Zeitreserven sowohl bei der Materialbedarfsplanung (Vorlaufzeit) wie auch innerhalb der Durchlaufzeiten vorhanden sind. Die Reduzierung kann generell für alle Arbeitsvorgänge einer Stücklistenposition durchgeführt werden.

- *Splitten:* Beim Splitten wird ein und derselbe Arbeitsvorgang eines Loses >1 parallel auf mehreren Arbeitsplätzen oder Maschinen bearbeitet. Als Konsequenz einer Verkürzung der Durchlaufzeit ergeben sich erhöhte Rüstaufwendungen.

- *Überlappen:* Eine Verkürzung der Durchlaufzeit lässt sich auch durch Überlappen erreichen. Dabei versucht man zwei aufeinander folgende Arbeitsvorgänge weitgehend *parallel* zu bearbeiten. So wird bei einem Los von beispielsweise 5000 Stück mit dem anschließenden Transport nicht gewartet bis alle Teile gefräst sind, sondern man gibt an die nachfolgende Bearbeitung sogenannte Teillose (z. B. 1000 Stück) weiter. Nachteil des Überlappens sind zusätzliche Transportaufwendungen.

- *Fremdvergabe von Aufträgen:* Unter Fremdvergabe wird die Auslagerung von einzelnen Arbeitsvorgängen oder ganzen Aufträgen an einen Fremdfertiger verstanden. Wird eine Fremdfertigung in Erwägung gezogen, ist zu berücksichtigen, dass die Beschaffungszeit erheblich von der Eigenfertigungszeit abweichen kann [Much/Nikolai].

Kapazitätsplanung

Aus der Durchlaufterminierung resultiert zwangsläufig ein *Kapazitätsbedarfsverlauf* über dem Planungshorizont. Diese Kapazitätsnachfrage wird im Anschluss an die Durchlaufterminierung berechnet. Dabei sind lediglich die Belegungszeiten zu berücksichtigen (Rüst- und Bearbeitungszeiten). Auf Über- bzw. Unterschreitungen des Kapazitätsangebots muss auch aus Kostengründen in geeigneter Weise reagiert werden. Ein zu geringes Kapazitätsangebot führt zu längeren Durchlaufzeiten und damit zu einer Verletzung von zugesagten Lieferterminen. Bei einem zu großen Kapazitätsangebot stehen Maschinen still und die Mitarbeiter sind nicht ausreichend beschäftigt. Zu den hier möglichen Maßnahmen zählen:

- Kapazitätsanpassung,
- Belastungsanpassung und
- Belastungsabgleich.

Zu den Kapazitätsanpassungen gehört das Anpassen der eingesetzten Arbeitskräfte (zusätzliche Schichten, Überstunden, Tausch von Arbeitskräften bzw. jeweils das Gegenteil) und der Betriebsmittel (Beschaffen von Anlagen, Stilllegen von Anlagen usw.). Belastungsanpassungen sind durch Fremdvergabe von Aufträgen oder die Akquise von Fremdaufträgen möglich. Beim Belastungsabgleich kann ein zeitlicher und/oder technologischer Ausgleich durchgeführt werden. Ein zeitlicher Ausgleich liegt vor, wenn beispielsweise Lose aufgeteilt oder Aufträge verschoben werden. Beim technologischen Ausgleich wird auf alternative Betriebsmittel ausgewichen.

3.6.4.3 Kapazitätsterminierung

Die Funktion *Kapazitätsterminierung* versucht, direkt bei der Planung kapazitive Gesichtspunkte mit zu berücksichtigen (Kapazitätsvorbelegung, -angebot und -nachfrage). Kapazitätsvorbelegung bedeutet, dass es zum Zeitpunkt des Planungslaufs bereits geplante Fertigungsaufträge gibt, für die ein Teil der verfügbaren Kapazität reserviert ist.

Die Funktionen Durchlaufterminierung oder Kapazitätsterminierung werden *alternativ eingesetzt!* Die Terminierung mit Kapazitätsgrenzen kann, wie auch die Durchlaufterminierung, als Vorwärts- oder Rückwärtsterminierung erfolgen. Wesentlich bei der Kapazitätsterminierung ist, dass bei der Festlegung der Start- und Endtermine eines Arbeitsvorgangs sofort geprüft wird, ob die benötigte Periodenkapazität in ausreichendem Umfang vorhanden ist. Trifft dies nicht zu, wird der Arbeitsvorgang so lange in Richtung Zukunft bzw. Gegenwart verschoben, bis ggf. ein Zeitraum mit ausreichender Kapazität gefunden ist.

Nach Ablauf eines Planungslaufs verlieren die Planungsergebnisse der Kapazitätsterminierung schnell an Aktualität, weil die operative Fertigungssituation sich laufend ändert. In der Praxis wird deshalb diese „Kapazitätsfeinplanung" meist erst kurzfristig im Rahmen der Produktionssteuerung ausgeführt (siehe Kapitel 3.7).

3.6.4.4 Auftragsfreigabe

Vor dem Übergang in den steuernden Teil des Produktionsmanagements kommt häufig eine Funktion *Auftragsfreigabe* zur Anwendung. Diese bildet den Übergang von den geplanten hin zu tatsächlich zu realisierenden Fertigungsaufträgen. Üblicherweise werden lediglich Aufträge freigegeben, die innerhalb eines sogenannten Freigabehorizontes liegen. Damit wird verhindert, dass unnötig viele Aufträge in die Fertigung gelangen. Mit der Auftragsfreigabe wird ggf. eine Verfügbarkeitsprüfung durchgeführt für beispielsweise:

- kritische Materialien,
- kritische Betriebsmittel und
- kritische Vorrichtungen.

3.6.5 Zusammenfassung Produktionsplanung

Am Beginn aller Planungsaktivitäten steht die Produktionsprogrammplanung. Ziel dieser Grobplanung ist es, die Planung des Vertriebs (Absatzplan) in ein möglichst wirtschaftlich realisierbares Produktionsprogramm umzusetzen. Das Produktionsprogramm beschreibt auf einem im Regelfall aggregierten Niveau wann was und in welchen Mengen produziert werden soll. Dazu werden unter anderem Engpasskapazitäten und Beschaffungsmöglichkeiten grob betrachtet und ggf. Anpassungsmaßnahmen angestoßen. Vertrieb und Produktionsprogrammplanung prüfen anschließend permanent, ob dann die tatsächlich eingehenden Kundenaufträge mit den vorausgegangenen Planungen korrelieren.

Die sich anschließende Materialwirtschaft ist neben der Bestandsführung für die Materialbedarfsplanung verantwortlich. Es ist grundsätzlich zwischen deterministischer (plangesteuerter) und stochastischer (verbrauchsgesteuerter) Materialbedarfsplanung zu unterscheiden. Die deterministische Materialbedarfsplanung plant Mengen und die zugehörigen Termine für eine unternehmensinterne und auch externe Beschaffung. Die für den internen Beschaffungsprozess benötigten Kapazitätsgesichtspunkte werden zunächst nicht betrachtet. Es wird jedoch über sogenannte Vorlaufzeiten eine großzügig dimensionierte Zeitstruktur aufgebaut, die es erlaubt, im „Nachhinein" unter Berücksichtigung kapazitiver Gesichtspunkte realisierbare Fertigungsaufträge zu planen.

Einer der beiden wesentlichen Arbeitsschritte der Termin- und Kapazitätsplanung ist die Durchlaufterminierung, bei der unter Nichtberücksichtigung kapazitiver Gesichtspunkte Fertigungsaufträge gebildet werden. Das heißt, es wird für einen Auftrag ein grober Start- und Endtermin bestimmt. Im „Nachlauf" (Kapazitätsplanung) findet die Auswertung des resultierenden Kapazitätsbedarfs statt. Bei Abweichungen zwischen Kapazitätsangebot und -nachfrage sind entsprechende Anpassungen vorzunehmen.

3.7 Produktionssteuerung

Die Produktionssteuerung ist der Produktionsplanung zeitlich nachgeordnet. Die Produktionsplanung findet aus einer zentralen Perspektive statt. Ergebnis sind neben externen Bestellungen terminlich grob geplante mit mehr oder weniger zeitlichem Puffer versehene Fertigungsaufträge. Diese Aufträge müssen jetzt von der Fertigung, mit Unterstützung der Produktionssteuerung, realisiert werden.

3.7.1 Aufgaben der Produktionssteuerung

Die Funktion Produktionssteuerung kann *zentral* oder *dezentral* organisiert sein. Bei einer zentralen Organisation werden alle beteiligten Fertigungsbereiche und Arbeitsplätze von einer übergeordneten Stelle koordiniert und von dort aus überwacht. Bei einer dezentralen Steuerung zeichnen sich die Mitarbeiter vor Ort (Meister, Werkstattsteuerer) für die Aufgabenausführung verantwortlich.

Zentral gesteuerte Vorgaben sind zwar vom theoretischen Blickwinkel aus gesehen zweck-mäßig, angesichts des erforderlichen hohen Detaillierungsgrades aber in den meisten Fällen nicht praktikabel. Die Kommunikationswege sind unter Umständen lang und die Zeit schreitet oft schneller voran, als die Planungen den Gegebenheiten der Realität angepasst werden könn-ten. Dezentrale Lösungen sind deshalb meist sinnvoller, wenn für die einzelnen Steuerungsbe-reiche klare Ecktermine gesetzt sind und diese dann in der Praxis auch eingehalten werden.

Die Produktionssteuerung besteht aus den beiden Aufgabenumfängen Werkstattsteuerung und Betriebsdatenerfassung (siehe Bild 3-12). Die Aufgaben der Werkstattsteuerung werden in den Schritten

- Arbeitsbelegerstellung,
- Belegungsplanung und
- Fertigungsfortschrittsüberwachung

ausgeführt (siehe das nachfolgende Bild 3-22).

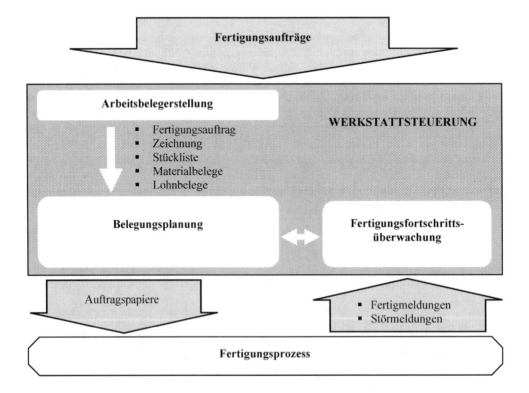

Bild 3-22 Aufgaben der Werkstattsteuerung

3.7.1.1 Arbeitsbelegerstellung

Zur Durchführung der Aufträge wird eine Vielzahl an Begleitpapieren und Belegen benötigt. Diese können zentral oder auch dezentral erstellt werden. Beispiele für typische Dokumente sind nach Kurbel [S. 164]:

- der Fertigungsauftrag (unterscheidet sich von Arbeitsplan dadurch, dass Auftragsmenge, Start- und Endtermin angegeben sind),

- die Terminkarte (Terminkarte zur Terminkontrolle aufgrund von Rückmeldungen),

- Materialbelege (Materialscheine zur Materialbereitstellung und Buchungsbelege),

- Lohnbelege (Lohnscheine als individuelle Arbeitsanweisungen für den Werker, als Rückmeldeinstrument für die Fortschrittskontrolle, als Grundlage für die Lohnabrechnung und Nachkalkulation unter anderem) u. a. m.

3.7.1.2 Belegungsplanung

Im Gegensatz zur auftragsorientierten Terminermittlung im Rahmen der Kapazitäts- und Terminplanung (Zeitwirtschaft), findet bei der Belegungsplanung eine *kapazitätsorientierte Terminermittlung* statt. Das bedeutet, es steht jeweils ein bestimmtes Betriebsmittels oder ein bestimmter Arbeitsplatz im Mittelpunkt der Betrachtung.

Die Belegungsplanung legt für jeden einzelnen *Arbeitsvorgang* fest,

- auf welcher Maschine,
- zu welchem Zeitpunkt und damit
- in welcher Reihenfolge

er bearbeitet werden soll. Dabei sind Termine, gegenseitige Abhängigkeiten miteinander konkurrierender Arbeitsvorgänge und die Gesichtspunkte von Kapazitätsangebot und -nachfrage zu berücksichtigen. Es handelt sich damit um kein triviales Problem. Die explizite Zuordnung zu bestimmten Betriebsmitteln ist ggf. auch deshalb notwendig, weil in der Zeitwirtschaft häufig noch mit -Betriebsmittelgruppen- oder anderen gröberen Kapazitätseinheiten gearbeitet wurde. Die Planung der Betriebsmittelbelegung ist ein Feld, das ähnlich wie die Losgrößenplanung von Generationen von Forschern bearbeitet wurde. Die Zahl der Modelle und Methoden, die im Lauf der letzten Jahrzehnte vorgeschlagen wurden, ist unübersehbar. Dennoch ist es selbst unter vereinfachenden Prämissen bis heute nicht gelungen, verallgemeinerbare optimale Lösungen bei praktisch relevanten Größenordnungen zu finden [Kurbel, S. 202 ff.]. In der Praxis kommen deshalb heuristische Ansätze zur Anwendung. Eine häufig angewandte heuristische Vorgehensweise zur Festlegung der Reihenfolge bei konkurrierenden Arbeitsvorgängen, ist die Zuweisung von außen vorgegebener Dringlichkeiten (z. B. Chef, Markt). Für die Ermittlung interner Prioritäten stehen verschiedenste Regeln zur Verfügung, die jeweils unterschiedliche Planungsziele unterstützen. Bei den in der nachfolgenden Tabelle dargestellten Regeln handelt es sich um eindimensionale Regeln, d. h., bei der Errechnung einer Prioritätskennzahl wird jeweils nur ein Kriterium berücksichtigt.

Darüber hinaus gibt es mehrdimensionale Prioritätsregeln, die durch Verknüpfung mehrerer eindimensionaler Regeln gebildet werden.

Tabelle 3.9 Beispiele für eindimensionale Prioritätsregeln

Prioritätsregeln	
First In – First Out (FIFO-REGEL); längste Wartezeit vor der Maschine	Der in der Warteschlange vor einem Arbeitssystem „älteste" Auftrag wird als erster bearbeitet usw.
Kürzeste Bearbeitungszeit (KOZ-Regel)	Auftrag mit der kürzesten Bearbeitungszeit wird auf der betrachteten Maschine zuerst bearbeitet.
Längste Bearbeitungszeit	Auftrag mit der längsten Bearbeitungszeit wird auf der betrachteten Maschine zuerst bearbeitet.
Geringste Pufferzeit bis zum Liefertermin (Schlupfzeitregel)	Auftrag mit der geringsten Pufferzeit bis zum Liefertermin wird zuerst bearbeitet.
Größte Anzahl noch unerledigter Arbeitsvorgänge	Auftrag mit der größten Anzahl noch unerledigter Arbeitsvorgänge wird zuerst bearbeitet.
Größte Kapitalbindung	Auftrag mit der größten Kapitalbindung wird zuerst bearbeitet.
Geringste Umrüstkosten	Auftrag mit den geringsten Umrüstkosten wird zuerst bearbeitet.
Externe Priorität („Chefauftrag") usw.	Auftrag mit der höchsten externen Priorität wird zuerst bearbeitet.

Die kurzfristigen Planungs- und Steuerungsaufgaben sind darüber hinaus vor allem auch in Zusammenhang mit kurzfristigen Änderungen (Störorganisation) in der Auftrags- oder Kapazitätsrealität zu sehen wie

- Ausfall einer Maschine oder Anlage bzw. eines Mitarbeiters,
- unerwartete Kundenaufträge mit hoher Priorität usw.

Nach der Belegungsplanung werden die einzelnen Aufträge bzw. Arbeitsvorgänge explizit für den Fertigungsprozess frei gegeben. Im Vorfeld kann eine kurzfristige Verfügbarkeitsprüfung von z. B. Material und Vorrichtungen stattfinden.

3.7.1.3 Fertigungsfortschrittsüberwachung

Die Arbeitsvorgänge durchlaufen nach der Belegungsplanung die Fertigung bzw. Montage. Ob die tatsächliche Durchführung der Aufträge auch in Einklang mit der Planung steht, ob Störungen und Verzögerungen auftreten etc. muss parallel zum Fertigungsablauf überwacht und gegebenenfalls an die zuständigen Planer rückgemeldet werden. Die Rückmeldungen dienen unter anderem dazu, die erforderliche Aktualisierung der Teilpläne vorzunehmen. Abgeschlossene Arbeitsvorgänge oder Aufträge müssen aus der Planung genommen, gestörte zurückgestellt bzw. neu geplant werden usw.

Die Fertigungsfortschrittsüberwachung wird durch die sogenannte Betriebsdatenerfassung unterstützt, die relevante Auftrags- und Prozesszustände erfasst.

3.7.1.4 Betriebsdaten

Betriebsdaten im engeren Sinn sind die im Laufe eines Fertigungsprozesses anfallenden Daten. Die Produktionsplanung und -steuerung benötigt als Rückkopplung zu den einzelnen Aufträgen vorrangig Mengen-, Termin- und Qualitätsinformationen aber auch Informationen über den Zustand und die Verfügbarkeit der Ressourcen. Klassen und Beispiele für Betriebsdaten sind der nachfolgenden Tabelle zu entnehmen.

Tabelle 3.10 Beispiele für Betriebsdaten

Klasse	Beispiele
Auftragsbezogene Daten	• Zeiten • Mengen • Gewichte • Qualitäten • Arbeitsleistung
Maschinenbezogene Daten	• Laufzeiten • Unterbrechungszeiten • Gefertigte Stückzahlen • Meldungen und Störungen • Bedienereingriffe • Verbrauch an Material, Energie
Materialbezogene Daten	Zu- und Abgang von Materialien

3.7.2 Zusammenfassung Produktionssteuerung

Die Produktions- oder auch Werkstattsteuerung stellt die Verbindung zwischen der Planung der Fertigungsaufträge und deren Realisierung dar. Im Regelfall kommen dabei die Teilfunktionen Arbeitsbelegerstellung, Belegungsplanung und Fertigungsfortschrittsüberwachung zur Anwendung. Zentrale Funktionalität ist die Belegungsplanung, die die Arbeitsvorgänge den verschiedenen Betriebsmitteln zuordnet, sowie je Betriebsmittel die Reihenfolge und damit auch die Bearbeitungstermine festlegt.

Die Produktionsplanung und -steuerung insgesamt wird durch eine ihr nachgeordnete Betriebsdatenerfassung unterstützt. Diese liefert als Rückkopplung Informationen aus dem Fertigungsprozess.

3.8 Informationssysteme

3.8.1 ERP-/PPS-Systeme

3.8.1.1 Funktionsweise

ERP-Systeme sind EDV-Lösungen zur Unterstützung der Aufgaben der Produktionsplanung und -steuerung.

Sie sind gemäß der in Bild 3-23 dargestellten Hauptfunktionen modular aufgebaut. Charakteristisch für alle am Markt verfügbaren ERP-Systeme ist die *Sukzessivplanung*. Die Aufgaben oder Funktionen werden dabei schrittweise aufeinanderfolgend (sukzessive) mit jeweils zunehmendem Detailierungsgrad und abnehmendem Planungshorizont durchlaufen. Die Planungsergebnisse der übergeordneten Hauptfunktion sind Vorgabe für die zeitlich nachfolgenden Module (hierarchische Planung). Dabei wird auf zuvor angelegte Daten wie Stücklisten, Arbeitspläne und Kapazitätsangebote zugegriffen. Rückkopplungsinformationen sind Voraussetzungen dafür, dass für den nächsten Planungszyklus aktuelle Informationen z. B. über den Auftragsfortschritt zur Verfügung stehen.

Teilgebiet der PPS	Hauptfunktionen der PPS	Teilfunktionen der PPS
Produktions-planung	Produktions-programmplanung	• Prognose • Grobplanung • Kundenauftragsverwaltung
	Materialwirtschaft (Bestandsführung, Materialbedarfs-planung)	• Bestandsführung • Bestandsabgleich • Losgrößenberechnung • Stücklistenauflösung • Verbrauchsorientierte Planung
	Zeitwirtschaft (Termin- und Kapazitätsplanung)	• Durchlaufterminierung • Kapazitätsplanung • Kapazitätsterminierung
	Auftragsfreigabe*	• Verfügbarkeitsprüfung • Auftragsfreigabe • Belegerstellung
Produktions-steuerung	Belegungsplanung	• Feinplanung • Störorganisation
	Fertigungsfortschritts-überwachung	• Fertigungsaufträge • Ressourcen

(Spanning vertical label between Teilgebiet and Teilfunktionen: **Grunddatenverwaltung**)

* Die einzelnen Aufgaben können sowohl zentral als auch dezentral ausgeführt werden.

Bild 3-23 Grundstruktur der PPS-/ERP-Systeme, in Anlehnung an [Corsten, S. 723]

Am Markt ist ein kaum zu über- bzw. zu durchschauendes Angebot an PPS-Programmpaketen verfügbar. Zu den größten und bekanntesten Anbietern gehören SAP®, ORACLE mit der Zielgruppe Konzerne/große mittelständische Unternehmen. Andere Anbieter orientieren sich dagegen eher am Bedarf des Mittelstandes wie Microsoft Dynamics, Infor, Psipenta, proAlpha u.v.a.m. Einen Überblick über PPS-Software-Produkte liefert beispielsweise die Datenbank „trovarit" [http://www.trovarit.de].

3.8.1.2 Historie

PPS-/ERP-Systeme haben ihren Ursprung in dem in den USA entwickelten MRP-Modul. *Material Requirements Planning* (abgekürzt MRP) ist der englische Ausdruck für die seit Mitte der 1960 Jahre realisierte DV-gestützte Materialbedarfsplanung. Seit Anfang der 1970er Jahre war die Materialbedarfsplanung dann Teil von Systemen zur Produktionsplanung und -steuerung, deren Konzept von IBM stammt. Die Systeme, die diese Weiterentwicklungen und Erweiterungen der ursprünglichen Materialbedarfsplanung (MRP) beinhalten, heißen MRPII-Systeme (Manufacturing Resources Planning) oder synonym PPS-Systeme.

Schließlich wird seit Beginn der 1990er Jahre der Begriff MRPII/PPS schrittweise durch den Begriff ERP (Enterprise Resource Planning) ersetzt. ERP-Systeme bieten neben den klassischen PPS-Funktionen weitere Funktionen Betrieblicher Informationssysteme wie Rechnungswesen, Controlling, Personalwesen usw. [http://de.wikipedia.org/wiki/Material_Requirements_Planning].

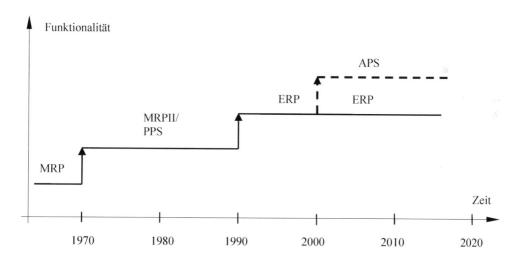

Bild 3-24 Entwicklung von Begriffen und Systemen

3.8.2 Systeme zur Automatisierung der Werkstattsteuerung

Von den meisten PPS-Systemen wurden in der Vergangenheit vorrangig die Themen Produktionsprogrammplanung, Materialwirtschaft und Zeitwirtschaft unterstützt, während die Aufgaben der Werkstattsteuerung, wenn überhaupt, nur unzureichend abgedeckt waren. Je näher man zur Realisierung der Pläne kam, umso geringer wurde der Grad der DV-Unterstützung. Diese endete oft mit der Auftragsfreigabe und dem Ausdruck mehr oder weniger dicker Listen. Die operative Steuerung der Fertigung musste somit in Vergangenheit häufig „von Hand" mit Zettelkästen, manuell gepflegten Plantafeln oder einfachen PC-gestützten Werkzeugen durchgeführt werden [Kernler, S. 206]. Mit der breiten Verfügbarkeit von leistungsfähigen und kostengünstigen Rechnersystemen wurde diese Automatisierungslücke geschlossen. Ergebnis sind *Elektronische Plantafeln* oder Leitstände, die entweder als eigenständige DV-Lösung oder häufig als integraler Bestandteil von ERP-Systemen verfügbar sind.

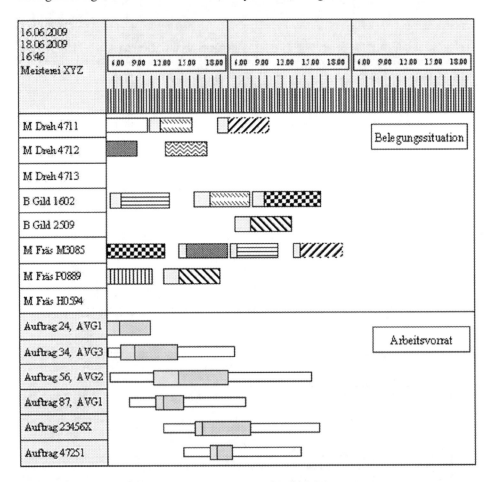

Bild 3-25 Elektronische Plantafel zur Unterstützung der Produktionssteuerung

Die Benutzeroberfläche einer Elektronischen Plantafel besteht im Wesentlichen aus vier Segmenten:

1. einer vertikalen Aufschlüsselung der zu belegenden Maschinen/Arbeitsplätze; linke Seite oben

2. einem Kalender mit einstellbarem Detaillierungsgrad; siehe in der Darstellung oben

3. der Belegungssituation für jede betrachtete Ressource. Hier ist ersichtlich wann und über welchem Zeitraum die verschiedenen Arbeitsgänge (mit Referenz zum Auftrag) auf den verschiedenen Arbeitsplätzen aktuell eingeplant sind. Es sind weiterhin die noch nicht belegten und damit freien Zeiträume ersichtlich.

4. einem Arbeitsvorrat an noch einzuplanenden Arbeitsgängen. Für jeden Arbeitsvorgang ist dabei ersichtlich, über welchen zeitlichen Einplanungsspielraum (schmaler Streifen) er verfügt.

Die Einplanung aus dem Arbeitsvorrat kann manuell per Drag and Drop oder auch automatisch durchgeführt werden.

3.8.3 Betriebsdatenerfassung

Der Begriff *Betriebsdatenerfassung* (BDE) beinhaltet alle Maßnahmen, die erforderlich sind, um relevante Daten eines Produktionsunternehmens in maschinell verarbeitungsfähiger Form bereitzustellen. Hierzu können neben der reinen Erfassung auch Verarbeitungsfunktionen gehören. Die Daten werden zeitlich und örtlich so nahe wie möglich an der Stelle des Datenaufkommens erfasst. Ein Betriebsdatenerfassungssystem ist ein Hilfsmittel zur Erfassung und Ausgabe betrieblicher Daten mit Hilfe von automatisch arbeitenden Datengebern und/oder manuell bedienten Eingabegeräten (z. B. PCs). Diese Systeme verfügen als ergänzende Eigenschaft häufig über Datenverarbeitungsmöglichkeiten. Zur Eingabe bzw. zum Einlesen von Daten gibt es bei allen ERP-Systemen Schnittstellen zu BDE-Systemen.

3.8.4 Zusammenfassung Informationssysteme

ERP-Systeme sind EDV-Lösungen unter anderem zur Unterstützung der Aufgaben der Produktionsplanung und -steuerung. Sie sind modular aufgebaut. Die einzelnen Module (Produktionsprogrammplanung, Materialbedarfsplanung, Termin- und Kapazitätsplanung) werden sukzessive nacheinander durchlaufen. Es handelt sich dabei um eine hierarchische Planung, d. h., die Planungsergebnisse eines vorausgegangenen Moduls sind Vorgabe für den nachfolgenden. Mit der Freigabe der grob geplanten Fertigungsaufträge an die Werkstattsteuerung endet der Funktionsumfang der klassischen PPS-Systeme.

Da die Zusammenhänge mehrdimensional sind, werden auch die Aufgaben der Produktions- oder Werkstattsteuerung häufig durch entsprechende Softwaresysteme unterstützt. Diese erlauben nicht nur, die Aufgaben effizient und komfortabel auszuführen, sie liefern zudem Transparenz hinsichtlich des aktuellen Belegungs- und Terminzustandes in der Fertigung. Im Sinne einer Vorwärtsintegration können die Funktionen der Produktionssteuerung auch Teil eines PPS-Systems sein.

Der Prozess der Betriebsdatenerfassung wir zunehmend automatisiert. Dadurch kann die Fehlerrate reduziert werden. Die erfassten Daten werden ggf. in einem BDE-System verarbeitet und an die Planung und Steuerung weiter gereicht.

3.9 Ansätze zur Optimierung der Auftragsabwicklung

3.9.1 Zentrale vs. dezentrale Steuerung

Der klassische PPS-Ansatz und damit auch die abgeleiteten ERP-Systeme zeichnen sich durch eine *zentrale Organisation* aus. Das heißt, die Fertigungsaufträge werden an einer „zentralen Stelle" geplant und dann zur Ausführung an die verschiedenen Fertigungsbereiche verteilt (siehe Bild 3-26). In der Literatur ist hierfür auch der Begriff *Push-Prinzip* gängig, vom Verständnis abgeleitet, dass ein Auftrag durch die Fertigung „geschoben" wird.

Eine zentrale Auftragsabwicklung ist mit einer Reihe von Nachteilen verbunden wie beispielsweise

- einem extrem hohen Aufwand und den damit verbunden Kosten,
- Kommunikationsproblemen zwischen den beteiligten Stellen,
- Akzeptanzproblemen auf der operativen Ebene,
- der Notwendigkeit, durch eine geeignete Betriebsdatenerfassung für Transparenz und Rückkopplung zu sorgen u. a. m.

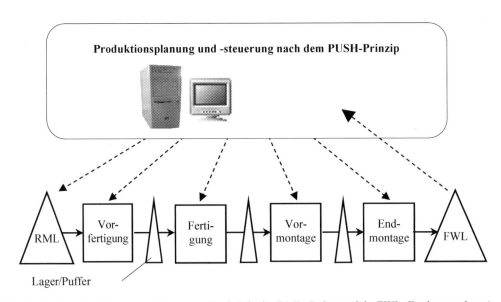

Bild 3-26 Zentrale Planung und Steuerung, Push-Prinzip (RML: Rohmaterial-; FWL: Fertigwarenlager)

Bei einer *dezentralen Steuerung* nach dem *Pull-Prinzip* handelt es sich um eine direkte Kunden-Lieferanten-Beziehung (siehe Bild 3-27). Der jeweilige Kunde, ob intern oder extern, adressiert einen Auftrag direkt und „zieht" derart, dass die geforderten Objekte schließlich aus den beauftragten Fertigungsbereichen (oder von externen Lieferanten) zur Lieferung gelangen. Von einer Pull-Organisation ist der folgende Nutzen zu erwarten:

- direkte Synchronisation mit dem aktuellen Bedarf (es wird nur das produziert, was auch tatsächlich benötigt wird),
- eine deutliche Reduzierung des Planungs- und Steuerungsaufwands und
- eine bessere Kontrolle der Bestände.

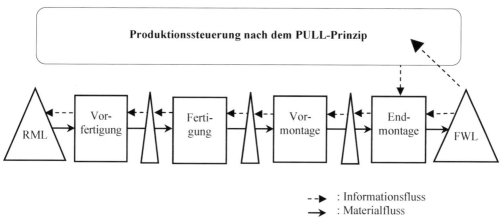

Bild 3-27 Dezentrale Steuerung, Pull-Prinzip

3.9.2 Wiederholproduktion

Eine *Wiederholproduktion* liegt dann vor, wenn ein und dasselbe Produkt *wiederholt* herge-stellt wird. Das Wiederholen gleicher Prozesse schafft grundsätzlich Potenziale zur Standardi-sierung und Automatisierung in der Organisation, der Fertigung und der Beschaffung [Schöns-leben, S. 200].

3.9.2.1 Just-in-Time

Idee des *Just-in-Time-Ansatzes* (JIT) ist es, alle administrativen und operativen Tätigkeiten

- zum letztmöglichen Zeitpunkt zu beginnen und
- zum genau richtigen Zeitpunkt abzuschließen.

Damit soll ein lager- und bestandloser kontinuierlicher Materialfluss erreicht werden. Nach Anwendungsbereichen wird der JIT-Ansatz unterteilt in:

1. JIT-Anlieferung, an der Schnittstelle zwischen Lieferant/Abnehmer und
2. JIT-Produktion, mit einem JIT-gesteuerten Produktionsablauf.

Im Automobilbau und dort im Bereich der Materialanlieferung hat der Just-in-Time-Ansatz seine aktuell größte Bedeutung. Idealerweise produziert der Lieferant direkt in einen bereitste-henden Behälter, der dann auf dem kürzesten Weg zum Kunden gelangt. Das JIT-Konzept führt im Automobilbau dazu, dass sich Zulieferer direkt in der Nähe eines Herstellers in soge-nannten Industrieparks oder auch Güterverkehrszentren ansiedeln. Der JIT-Prozess eignet sich vorrangig für Teileumfänge mit geringer Varianz und hohem Transportvolumen, die zeitnah produziert und ohne Lagerung direkt ans Band geliefert werden können [Koether, S. 125].

An die Produktionsplanung und -steuerung und vorrangig auch die informationstechnische Abwicklung stellt der JIT-Ansatz hohe Anforderungen. Steuerungsinformationen zum kurz-fristigen Abruf einer benötigten Menge müssen exakt sein, ggf. die Entlade-Reihenfolge wie-dergeben (Just-in-Sequenz) und kurzfristig übermittelt werden. Der produktionssynchrone Abruf ist eine spezifische Form der Kommunikation zwischen Automobilhersteller und Zulie-ferer. Mit einem Abruf fordert das Automobilunternehmen kurzfristig Teile für ein bestimmtes Fahrzeug an.

3.9.2.2 Kanban

Funktionsweise

Kanban ist eine Methode, um das Pull-Prinzip zu realisieren. Ein Kanban-System besteht aus einer Verkettung autonomer Regelkreise. Ein einzelner Regelkreis setzt sich dabei im Wesentlichen aus einer Quelle (Hersteller) und einer Senke (Verbraucher) zusammen. Der Informationsfluss ist prozessnah auf der Ebene der Arbeitsprozesse organisiert und entgegengesetzt zur Materialflussrichtung orientiert. Er beginnt mit dem Verbrauch von Erzeugnissen. Ein Hersteller benötigt grundsätzlich einen Anstoß oder ein Signal, um mit seiner Produktion beginnen zu können. Ein solches Signal liefert beispielsweise die Kanban-Karte.

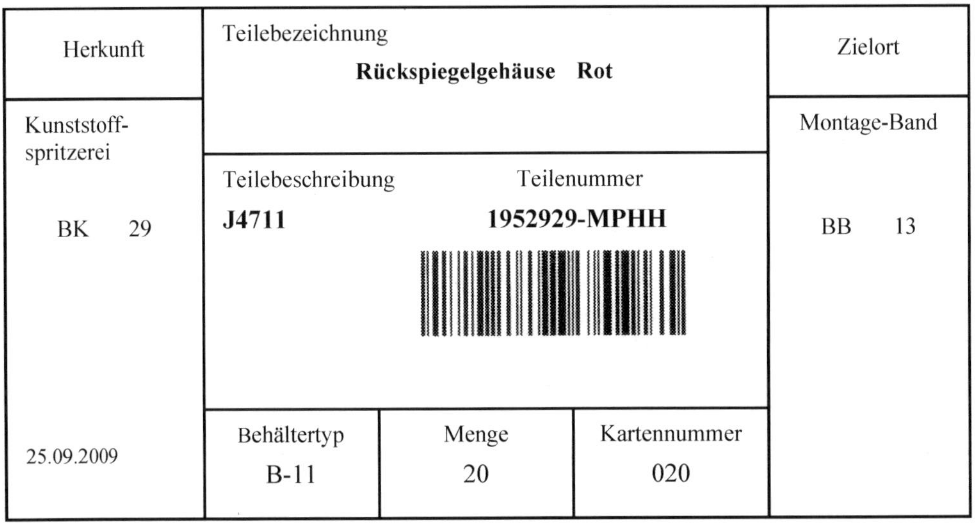

Herkunft	Teilebezeichnung **Rückspiegelgehäuse Rot**			Zielort
Kunststoff-spritzerei				Montage-Band
BK 29	Teilebeschreibung **J4711**		Teilenummer **1952929-MPHH**	BB 13
25.09.2009	Behältertyp B-11	Menge 20	Kartennummer 020	

Bild 3-28 Kanban-Karte

Erhält ein Hersteller eine Kanban-Karte, weiß er welche Teile, in welcher Menge und für wen er zu produzieren hat. Initiiert wird das Versenden einer Karte durch das Leerwerden eines Transportbehälters. Das kann auch als Unterschreiten eines Meldebestands interpretiert werden. Sobald der Behälter mit der geforderten Menge gefüllt ist, wird er mit der Kanban-Karte in das Pufferlager der Senke transportiert, aus dem sich der Verbraucher dann wiederum versorgt. Dieses Prinzip der Aufforderung zum Materialnachschub setzt sich ggf. dominoartig entgegengesetzt zur Materialflussrichtung fort. Für die Anzahl der Kanban-Karten im System gilt die Regel, dass ausreichend Material zirkulieren muss, um die im Wiederbeschaffungszeitraum auftretenden Bedarfsmengen zu decken. Oft wird dieses Prinzip auch mit einem Supermarkt verglichen, bei dem sich die Kunden selbst bedienen (Senke) und das Personal (Quelle) für ausreichende Bestände in den Regalen (Pufferlager) zu sorgen hat.

Voraussetzungen

Die für eine Kanban-Organisation notwendigen Voraussetzungen betreffen vorrangig das Mengengerüst und die Prozessorganisation:

- *Mengengerüst*: Das Mengengerüst an zu produzierenden Teilen muss hinreichend groß und in der Nachfrage möglichst stabil sein.

- *Aufbau einer Fließfertigung*: Die Betriebsmittel sollten in der Reihenfolge angeordnet werden, wie dies der Fertigungsablauf bestimmter Produkte oder Produktgruppen erfordert. Das Kapazitätsangebot der verschiedenen Betriebsmittel muss dabei aufeinander abgestimmt sein (Taktung).

- *Verkleinerung der Losgrößen*: Um eine Just-in-Time Fertigung zu erreichen und die Lagerbestände zu senken, müssen die Voraussetzungen für kleine Losgrößen geschaffen werden (z. B. Verringerung der Rüstkosten).

- *Geglättete Fertigung*: Da sich ein Kanban-Ablauf über mehrere Fertigungs- bzw. Montagestufen erstreckt, sind das Vermeiden großer Schwankungen und die genaue Planung der Produktion auf der letzten Stufe äußerst wichtig.

- *Verkürzung und Standardisierung der Transportzyklen*: Eine Reduzierung von Lagerbeständen erfordert einen erhöhten Transportaufwand. Damit die Fertigung durch ausbleibende Vorprodukte nicht ins Stocken gerät, ist sicherzustellen, dass der Materialtransport von der vorgelagerten zur nachfolgenden Stelle kostengünstig erfolgt.

- *Adressmanagement*: Da der Materialfluss im Kanban-System durch Karten gesteuert wird, benötigt jede produzierende und verbrauchende Stelle sowie jedes Pufferlager und jeder Artikel eine eindeutige Bezeichnung bzw. Identifikation, womit eine genaue Zuteilung der Karten, Materialien und Behälter möglich wird.

- *Behältermanagement*: Behälter erfüllen beim Transport mehrere Aufgaben. So stellen sie unter anderem den beschädigungsfreien Transport der Produkte sicher und geben über Anzahl und Art des Inhaltes Aufschluss. Bei der Wahl des Behälters ist auf eine möglichst kleine Behältergröße zu achten.

- *Hoher Qualitätsstandard, Qualitätsmanagement:* Eine hohe Qualität der Vorprodukte in Verbindung mit einer qualitativen Absicherung des Fertigungsprozesses sind Voraussetzungen für ein funktionierendes, bestandarmes Kanban-System.

Bewertung

Das ursprüngliche Kanban-System wurde 1947 von der japanischen Toyota Motor Corporation entwickelt. Ein Grund hierfür war die ungenügende Produktivität des Unternehmens im Vergleich zu amerikanischen Konkurrenten. Ebenso stellten die gestiegenen Erwartungen der Kunden an die Produktionsgeschwindigkeit und Lieferbereitschaft sowie die immer engeren Beziehungen zu den Lieferanten eine neue Situation dar, für die eine geeignete Lösung gefunden werden musste. Hohe und damit kostenintensive Lagerbestände an Rohmaterial und Halbfertigmaterialien waren hierbei die Hauptprobleme. In den 1970er Jahren wurde dieses Steuerungskonzept von Unternehmen in den USA und Deutschland adaptiert und eingeführt.

Kanban stellt eine Möglichkeit für Unternehmen dar, die teilweise sehr aufwändige und verschachtelte Produktionssteuerung in selbstständige Regelkreise umzuwandeln, was den Steuerungsaufwand deutlich reduziert, die Bestände kontrollieren hilft (wird über die Anzahl Kanban-Karten gesteuert) und die Transparenz der Prozesszusammenhänge erhöht.

Voraussetzungen für den wirtschaftlichen Einsatz eines Kanban-Systems sind einerseits ein hinreichend großes und stabiles Mengengerüst und andererseits ein geeignet organisierter Produktionsprozess.

Ein Kanban-System kann prinzipiell die Funktionen Termin-, Kapazitätsplanung und Werkstattsteuerung eines klassischen ERP-Systems ersetzen. Die *grob- bzw. mittelfristigen* Planungsfunktionen Produktionsprogrammplanung und Materialwirtschaft sind jedoch ungeachtet dessen zwingend notwendig, um für alle Beteiligten einen hinreichend langen Planungshorizont zu erhalten [Schönsleben, S. 225].

3.9.3 Zusammenfassung Optimierungsansätze

Die in diesem Kapitel diskutierten Optimierungsansätze betreffen die Wiederholproduktion. Kanban ist ein Verfahren der Produktionssteuerung nach dem Pull-Prinzip. Es orientiert sich ausschließlich am Bedarf einer verbrauchenden Stelle. Ergibt sich ein Verbrauch, löst dieser eine Nachforderung aus. Autonome Regelkreise auf der Ebene der Arbeitsprozesse bilden den Kern dieser flexiblen Produktionssteuerung. Ziele eines Kanban-Systems sind:

- kontrollierte Steuerung der Bestände von Zwischen- und Endprodukten und
- Reduzierung des Steuerungs-/bzw. Organisationsaufwandes.

3.10 Zusammenfassung

Die Aufgaben des Produktionsmanagements werden auf drei Ebenen (strategisch, taktisch, operativ) ausgeführt. Sie unterscheiden sich inhaltlich hinsichtlich der Verbindlichkeit, des Detaillierungsgrades und der Länge des Planungshorizontes. Es handelt sich dabei um eine hierarchische Planung, d. h., die Planungsergebnisse einer übergeordneten Ebene sind Vorgaben für die nachgeordnete Planungsebene.

Im Mittelpunkt des Kapitels 3 stehen die (Management-)Aufgaben der Auftragsabwicklung. Diese sind dem Mittel- bis Kurzfristbereich zuzuordnen. In der Praxis ist hierfür auch der Begriff Produktionsplanung und -steuerung üblich. Diese hat zur Aufgabendurchführung, die vorgegebene Infrastruktur (Betriebsmittel, -anordnung, Ablauforganisation usw.) möglichst optimal, im Sinne der abgeleiteten Ziele, zu nutzen. Die Auftragsabwicklung muss sich eng mit der Umsatz bzw. Absatzplanung abstimmen. Im Absatzplan sind die Verkaufsziele des Vertriebs formuliert.

Das Kapitel 3 schließt mit einer Beschreibung der sogenannten ERP-Systeme ab, das sind Betriebliche Informationssysteme, die unter anderem auch den Gesamtprozess der Auftragsabwicklung unterstützen.

3.11 Literaturhinweise

Zum Thema Produktionsplanung und -steuerung gibt es eine Vielzahl an Literatur. Das Buch von Schuh ist für eine intensive Beschäftigung mit dem Thema zu empfehlen.

Verwendete und weiterführende Literatur

Benz, J., Höfinger, M.: Logistikprozesse mit SAP®. Vieweg+Teubner, Wiesbaden 2007

Betriebshütte (Hrsg. Eversheim, Schuh): Produktion und Management. Springer, Heidelberg, Berlin, New York 1996

Bichler, K.: Beschaffungs- und Lagerwirtschaft. Gabler, Wiesbaden 1992

Der Fischer Weltalmanach 2008. Fischer Taschenbuchverlag, Frankfurt am Main 2007

Geiger, G., Hering, E., Kummer, R.: KANBAN, Optimale Steuerung von Prozessen. Hanser, München 2000

Eversheim. W., Schuh G. (Hrsg.): Betriebshütte Produktion und Management. Springer, Heidelberg Berlin New York 1996

Häberle, S.: Das neue Lexikon der Betriebswirtschaftslehre. Oldenbourg, München, Wien 2008

Härdler, J. (Hrsg.): Betriebswirtschaftslehre für Ingenieure. Fachbuchverlag Leipzig, Leipzig 2001

Heinen, E.: Industriebetriebslehre. Gabler, Wiesbaden 1974

Kern, W.: Handwörterbuch der Produktionswirtschaft. Schäffer Poeschel, Stuttgart 1996

Kernler, H.: PPS der 3. Generation. Hüthig, Heidelberg 1995

Koether, R. u. a.: Taschenbuch der Logistik. Fachbuchverlag Leipzig, Leipzig 2003

Kurbel, K.: Produktionsplanung und -steuerung im Enterprise Resource Planning und Supply Chain Management. Oldenbourg, München, Wien 2005

Much, D., Nicolai, H.: PPS-Lexikon, Cornelsen Giradet, Berlin 1995

Schneeweiß, Ch.: Einführung in die Produktionswirtschaft. 8. Auflage, Springer, Berlin 2002

Schneider, H. (Hrsg.): Produktionsmanagement in kleinen und mittleren Unternehmen. Schäffer Poeschel, Stuttgart 2000

Schönsleben, P.: Integrales Logistikmanagement. Springer, Berlin 1998

Schuh, G. (Hrsg.): Produktionsplanung und -steuerung. Springer, Heidelberg, Berlin, New York 2006

Schwarze, J.: Einführung in die Wirtschaftsinformatik. Verlag Neue Wirtschafts-Briefe, Herne/Berlin 1997

Specht, O., Schmitt, U.: Betriebswirtschaft für Ingenieure + Informatiker. Oldenburg, München, Wien 2000

Vossebein, U.: Materialwirtschaft und Produktionstheorie. Gabler, Wiesbaden 1997

Weber, R.: Kanban-Einführung. Expert, Renningen 2003

Wenzel, R., Fischer, G., Metze, G., Nieß, P.: Industriebetriebslehre. Fachbuchverlag Leipzig, Leipzig 2001

Wiendahl, H.-P.: Betriebsorganisation für Ingenieure. Hanser, München 1997

Wöhe, G.: Einführung in die Allgemeine Betriebswirtschaftslehre. Vahlen, München 1996

Zäpfel, G.: Grundzüge des Produktions- und Logistikmanagement. de Gruyter, Berlin 1996

4 Supply Chain Management

4.1 Einführung

In Zeiten der internationalen Arbeitsteilung und des globalen Wettbewerbs bei immer kürzer werdenden Produktlebenszyklen genügt es zunehmend nicht, sich nur mit dem Produktionsprozess des eigenen Unternehmens zu beschäftigen! Es ist vielmehr der gesamte Prozess vom Rohstofflieferanten bis zur Lieferung eines Erzeugnisses zu betrachten. Diese These hört sich trivial an, beschreibt aber im Wesentlichen den Grundgedanken des *Supply Chain Managements* (SCM).

Der SCM-Ansatz geht damit über das Verständnis der klassischen Logistik oder auch der Produktionsplanung und -steuerung hinaus [Busch/Dangelmaier, S. 7]. Der Blick dort ist überwiegend nach innen, d. h. auf ein bestimmtes Unternehmen und dessen Material- und Informationsfluss gerichtet, während beim Supply Chain Management eine ganzheitliche Betrachtung angestrebt wird. SCM umfasst dabei sowohl gestalterische als auch planerische und steuernde Aufgaben. Treiber der Entwicklung sind neben ständig steigenden Marktanforderungen, die Globalisierung und Internationalisierung aber auch die rasant voranschreitenden technischen Möglichkeiten (z. B. Informationstechnologie).

In der Literatur gibt es eine Vielzahl von Definitionen des Begriffs Supply Chain Management (siehe Tabelle 4.1):

Tabelle 4.1 Definitionen Supply Chain Management

Autor	Definition Supply Chain Management
Kurbel [2005]	Supply Chain Management bezeichnet die integrierte prozessorientierte Gestaltung, Planung und Steuerung der Güter-, Informations- und Geldflüsse entlang der gesamten Wertschöpfungskette vom Kunden bis zum Rohstofflieferanten. Wesentliche Gesichtspunkte des SCM sind der frühzeitige Informationsaustausch sowie die Abstimmung der Beschaffungs-, Produktions- und Absatzpläne unter den Partnern einer Lieferkette.
Arndt (2006)	Supply Chain Management ist die unternehmensübergreifende Koordination und Optimierung der Material-, Informations- und Wertflüsse über den gesamten Wertschöpfungsprozess von der Rohstoffgewinnung über die einzelnen Veredelungsstufen bis hin zum Endkunden mit dem Ziel, den Gesamtprozess sowohl zeit- als auch kostenoptimal zu gestalten.
http://de.wikibooks.org/wiki/ Supply_Chain_Management	Zunehmender Wettbewerbsdruck zwingt die Unternehmen dazu, vorhandenes Rationalisierungspotenzial zu nutzen. Vorrangiges Ziel ist dabei zunächst die Sicherstellung der Versorgung bei minimaler Lagerhaltung und Kapitalbindung. Wettbewerbsvorteile werden sich immer mehr über die Geschwindigkeit und Qualität des Informationsaustausches ergeben.

4.2   Problemstellung

Die Bestandsthematik wird in der Literatur [z. B. Kuhn/Hellingrath, S. 17; Kurbel, S. 344] als offenkundiger Beweis für organisatorische und informationstechnische Defizite in der Versorgungskette behandelt. Oder anders ausgedrückt: Bestände sind ein mögliches Potenzial, das genutzt werden kann. Deshalb wollen wir uns nachfolgend näher mit der Entstehung und der Begründung für das Vorhandensein bzw. die Notwendigkeit von Beständen beschäftigen.

4.2.1 Bestände

Ein *Grundproblem* der Logistik und damit auch des Supply Chain Managements ist die *zeitliche Synchronisation* zwischen dem Verbrauch und der Herstellung eines Produkts [Schönsleben, S. 8]. Im Prinzip sollten Entwicklung und Herstellung von Erzeugnissen nachfragegesteuert beginnen, nämlich erst dann, wenn die Bedürfnisse konkret vorliegen.

Diese Synchronisation ist in der Praxis nicht möglich. Begründungen hierfür sind unter anderem:

- Entwicklungszeiten
- Wiederbeschaffungszeiten der Kaufteile
- Fertigungszeiten/Durchlaufzeiten
- Kosten bei der Herstellung einzelner Erzeugnisse
- Qualitätsprobleme usw.

Das obige Grundproblem hat demnach eine zeitliche, monetäre und qualitative Dimension. Dies führt zu Vorentwicklungen, Bestellungen und auch Fertigungsprozessen vor dem eigentlichen Bedarfstermin. Zeitlich vorgezogene Prozesse sind mit erheblichen Unsicherheiten hinsichtlich der tatsächlichen Nachfrage behaftet, es treten Fehleinschätzungen und Kommunikationsprobleme auf. Konsequenz ist das Entstehen und damit Bevorraten von Beständen. Eine Bevorratung von Materialien ist aber grundsätzlich mit erheblichen Nachteilen verbunden. Es wird Kapital gebunden, Platz benötigt, Güter verderben, altern oder werden beschädigt. Das heißt, eine Lagerung macht nur dann Sinn, wenn die bevorrateten Güter nach einer hinreichend kurzen Zeit auch tatsächlich verbraucht werden [Schönsleben, S. 9].

Hopp und Spearman definieren Supply Chain Management als die übergreifende Koordination der Bestände und des Materialflusses. Betrachtet man die gesamte Prozesskette, so können die Bestände in folgende Klassen eingeteilt werden [Hopp/Spearman, S. 582 ff.]:

- Rohmaterial/Kaufteile,
- Ware in Arbeit,
- Fertigwaren und
- Ersatzteile.

Die Gründe für das Entstehen der obigen Bestandsklassen sind verschieden, entsprechend unterscheiden sich mögliche Optimierungsansätze:

- *Rohmaterial/Kaufteile:* Rohmaterialien und Kaufteile sind Objekte, die dem Unternehmen von außen zugeführt werden. Wenn die Lieferanten diese Objekte Just-in-Time liefern würden bzw. könnten, müsste ein Unternehmen diese nicht bevorraten. Diese Überlegung ist jedoch unrealistisch. Es gibt im Wesentlichen drei Faktoren, die die Höhe der Bestände bestimmen:

  - Losgrößeneffekte: Vorteile bei der Beschaffung großer Lose.
  - Beurteilung von Unsicherheiten: Sicherheitsbestände sichern terminliche, mengenmäßige und/oder qualitative Planabweichungen bei der Belieferung mit Rohmaterialien/Kaufteilen ab.
  - Bedarfs- oder Konstruktionsänderungen: Diese können dazu führen, dass Bestände übrig bleiben.

- *Ware in Arbeit:* Kein Fertigungsprozess kommt ohne „Ware in Arbeit" aus. Ohne die Bestandsform Ware in Arbeit würde die Produktivität einbrechen. Es gibt sie in den folgenden Zuständen:

  - Warteschlange: Die Materialflussobjekte (MFO) warten auf die Verfügbarkeit einer Ressource (Mensch, Maschine, Transportmittel usw.).
  - Bearbeitung: MFO werden bearbeitet.
  - Losbildung: Materialien werden zu einer größeren Einheit zusammen gefasst und beispielsweise gemeinsam einer Wärmebehandlung unterzogen.
  - Transport: Materialen werden transportiert.
  - Warten auf Montage: Es kann notwendig sein, dass MFO auf verspätete „Montagepartner" warten müssen.

- *Fertigwaren:* Fertigwarenbestände sind Bestände an Enderzeugnissen und Ersatzteilen. Die Begründungen für eine Bevorratung sind vielfältig:

  - Unsicherheiten in der Nachfrage.
  - Die am Markt üblichen Lieferzeiten sind kürzer als die internen Durchlaufzeiten.
  - Bildung von Fertigungslosen, d. h., Mengen werden zu Losen zusammengefasst, um die Rüstkosten zu senken.
  - Saisonalität muss über vorgefertigte Bestände ausgeglichen werden.

- *Ersatzteile:* Ersatzteile sichern den Fertigungsprozess für den Fall der geplanten Instandhaltung oder auch ungeplanter Reparaturarbeiten ab. Die Höhe des Bestands an Ersatzteilen wird beeinflusst von Wartungsintervallen, Ausfallwahrscheinlichkeiten, von der benötigten Wiederbeschaffungszeit, den Wiederbeschaffungsmöglichkeiten, Losgrößen und Kostenaspekten.

Die nachfolgende Tabelle 4.2 zeigt eine zusammenfassende Darstellung der zuvor diskutierten Bestandsklassen und ihrer Beurteilung hinsichtlich der SCM-Relevanz.

Tabelle 4.2 Bestandsklassen und SCM-Relevanz

Bestandsart	Begründung	Bewertung
Rohmaterial/Kaufteile	• Unsicherheit • Bündelung/Bestellkosten	**SCM-relevant**
Ware in Arbeit	• Bündelung/Rüstkosten • Bearbeitungszeit • Transportkosten	Internes Problem
Fertigwaren	• Unsicherheit • Lieferzeiten • Bündelung/Rüstkosten • Transportkosten	**SCM-relevant**
Ersatzteile	• Unsicherheit • Wiederbeschaffungszeiten und • -möglichkeiten • Bündelung/Bestellkosten	Internes Problem

4.2.2 Kommunikation und Koordination

Der sogenannte *Bullwhip-Effekt* ist das klassische Beispiel für eine mangelhafte Kommunikation und Koordination innerhalb der Supply Chain. Jedes Element der Kette erlebt diesen Effekt in Form einer spezifischen und gegebenenfalls stark schwankenden Nachfrage. Er resultiert aus den komplexen und dynamischen Abhängigkeiten in der Supply Chain.

4.2.2.1 Historie

Der Bullwhip-Effekt wurde in den 1960er Jahren durch Veröffentlichungen von Jay Forrester bekannt. Er untersuchte das Verhalten der Supply Chain bei unterschiedlichen Bedarfsverläufen und wies nach, dass sich die Bestellschwankungen, in Richtung der Zulieferer gesehen, aufschaukeln können. Es dauerte aber bis Anfang der 1990er Jahre, bevor sich auch die Praxis mit diesem Effekt beschäftigte. Es war der Konzern Procter & Gamble, der in Bezug auf Produktion und Nachfrage seiner Windeln, auf ein interessantes Phänomen stieß. Obwohl die Nachfrage des Marktes konstant war, bestellte der einzelne Großhändler über der Zeit gesehen unterschiedlichste Mengen. Dem nicht genug, die Nachfrage von Procter & Gamble nach Vorprodukten schwankte noch stärker. Allgemein zeigte sich, dass die Bestellungen nach der ersten Stufe, sprich dem Handel, keinen Zusammenhang mehr mit dem ursprünglichen Bedarf der Babys bzw. deren Eltern hatten [http://beergame.uni-klu.ac.at/bullwhip.htm].

4.2.2.2 Beispiel Szenario

Die Konsequenzen aus nicht abgestimmtem Vorgehen, nicht verfügbaren Informationen, vielfachen Bündelungen und dem Abgleich mit vorhandenen Beständen usw. werden nachfolgend beispielhaft skizziert:

1. Ein Endkunde kauft ein bestimmtes Produkt beim Einzelhändler (möglicherweise in einer unüblich großen Menge, weil ein Sonderangebot vorliegt).

2. Der Einzelhändler nimmt die Nachfrage am obigen Produkt, durch verschiedene Endkunden, wahr. Er bündelt die Verbräuche zu größeren Bestellmengen auf einen Termin, zu dem aufgrund seiner Einschätzung der Bestand zu Ende gehen wird.

3. Beim Großhändler ergeben sich ähnliche Effekte. Wieder wird gebündelt, wieder im Regelfall mit Sicherheiten gearbeitet (beispielsweise zur Absicherung von Planungsfehlern), wieder gegebenenfalls vorhandene Bestände berücksichtigt usw.

4. Gegebenenfalls ist ein Distributor zwischengeschaltet. Auch er verfälscht die ursprünglichen Endkundenbedarfe beispielsweise dadurch, dass er seine spezifischen Anforderungen aus der Warenverteilung (Tourenplanung) mit berücksichtigt.

5. Die Bedarfe der verschiedenen Distributoren treffen beim Hersteller ein. Zumindest die Bedarfstermine haben jetzt nichts mehr mit den ursprünglichen Kundenbedarfen zu tun.

6. Zusammenfassung: Im Gesamtsystem entstehen an vielen Stellen Bestände/Sicherheiten z. B. aufgrund mangelnder Koordination und Kommunikation, aus einem Sicherheitsbedürfnis und weil verschiedene spezifische Kosten Bündelungen betriebswirtschaftlich sinnvoll machen.

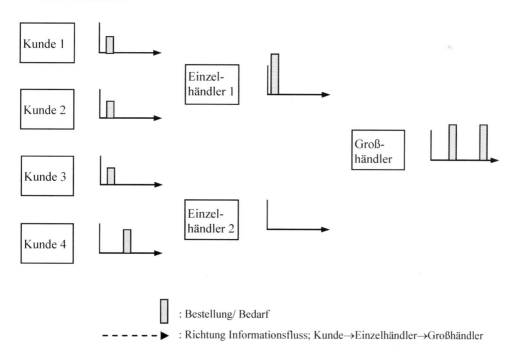

☐ : Bestellung/ Bedarf

- - - - - - ▶ : Richtung Informationsfluss; Kunde→Einzelhändler→Großhändler

Bild 4-1 Verschwinden des Bedarfsbezugs nach der 1. Stufe der Supply Chain

Die Ursachen für den Bullwhip-Effekt sind vielfältig, siehe hierzu die nachfolgende Tabelle:

Tabelle 4.3 Begründungen für den Bullwhip-Effekt, vgl. [Alicke, S. 103]

Grund	Kommentar
Lokale Verarbeitung von Nachfrage-informationen	Jeder Prozessteilnehmer führt eine lokale Prognose des zu erwartenden Bedarfs durch. Grundlage sind eigene Vergangenheitswerte und Wahrnehmungen.
Verfügbarkeit von Informationen (Informationsasymmetrie)	Informationen stehen nicht allen Prozessteilnehmern zeitgleich und mit derselben Aktualität zur Verfügung.
Prognoseverfahren	Abhängig vom gewählten Prognoseverfahren können Ausreißer in der Bestellhöhe zu falschen Prognosen hinsichtlich zukünftig zu erwartender Nachfrage führen.
Bedarfszusammenfassung/ Losgrößenbildung	Üblicherweise fasst ein Unternehmen die Bedarfe mehrerer Perioden zu einer Bestellung zusammen, um Kosten zu sparen.
Bestellung zu bestimmten Zeitpunkten	Periodische Bestellungen, z. B. nur einmal im Monat, führen dazu, dass sich die Bedarfsmengen auf einen bestimmten Termin (Anfang des Monats) verdichten.
Promotions- oder Mengenrabatte	Das Kaufverhalten der Kunden wird durch Sonderangebote, Rabattaktionen oder Mengenrabatte beeinflusst.
Kontingentierung	Übersteigt die Nachfrage nach einem Produkt das Angebot, kontingentiert ein Produzent Kundenbestellungen oft im Verhältnis von Gesamtangebot zu Gesamtnachfrage. Bei der nächsten Nachfrage antizipieren die Kunden aber diese Zuteilungsmethode, wodurch die Nachfrage noch verstärkt wird.
Bestandsabgleich	Sind Bestände aus früheren Bestellungen verfügbar, werden zunächst diese verwendet, um Kundenbedarfe zu befriedigen.

Konsequenzen des Bullwhip- oder Peitscheneffektes sind Perioden mit übervollen Lagern gefolgt von Perioden der Knappheit, da entweder zu viel oder zu wenig produziert wird.

Das führt zu schlechtem Lieferservice, verlorenen Einnahmen und ineffektiven Transporten [http://www.wikipedia.org/wiki/Peitscheneffekt].

4.3   Ziele des Supply Chain Managements

Das Thema SCM ist in der Tradition der Logistik und Produktionsplanung und -steuerung zu sehen, deshalb sollten hier grundsätzlich dieselben Ziele oder Zielgrößen wie Qualität, Geschwindigkeit und Wirtschaftlichkeit gelten!

Die Zieldiskussion des Supply-Chain-Ansatzes ist im Kontext der grundsätzlichen Ziele des einzelnen Unternehmens und der Veränderungen in dessen Umfeld zu sehen.

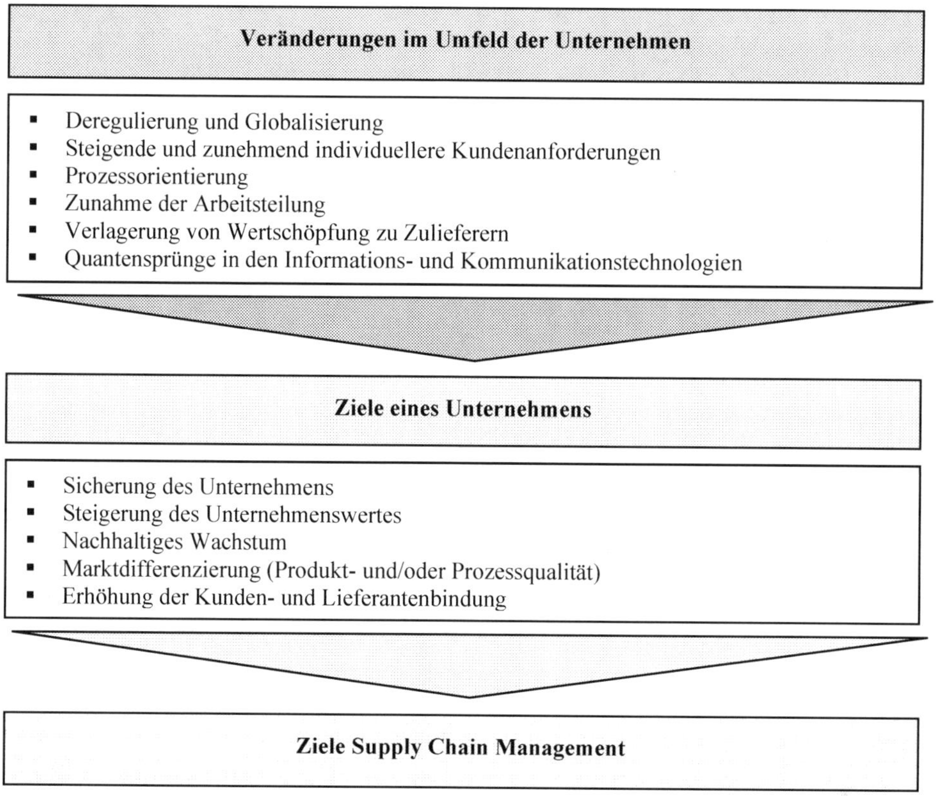

Veränderungen im Umfeld der Unternehmen

- Deregulierung und Globalisierung
- Steigende und zunehmend individuellere Kundenanforderungen
- Prozessorientierung
- Zunahme der Arbeitsteilung
- Verlagerung von Wertschöpfung zu Zulieferern
- Quantensprünge in den Informations- und Kommunikationstechnologien

Ziele eines Unternehmens

- Sicherung des Unternehmens
- Steigerung des Unternehmenswertes
- Nachhaltiges Wachstum
- Marktdifferenzierung (Produkt- und/oder Prozessqualität)
- Erhöhung der Kunden- und Lieferantenbindung

Ziele Supply Chain Management

Bild 4-2 Ausgangssituation zur Zieldiskussion Supply Chain Management, vgl. [Wiendahl, S. 15]

4.3.1 Zieldiskussion

Welche Ziele hat nun das Supply Chain Management? Erste Definitionen sind der nachfolgenden Tabelle zu entnehmen:

Tabelle 4.4 Ziele des SCM-Ansatzes

Quelle	Definition
Arndt/Staberhofer/Rothböck	Oberste Zielsetzung im Supply Chain Managements ist das Erreichen eines optimalen Ergebnisses im Netzwerk, von dem *alle SC-Akteure* profitieren sollen.
Göpfert in Busch/Dangelmaier	Die Erschließung unternehmensübergreifender Erfolgspotenziale bildet das übergreifende Ziel des Supply-Chain-Management-Ansatzes.

Der Begriff Ergebnis ist in der betriebswirtschaftlichen Literatur nicht eindeutig definiert. Erfolg ist der die Differenz zwischen Ertrag und Aufwand [Wöhe, S. 47]. Als Arbeitsthese werden die Begriffe Ergebnis und Erfolg im Begriff *Nutzen* zusammengefasst! Das heißt, alle Beteiligten vom Rohstofflieferanten bis hin zum Endkunden sollen einen spezifischen Nutzen aus dem Supply-Chain-Management-Prozess generieren. Unbestritten ist die Notwendigkeit der Unternehmen, sich vorrangig an den Anforderungen der Kunden zu orientieren. Nach Bolsdorf/Rosenbaum/Poluha [S. 125] gibt es die vier strategischen Wettbewerbsfaktoren

- Qualität,
- Zeit,
- Kosten und
- Flexibilität,

Die Wettbewerbsfaktoren stehen in Konkurrenz zueinander. Das sogenannte Strategische Dreieck beschreibt drei entscheidende Faktoren im Wettbewerb: Qualität, Zeit und Kosten. Das Strategische Viereck fügt als weiteren Faktor die Flexibilität hinzu. In der nachfolgenden Tabelle werden den Kundenanforderungen die Ziele des Supply Chain Managements gegenüber gestellt.

Tabelle 4.5 Ziele des Supply Chain Managements im Spannungsfeld der Kundenanforderungen

Anforderungen Kunde	Ziele Supply Chain Management
Qualität • Hohe Qualität • Vollständigkeit der Lieferungen	Minimierung der Kosten • Höhere Planungsqualität • Senken des Aufwandes
Zeit • Kurze Lieferzeiten • Termintreue • Verkürzung der Produktentwicklungszeiten	• Senken der Bestände • Beschleunigung des Auftragsdurchlaufs • Gleichmäßige Kapazitätsauslastung Erfüllen der Kundenanforderungen
Kosten • Marktgerechte Preise • Marktgerechte Konditionen	
Flexibilität • Mengenflexibilität • Sortenflexibilität	

4.3.2 Zusammenfassung

Grundsätzlich spielt sich die Diskussion über die SCM-Zielsetzungen im Spannungsfeld zwischen den Interessen des Unternehmens und denen des Marktes ab. Dabei befindet sich der Markt oder Kunde in der Regel in der stärkeren Position. Ein Unternehmen versucht, für ein Produkt einen hohen Preis bei möglichst niedrigen Kosten zu erzielen. Der Kunde dagegen will zu einem niedrigen Preis einkaufen. Er fordert weiterhin eine zumindest marktkonforme Leistung. Diese äußert sich in Qualitäts-, Zeit- und Flexibilitätsattributen.

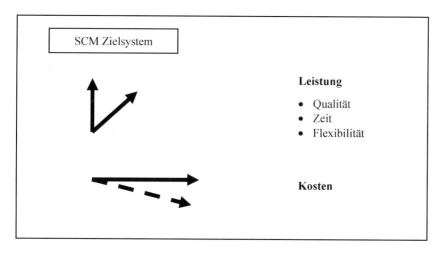

Bild 4-3 Zusammenfassung SCM-Zielsystem

4.4 Kooperationen

In den vorangegangenen Kapiteln wurde die Bedeutung einer Zusammenarbeit, oder besser Kooperation, der verschiedenen SCM-Prozessteilnehmer für das Erreichen der formulierten Ziele deutlich gemacht. Am Beginn aller SCM-Aktivitäten steht die Suche nach geeigneten Partnern, mit denen Zielsetzung, Form, Inhalt usw. einer Kooperation vereinbart werden kann.

4.4.1 Definitionen

- *Wertschöpfung:* Wertschöpfung ist die Summe aller Werte, die in einem Unternehmen in einer Periode durch Tätigkeiten geschaffen werden.

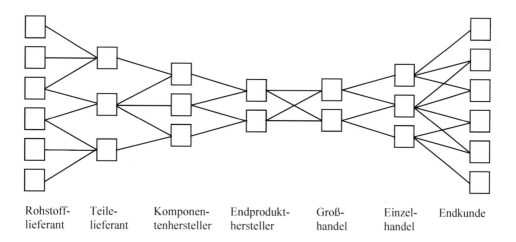

Bild 4-4 Wertschöpfungsnetzwerk

- *Wertschöpfungskette:* Der Begriff Wertschöpfungskette ist zunächst wertfrei, d. h. nicht mit einer Idee oder Zielsetzung verknüpft. Eine Wertschöpfungskette ist die Gesamtheit aller Prozesse, die zur Herstellung und Lieferung eines bestimmten Produkts oder einer bestimmten Dienstleistung beitragen.

- *Wertschöpfungsnetzwerk:* Die Wertschöpfungskette als lineare Struktur gibt es in der Praxis nicht! Der Produktentstehungs- und Verteilungsprozess stellt sich immer als Netzwerk dar (siehe Bild 4-4). Externe oder interorganisationale Netzwerke bestehen aus mehreren rechtlich und wirtschaftlich eigenständigen Unternehmen.

- *Kooperation:* Eine Kooperation ist die *Zusammenarbeit zwischen rechtlich und wirtschaftlich selbstständigen Unternehmen* zur Steigerung der Wirtschaftlichkeit und Wettbewerbsfähigkeit. Gegenstand derartiger Kooperationen kann der gesamte Prozess der Entwicklung, Herstellung und Vermarktung von Produkten und Dienstleistungen, oder auch nur jeweils ein Teil eines Gesamtprozesses sein. Dadurch sollen Synergieeffekte oder Wettbewerbsvorteile erreicht werden [http://www.wikipedia.org/wiki/Netzwerkorganisation]. Das heißt, eine Kooperation geht über eine „normale" Kunden-Lieferanten-Beziehung hinaus!

- *Supply Chain Management:* SCM ist eine Organisations- und Managementphilosophie, die auf eine unternehmensübergreifende Koordination der Material- und Informationsflüsse und prozessorientierte Integration der Aktivitäten der am Wertschöpfungssystem beteiligten Unternehmen zur Kosten-, Zeit- und Qualitätsoptimierung zielt.

> Das bedeutet, der SCM-Ansatz ist als Ausdehnung des Kooperationsgedankens auf das gesamte Wertschöpfungsnetzwerk zu verstehen!

4.4.1.1 Anforderungen an eine Kooperation

Beim Supply Chain Management steht der Kunde bzw. der Kundennutzen im Vordergrund aller Überlegungen. Dabei ist eine ausgewogene Balance zwischen theoretisch möglicher und objektiv nachgefragter Leistung zu verwirklichen. Das lässt sich nur dann erreichen, wenn ineffiziente Aktivitäten innerhalb der gesamten Prozesskette verschwinden und Geld- und Zeitverschwendung soweit möglich vermieden wird.

Zwischen benachbarten Elementen des Wertschöpfungsnetzwerkes fließen Informationen, Materialien und Geld. Die verfügbaren Informationen sollten beim SCM-Ansatz nicht nur direkten Nachbarn, sondern allen Prozessbeteiligten (sofern sinnvoll) zur Verfügung stehen.

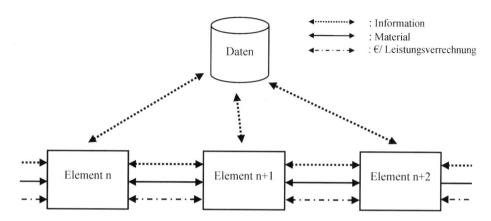

Bild 4-5 Systemgrößen der Supply Chain

4.4.1.2 Akteure im SCM-Netzwerk

In einem Wertschöpfungsnetzwerk ist gegebenenfalls eine Vielzahl von Akteuren tätig. Dazu zählen geordnet in Materialflussrichtung:

- Bergbauunternehmen
- Energieerzeuger
- Vorlieferanten
- Lieferanten
- Großhandel
- Logistik Dienstleister
- Fuhrunternehmen
- Speditionen
- Firmen als verlängerte Werkbank
- Ausgelagerte Unternehmen
- (mehrere) eigene Standorte des produzierenden Unternehmens
- Entsorgungs-, Recyclingunternehmen
- Distributionslager und Verteilzentren
- Groß- und Einzelhandel
- Endverbraucher
- Service-Partner
- Entsorgungsunternehmen.

4.4.2 Ausprägungen von Kooperationen

4.4.2.1 Intensität

Die Intensität der Zusammenarbeit kann unterschiedlich ausgeprägt sein. Nach [Wiendahl/ Dreher/Engelbrecht, S. 7] ist dabei zwischen einem/r

- Erfahrungsaustausch,

- Informationsaustausch,
- Abstimmung von Aufgaben und Funktionen,
- Verschmelzung von Aufgaben/Funktionen und
- Aufbau neuer gemeinsamer Funktionen

zu unterscheiden.

4.4.2.2 Bereichsbezogene Kooperation

Kooperationen können zwischen bestimmten Bereichen verschiedener Unternehmen praktiziert werden, beispielweise den Forschungs- und Entwicklungsabteilungen, der Beschaffung, dem Service oder aber auch über sämtliche Bereiche der betrachteten Unternehmen hinweg.

4.4.2.3 Formen der Kooperation

Kooperationen können zwischen

1. Unternehmen derselben Wirtschaftsstufe, z. B. Produktionsunternehmen einer Branche (horizontale Kooperation),

2. branchenfremden Unternehmen (diagonale Kooperation) oder

3. Unternehmen aufeinander folgender Wirtschaftsstufen, z. B. Lieferant, Hersteller, Handel (vertikale Kooperation),

vereinbart werden [www.wirtschaftslexikon24.net/d/kooperation/kooperation.htm].

- *Horizontale Kooperation:* Die Zusammenarbeit von Konkurrenten/Wettbewerbern in horizontaler Richtung reduziert den Konkurrenzdruck, schafft Größenvorteile, erhöht die Kapazität, so dass der Verbund eine stärkere Stellung im Wettbewerb hat. Ein typisches Beispiel ist der „Zusammenschluss" von rechtlich selbstständigen Bauunternehmen zur Abwicklung eines Großprojekts oder auch die Vereinbarung einer Einkaufskooperation.

- *Diagonale Kooperation:* Bei der diagonalen Kooperation arbeiten Unternehmen aus unterschiedlichen Branchen zusammen. Beispiele hierfür wären unter anderem das gemeinsame Betreiben eines Rechenzentrums oder auch einer Distributionsorganisation.

- *Vertikale Kooperation: Beim Thema SCM steht die Vertikale Kooperation im Vordergrund.* Hier arbeiten Unternehmen aufeinander folgender Wirtschaftsstufen z. B. Lieferant, Hersteller und Handel zusammen.

4.4.2.4 Dimension Abhängigkeit

- *Hierarchisch/pyramidales Netzwerk:* Bei einem hierarchisch/pyramidalen Netzwerk definiert ein Unternehmen, vor dem Hintergrund seiner Marktmacht, den Kern des Netzwerkes. Dieses Unternehmen dominiert aufgrund seiner Größe und Finanzkraft den Unternehmensverbund. Es bestimmt Form und Inhalt der Zusammenarbeit. Die anderen Kooperationspartner sind hingegen vom zentralen Unternehmen abhängig und haben sich dessen Zielsetzungen unterzuordnen. Das hierarchische Netzwerk gilt als typisch für die Automobilindustrie [Wiendahl/Dreher/Engelbrecht, S. 8].

- *Heterarchisch/partizipatives Netzwerk:* Bei heterarchisch/partizipativ ausgerichteten Kooperationen herrschen zwischen den Partnern relativ homogene, gegenseitige Abhängigkeiten. Die erforderlichen Entscheidungs- und Koordinationskompetenzen für bestimmte

Aufgaben werden einzelnen Partnern zugeordnet, wobei sich die Koordinationskompetenz an der Spezialisierung der Partner orientiert. Heterarchien werden allgemein als besser geeignet für den Umgang mit Unsicherheiten, Komplexität und Dynamik, als „baumartige" hierarchische Strukturen angesehen.

4.4.2.5 Dimension Dynamik

- *Strategisches/zeitlich stabiles Netzwerk:* In strategischen Netzwerken hat die, gegebenenfalls auch formell über Verträge, abgesicherte Bindung der Kooperationspartner eine längerfristige Ausrichtung. Sie zeichnen sich durch stabile Beziehungen zwischen einem relativ festen Kreis von Unternehmen aus. Strategische Netzwerke sind auf eine möglichst effiziente Organisation überbetrieblicher Arbeitsteilung und weniger auf die Bewältigung komplexer Aufgabenstellungen ausgerichtet [Wiendahl 2002, S. 121].

- *Virtuelles/zeitlich befristetes Netzwerk:* Idee eines virtuellen Netzwerkes ist es, dass sich unabhängige Unternehmen zu temporären, projektbezogenen virtuellen Organisationen zusammenschließen. Sie konfigurieren gemeinsam Ressourcen, Kernkompetenzen und Erfahrungen bei aufwändigen, komplexen, kundenspezifischen Aufträgen bzw. Dienstleistungen [Wiendahl 2002, S. 121].

4.4.2.6 Geographie und formale Dimension

- *Geographie:* Bei der geographischen Dimension ist zwischen regionalen, nationalen, EU-weiten und globalen Netzwerken zu unterscheiden. Bei internationalen Netzwerken sind spezifisch fiskalische und auch Probleme z. B. der Zollabwicklung zu lösen.

- *Formale Dimension:* Hier ist zu unterscheiden, ob der Kooperation eine schriftliche Formulierung/Fixierung zugrunde liegt oder nicht.

Tabelle 4.6 Zusammenfassung Kooperationen

Ausprägung/Merkmal	Eigenschaften
Intensität	Von gering bis hoch
Bereichsbezogene Kooperation	Forschungs- und Entwicklungsabteilungen, Beschaffung, Service, EDV
Form der Kooperation	Horizontal, diagonal, vertikal
Dimension Abhängigkeit	Dominanter Partner; gleichrangige Partner
Dimension Zeit	Zeitlich befristet, zeitlich stabil
Geographie und formale Dimension	Regional, BRD, EU, global mit oder ohne vertragliche Vereinbarungen

4.5   Referenzmodelle

4.5.1 Definition

Referenzmodelle bilden einen konzeptionellen Rahmen, d. h., sie sollen eine Orientierung für spezielle oder spezifische Modelle liefern (Metamodelle). Sie beziehen sich nicht auf einen konkreten Fall, sondern stellen eine problemübergreifende Modellierung dar und sind folglich allgemeiner und umfassender als spezielle Modelle, die einen konkreten Zusammenhang beschreiben und auf ein konkretes Ziel ausgerichtet sind. Referenzmodelle erheben damit den Anspruch der Allgemeingültigkeit und sind Ausgangspunkt für den Entwurf spezieller anwendungsbezogener Modelle [http://www.ebz-beratungs zentrum.de].

4.5.2 Das SCOR-Modell

Das *Supply-Chain-Operations-Reference-Modell* (SCOR) wurde in den USA vom Supply-Chain Council zur Beschreibung aller unternehmensinternen und -übergreifenden Geschäftsprozesse entwickelt. Die Idee einer Standard-Methode, die alle Gesichtspunkte einer Supply Chain (SC) beschreiben kann, stammt aus den 1990er Jahren [Poluha, S. 83].

Dem SCOR-Modell liegt die zentrale Einschätzung zugrunde, dass sich jeder Knoten eines Netzwerkes durch fünf Kernprozesse beschreiben lässt. Mit jedem der vier ausführenden Kernprozesse – *Beschaffen, Herstellen, Liefern* und *Rückliefern* – werden Materialien oder Produkte bearbeitet oder transportiert. Durch die Verbindung dieser Prozesse zu einer Kette werden Kunden-Lieferanten-Beziehungen definiert. Der fünfte Kernprozess, das *Planen*, befasst sich mit der Planung und Kontrolle von Angebot und Nachfrage im Netzwerk. Ziel ist eine Optimierung einerseits aus „lokaler" und andererseits aus „globaler" Sicht, nämlich der der gesamten Supply Chain (siehe Bild 4-6).

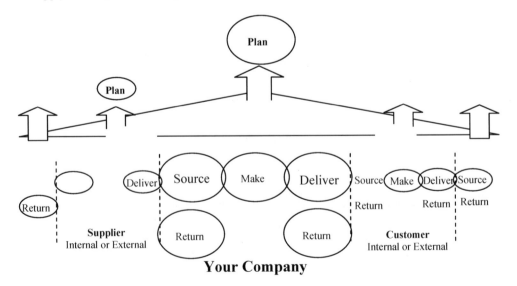

Bild 4-6 Orientierung des SCOR-Modells an fünf Kernprozessen [Supply-Chain Council: Supply-Chain
          Operations Reference-model, SCOR Overview, Version 8.0, S.3]

4.5.2.1 Kernprozesse

Planen (Plan, P) ist die geistige Ableitung von Handlungsschritten, die zum Erreichen eines zukünftigen Zieles notwendig scheinen. *Beschaffen* (Source, S) ist das Besorgen von materiellen oder ideellen Gütern. Der Kernprozess *Herstellen* (Make, M) beschäftigt sich mit dem Produktionsprozess im engeren Sinn. Dazu gehören beispielsweise Mengen- und Kapazitätsplanung, aber auch innerbetriebliche Transport- und Lagerungsprozesse. Das *Liefern* (Deliver, D) hat sich mit der Lagerung von Erzeugnissen, Verpackungs- und Transportprozessen zu befassen. Beim *Rückliefern* (Return, R) geht der Blick sowohl in Richtung des Materialflusses als auch in die dazu entgegengesetzte Richtung. Im einen Fall werden Prozesse behandelt, die sich mit Mengenströmen zurück zum Lieferanten beschäftigen. Im anderen Fall betrachtet man Prozesse, bei denen das Unternehmen selbst als Lieferant auftritt und gelieferte Erzeugnisse zurücknehmen muss.

4.5.2.2 Hierarchischer Aufbau des SCOR-Modells

Wie jedes hierarchische Modell zeichnet sich auch das SCOR-Modell durch eine stufenweise Dekomposition aus. Es beschreibt inhaltlich die drei obersten Modellebenen. Bild 4-7 beschreibt diesen Dekompositionsprozess. Die anschließenden Ebenen werden zwar angedeutet, sind aber bewusst nicht in der SCOR-Modell-Dokumentation enthalten. Sie sollen sich mit zunehmendem Detailierungsgrad und konkretem Bezug mit den unternehmensspezifischen Aufgaben, Tätigkeiten und Arbeitsanweisungen beschäftigen. Hintergrund ist der Anspruch des Supply-Chain-Council auf Branchenunabhängigkeit [Bolstorff/Rosenbaum/Poluha, S. 137].

Ebene 1: Kooperationsbasis

Auf der Ebene 1 werden für die *Kernprozesse* Grundsätze und Ziele formuliert.

Ebene 2: Konfiguration und Pflege der Supply Chain

Auf dieser 2. Ebene sind die Grundsätze und Ziele der Ebene 1 umzusetzen. Das heißt, es werden Materialflüsse, Prozess-Schritte und die zugehörige Organisation analysiert und als Basis von Sollabläufen dokumentiert. Die hier festgelegten Kennzahlen dienen der Leistungsmessung und -entwicklung [Kurbel, S. 354]. Hilfestellung liefert eine Unterteilung in sogenannte *Prozesskategorien.*

Ebene 3: Dekomposition der Prozesse

Schließlich werden diese Prozesskategorien auf Ebene 3 in *Prozesselemente (*Aufgaben und Aktivitäten) untergliedert und Input- und Output-Größen festgelegt.

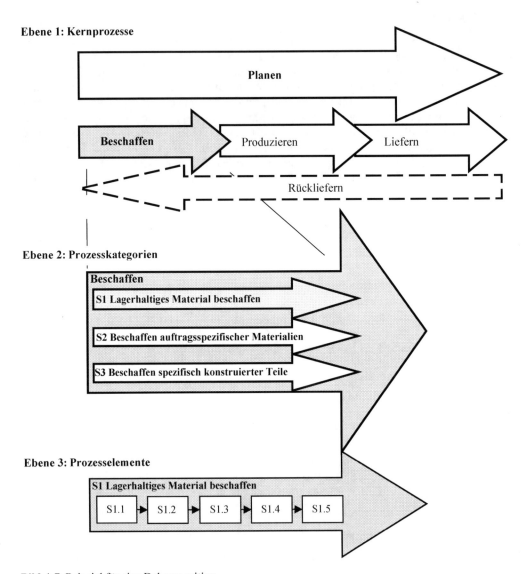

Bild 4-7 Beispiel für eine Dekomposition

4.5.2.3 Beispiel Beschaffen

Nachfolgend wird beispielhaft für den Prozess des Beschaffens (vgl. auch Bild 4-7) eine stufenweise Dekomposition skizziert:

- Ebene 1: Der Kernprozess Beschaffen beschreibt Aktivitäten und Regeln, die mit der Materialbeschaffung, dem Wareneingang und der Weiterleitung des Materials zusammenhängen. Er schließt bei neuen Produkten auch die Suche und Auswahl geeigneter Beschaffungsquellen ein. Managementaktivitäten, wie die Bewertung der Lieferanten, die Planung und Kontrolle des Umlauf- und Anlagevermögens, sowie der Verträge mit Lieferanten gehören zu den Managementaufgaben dieser Ebene [Kurbel, S. 356].

- Ebene 2: Der Kernprozess Beschaffen wird auf der Ebene 2 in drei Prozesskategorien aufgeschlüsselt. Diese beschreiben Klassen von Beschaffungsprozessen [Supply-Chain Council: Supply-Chain Operations Reference-model, SCOR Overview, Version 8.0, S.9]:
  - *Beschaffen auf Lager gefertigte Produkte* (Source Make-to-Stock Product, S1)
  - *Beschaffen auftragsbezogen gefertigter Produkte* (Source Make-to-Order Product, S2)
  - *Beschaffen sonderentwickelter und -gefertigter Produkte* (Source Engineer-to-Order Product, S3)

  Die obigen Prozesskategorien geben eine grobe Orientierung über die verschiedenen Möglichkeiten der Beschaffung von Rohmaterialien und Kaufteilen. Schlüsselgrößen für die Festlegung der Beschaffungskategorien sind die Planungs-, Herstellungs- und Lieferprozesse beim Lieferanten.

- Ebene 3: Auf der Ebene 3 werden die einzelnen Prozesskategorien der Ebene 2 in Prozesselemente aufgelöst. In Bild 4-8 ist das anhand der Prozesskategorie S1 (Beschaffen auf Lager gefertigte Produkte) beispielhaft dargestellt:

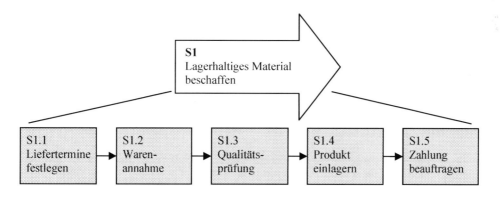

Bild 4-8 Beispielhafte Auflösung der Prozesskategorie S1 (auf Lager gefertigte Materialien beschaffen) in Prozesselemente der Ebene 3

4.5.2.4 Zusammenfassung SCOR-Modell

Das SCOR-Modell ist ein Prozess-Referenzmodell, das unter anderem für die effektive Kommunikation zwischen den Partnern steht. Es wird genutzt, um Supply-Chain-Konfigurationen zu beschreiben, zu messen und zu evaluieren. Idee ist es, Vorgaben in Form von Best-Practice-Erfahrungen zu liefern. Als Nachteil kann angesehen werden, dass man sich zunächst auf „Bekanntes" konzentriert. Das Modell zeichnet sich durch einen hierarchischen Aufbau mit schrittweiser Verfeinerung aus. Für die Ebenen 4 bis 6 liefert es keine Handreichungen. Diese Ebenen werden der unternehmensindividuellen Ausgestaltung überlassen. Tabelle 4.7 fasst wesentliche Gesichtspunkte des SCOR-Modells zusammen.

Tabelle 4.7 Gesichtspunkte des SCOR-Modells

Ebene	Beschreibung	Ordnungsbegriff	Kernprozesse	Notation
1	**Kooperations- basis**	Kernprozess	→ Planen → Beschaffen → Herstellen → Liefern ← Rückliefern	P S M D R
2	**Konfiguration der Supply Chain**	Prozesskategorie	→ Planen → Beschaffen → Herstellen → Liefern ← Rückliefern	P1, P2, P3, P4, P5 S1,S2, S3 M1, M2, M3, M4 D1, D2, D3 R1, R2, R3
3	**Dekomposition der Prozesse**	Prozesselement	→ Planen → Beschaffen → Herstellen → Liefern ← Rückliefern	P1.1-P1.n, P2.1-P2.n S1.1-S1.n, S2.1-S2.n M1.1-M1.n, M2.1-M2.n D1.1-D1.n, D2.1-D2.n R1.1-R1.n, R2.1-R2.n
↓ **Nicht Bestandteil des SCOR-Modells**				
4–6	Implementierung der Prozesse			

4.6 Optimierung

Es gibt eine Vielzahl unterschiedlichster Ansatzpunkte, um eine existente Supply Chain oder einen Supply-Chain-Management-Prozess zu verbessern.

4.6.1 Prozessoptimierung

Gegenstandsbereich der nachfolgenden Betrachtungen sind ausschließlich die Prozesse an den Schnittstellen zwischen den einzelnen Akteuren des Netzwerkes. Eine Verbesserung der innerbetrieblichen Prozesse wird, im Sinne des Themas Supply Chain Management, nicht behandelt.

Zwischen den einzelnen Knoten eines Netzwerkes werden Informationen, Materialien ausgetauscht und Leistungen verrechnet (siehe Bild 4-9).

Die Prozesse an den *Schnittstellen* müssen gemäß der generellen Zielsetzung (Qualität, Zeit, Flexibilität, Kosten) kundenorientierter, inhaltlich besser, sicherer, schneller und möglichst auch kostengünstiger werden. Es wird an dieser Stelle von zumindest drei möglichen Maßnahmenklassen ausgegangen, die die obigen Anforderungen unterstützen können:

1. Beseitigung von Engpässen,
2. Vereinfachung der Prozesse und
3. Automatisierung.

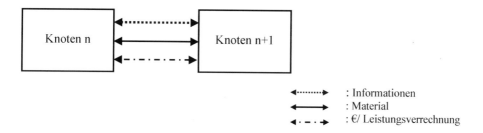

Bild 4-9 Beziehungsgeflecht Schnittstelle

Um auf mögliche Lösungsansätze hinzuführen, sei auch auf die folgenden pragmatischen Fragestellungen verwiesen:

- Kann der Durchlauf von Materialien beschleunigt werden?
- Kann der Informationsfluss beschleunigt werden?
- Werden Sicherheitsbestände zu ein und demselben Objekt mehrfach bevorratet?
- Wo werden (bei benachbarten Knoten) „Aktivitäten" mehrfach ausgeführt?
- Wodurch wird der Informationsfluss behindert bzw. gebremst?
- Kann der Daten-/Informationsaustausch automatisiert werden?

4.6.1.1 Beseitigung von Engpässen

Voraussetzung für einen optimierten und harmonisierten Materialfluss ist die Beseitigung von Engpässen nach dem Motto:

„Eine Kette ist immer nur so stark wie ihr schwächstes Glied bzw. ein Netzwerk nur so stark wie sein schwächstes Element."

Tabelle 4.8 Mögliche Engpässe in einer Supply Chain

Kapazitätsengpass	Technologieengpass	Qualitätsengpass	Informationsengpass
• Mitarbeiter	• Fehlende Technologie	• Ausführungsmängel	• Intransparenz
• Betriebsmittel	• Nicht beherrschte Technologie	• Prozesssicherheit	• Kommunikation
• Transport	nologie	• QS-System	• EDV
	• Technische Änderungen		

4.6.1.2 Schlanke Prozesse

An der Nahtstelle zwischen den einzelnen Knoten eines Netzwerkes ist eine Vielzahl von Prozessen relevant. Bild 4-10 zeigt einige dieser Prozesse. Es vergleicht die Realität (Realmodell) mit einem möglichen Idealmodell. Nachfolgend werden *bekannte* Ansätze diskutiert, die eine Annäherung an das Idealmodell unterstützen können.

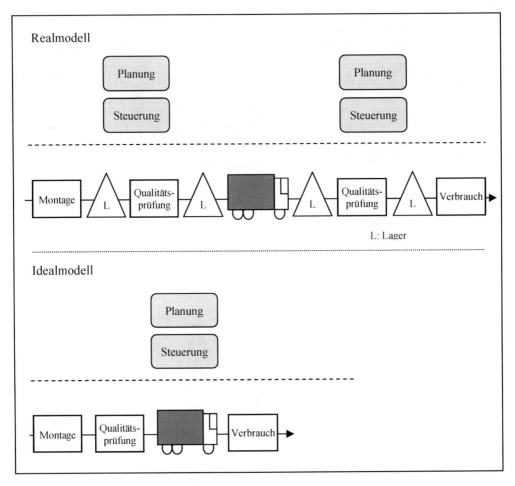

Bild 4-10 Vom Real- zum Idealmodell

Die Grundanforderung, schlanke Prozesse zu gestalten, gilt sowohl für den Informations- wie auch für den Materialfluss!

Ebene Informationsgewinnung/Planung

- *Efficient Consumer Response:* Beim Efficient Consumer Response (ECR) werden die Verbräuche automatisiert direkt beim Verkauf (Point of Sale) erfasst und unmittelbar an den Lieferanten und/oder vorgelagerte Warenlager übermittelt [Schuh, S. 555]. Die erfassten Daten dienen einerseits dazu, die notwendigen Nachlieferungen anzustoßen, und unterstützen andererseits die Planung zukünftiger Produktionsmengen, Werbemaßnahmen usw.

- *Collaborative Planning, Forecasting and Replenishment:* Beim Collaborative-Planning, Forecasting- and Replenishment-Ansatz (CPFR) geht es darum, eine gemeinsame Planung über Unternehmensgrenzen hinweg zu realisieren. Hierzu müssen alle Unternehmen in der

Lieferkette auf einen gemeinsamen Datenbestand zugreifen. Die Daten werden allen Teilnehmern auf einer elektronischen Plattform zur Verfügung gestellt [Schuh, S. 557].

Ebene Planung/Steuerung

- *Kanban in der Beschaffung:*

> Der Kanban-Ansatz beruht auf dem Supermarkt-Prinzip. Entnimmt ein Kunde die gewünschte Ware in einer entsprechenden Menge aus einem Regal, initiiert er damit einen Nachschub. Dieser Ablauf wird auf Fertigungs- oder Beschaffungsprozesse übertragen. Es entstehen selbststeuernde Regelkreise.

Der Anstoß einer Nachfertigung erfolgt mit Hilfe einer als Kanban bezeichneten Karte. Die Karte enthält wesentliche Informationen wie Teile-Ident, -bezeichnung, den internen Lieferanten, den internen Verbraucher, die Standardbehältermenge usw. Die vorgelagerte Fertigungsstufe stellt die angeforderte Menge her und füllt somit den Bestand der verbrauchenden Stelle wieder auf. Das gleiche Prinzip wird auch zwischen Kunden und Lieferanten angewendet. Anstelle der Kanban-Karte erhält der Lieferant die Bestellung im Regelfall in elektronischer Form.

Voraussetzungen für eine Kanban-Organisation sind neben einer möglichst schnellen und fehlerfreien Kommunikation:

- ein hinreichend hoher und möglichst konstanter Verbrauch und
- reaktionsschnelle und sichere Produktionssysteme beim Lieferanten.

Der Nutzen einer Kanban-Steuerung liegt einerseits in einer gezielten Bestandssteuerung/-limitierung und anderseits in einer Reduzierung bzw. im Wegfall des Planungsaufwandes im kurzfristigen Bereich (siehe hierzu auch Kapitel 3.9.2.2).

- *Just-in-Time-Anlieferung:*

> Der Begriff Just-in-Time bedeutet übersetzt: genau in der (richtigen) Zeit. Das heißt, dass Material und Leistungen exakt zum gewünschten Zeitpunkt, nicht früher und nicht später, beschafft und bereitgestellt werden sollen.

In der Literatur [Sommerer, S. 41 ff.] wird unterschieden zwischen

- Just-in-Time-Anlieferung und
- Just-in-Time-Produktion.

Bei der Just-in-Time-Anlieferung werden im Idealfall die Materialflussobjekte gemäß einer vom Kunden definierten Abrufliste direkt ans Band geliefert. Dabei versorgt der Kunde seinen Lieferanten ständig mit aktualisierten und fortgeschriebenen Informationen. Das heißt, der Lieferant erhält einerseits über einen langen Horizont Planzahlen mittlerer Qualität und anderseits im kurzfristigen Bereich Bedarfszahlen möglichst hoher Güte.

Beim JIT-Ansatz besteht der Nutzen für den Kunden darin, dass er keine Bestände bevorraten muss, für die Kosten anfallen.

- *Continuous Replenishment:*

> Beim Continuous Replenishment (CR) übernimmt der Lieferant oder Dienstleister die Verantwortung für den *Bestand* im Wareneingangslager des Kunden. Für jede betrachtete Teilenummer werden in Abstimmung mit dem Kunden ein Mindest- und ein Höchstbestand festgelegt. Spätestens mit dem Unterschreiten des Mindestbestands muss der Lieferant oder ein zwischengeschalteter Logistikdienstleister eigenständig den Bestand wieder bis maximal zum Höchstbestand ergänzen.

Beim CR liegt der Nutzen für den Kunden darin, dass er sich nicht regelmäßig mit den Themen Bestandsführung, Bestellung oder dem Auslösen von Kanban-Karten beschäftigen muss und sich auf seine Kernkompetenzen konzentrieren kann. Continuous Replenishment wird in der Praxis für die Bevorratung und Steuerung von unkritischen C-Teilen eingesetzt (Schrauben, Muttern, Unterlegscheiben usw.).

- *Vendor Managed Inventory:*

> Beim Vendor Managed Inventory (VMI) wird die Verantwortung für die Materialverfügbarkeit beim Kunden auf den Lieferanten übertragen. Das heißt, der Kunde löst sich neben der Bestands- (siehe CR) auch aus der Dispositionsverantwortung.

Dies ist nur möglich, wenn dem Lieferanten die notwendigen Informationen wie z. B. Lagerbestände, Produktionsprogramm, Werbeaktionen zur Verfügung stehen. Wie auch in den meisten anderen SCM-Konzepten bildet auch hier ein notwendiges Vertragswerk die Grundlage. Es müssen neben den Konditionen maximale und minimale Lagerbestände, Verantwortlichkeiten, Koordinationsprozesse, auszutauschende Daten, aber auch Maßnahmen bei Abweichungen und für den Eskalationsfall festgelegt werden. Auch der Lieferant hat davon Vorteile: Er muss nicht mehr reagieren, sondern kann selbstständig und abgestimmt auf die eigene Produktions- und Transportplanung agieren [Schuh, S. 560].

Tabelle 4.9 Zusammenfassung von Ansätzen zur Prozessoptimierung

Optimierungsansatz	Bewertung	Steuerung Push	Pull
KANBAN	Ein Verbrauch initiiert eine Nachlieferung, wenn ein definierter Bestand (Behälterfüllung) unterschritten wird. Bei diesem Verfahren entfällt der Aufwand für die kurzfristige Planung.		+
Just-in-Time	Im Idealfall werden die Materialien in der benötigten Reihenfolge direkt ans Band geliefert. Die Planungshoheit verbleibt beim Kunden.	+	

Optimierungsansatz	Bewertung	Steuerung	
		Push	Pull
Continuous Replenishment	Der Lieferant übernimmt in Abstimmung mit dem Kunden die Bestandsverantwortung für die beim Kunden geführten Materialien.		+
Vendor Managed Inventory	Für die Bestandsplanung und -führung beim Kunden ist der Lieferant verantwortlich.	+	+

4.6.1.3 Automatisierung

Der Ansatz Automatisierung bedeutet, dass möglichst viele Prozesse vorrangig des Informationsflusses und der Leistungsverrechnung ohne menschlichen Eingriff abzuwickeln sind, sofern das betriebswirtschaftlich begründbar ist. An den „Schnittstellen" zwischen den einzelnen Partnern einer Supply Chain müssen Informationen aktuell ausgetauscht werden und zeitnah zur Verfügung stehen. Hierfür gibt es grundsätzlich verschiedene Automatisierungs- bzw. Integrationsgrade (siehe Bild 4-11):

1. „händischer" Informationsaustausch (Mensch zu Mensch),
2. Informationsaustausch zwischen Mensch und Prozess und
3. durchgängig elektronischer Informationsaustausch von Prozess zu Prozess.

Gewünscht ist eine direkte Prozess-zu-Prozess-Kommunikation ohne Medienbrüche. Ein Medienbruch liegt vor, wenn bei einem Partner die Informationen in elektronischer Form vorliegen, der andere Partner diese Daten dann jedoch von Hand in eines seiner Systeme übertragen muss. Die Form der Datenübertragung spielt dabei keine Rolle. Sie kann telefonisch, per Fax, Mail, Internet usw. erfolgen.

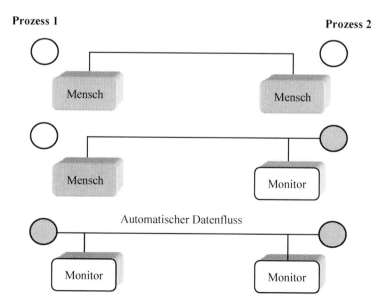

Bild 4-11 Automatisierungsgrade

4.6.2 Digitales Management von Geschäftsprozessen

An Organisationsgrenzen, also an der Schnittstelle zwischen verschiedenen Unternehmen weisen die traditionellen Prozesse in der Regel Medienbrüche auf. Informationen, die im Unternehmen in elektronischer Form vorliegen, werden oft auf „klassischem Weg", also telefonisch, per Mail, per Fax oder auch schriftlich, nach außen gegeben.

4.6.2.1 E-Business

> Zentraler Ansatz des Elektronic-Business (E-Business) ist es, Geschäftsbeziehungen digital zu organisieren. Dahinter verbirgt sich der Gedanke, alle Leistungen, die sich in digitaler Form erbringen lassen, auch entsprechend über das „Internet" abzuwickeln. Ziel ist die Vereinfachung und Beschleunigung der Geschäftsprozesse bei möglichst geringen Kosten. Bei E-Business-Prozessen handelt es sich jedoch um *keine* lückenlose oder durchgängige (Punkt-zu-Punkt-)Automatisierung.

Der Begriff E-Business wird in der Literatur uneinheitlich verwendet. Vielfach wird er mit „Online-Shopping" oder „Verkaufen über das Internet" (E-Commerce) gleichgesetzt. Dieses Verständnis ist zu eng gefasst. Wesentliche Elemente des E-Business sind die elektronische Abbildung von Geschäftsprozessen zwischen

- verschiedenen Unternehmen (Business-to-Business),
- Unternehmen und Kunden (Business-to-Consumer),
- Unternehmen und öffentlichen Verwaltungen (Business-to-Administration).

Tabelle 4.10 Bereiche des E-Business

Anbieter der Leistung	Nachfrager der Leistung		
	Consumer	**Business**	**Administration**
Consumer	Consumer-to-Consumer (C2C) z. B. Internet-Kleinanzeigenmarkt	Consumer-to-Business (C2B) z. B. Jobbörsen mit Anzeigen von Arbeitssuchenden	Consumer-to-Administration (C2A) z. B. Steuerabwicklung Privatpersonen
Business	Business-to-Consumer (B2C) z. B. Bestellung eines Kunden in einem Internet-Shop	Business-to-Business (B2B) z. B. elektronische Marktplätze	Business-to-Administration (B2A) z. B. Zollabwicklung von Unternehmen
Administration	Administration-to-Consumer (A2C) z. B. Abwicklung von Sozialleistungen	Administration-to-Business (A2B) z. B. Beschaffung öffentlicher Institutionen	Administration-to-Administration (A2A) z. B. Transaktionen zwischen öffentlichen Institutionen

Der Vollständigkeit halber sei noch der Bereich Business-to-Employee (B2E) betrachtet: Im Business-to-Employee-Bereich werden elektronisch unterstützte Beziehungen zwischen einem Unternehmen und seinen Mitarbeitern abgebildet. Dabei ist von einer Mitarbeiterzeitung über die Abwicklung von Urlaubsanträgen usw. vieles denkbar.

Die Motive für das E-Business sind verschieden, im Vordergrund steht das:

- Senken der Kosten (Kostenfokus),
- Erhöhen der Leistung (Leistungsfokus: Online-Kataloge usw.) und
- Steigern des Umsatzes (Umsatzfokus: zusätzliche Zielgruppen, Werbung usw.).

4.6.2.2 Strukturelle Aspekte des E-Business

Betrachtet man die Aufgaben des Handels, so sind das neben der Produktpräsentation, die Darstellung des Leistungsangebots, die Bevorratung und gegebenenfalls die Distribution. Besitzt der Kunde genügend Kenntnisse hinsichtlich der Produkte und deren Eigenschaften, ist der Handel als Leistungsanbieter hierfür nicht mehr notwendig. Aufgrund der Vielzahl von Informationen im Internet ist es dem Verbraucher oft möglich, sich diese selbst zu beschaffen. Auf eine Bevorratung beim Groß- und Einzelhandel kann bei einer schnellen und preisgünstigen Versand- und Distributionsabwicklung gegebenenfalls ebenfalls verzichtet werden. Hersteller vertreiben ihre Produkte vermehrt auch in kleinen Mengen über das Internet. Bei der individuellen Kundenberatung hat dagegen das Internet Schwächen [Lehner/Wildner/Scholz, S. 315].

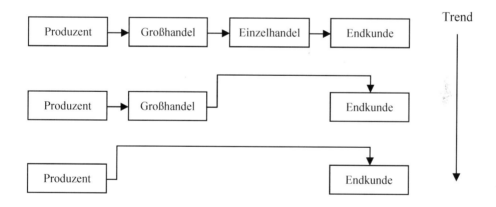

Bild 4-12 Strukturwandel als Folge des E-Business, in Anlehnung an [Lehner/Wildner/Scholz, S. 315]

4.6.3 Informationsmanagement

Dem Informationsmanagement werden alle Aufgaben in Bezug auf Information und Kommunikation zugerechnet. Ziel des Informationsmanagements ist es, alle Stellen eines Unternehmens auf wirtschaftliche Art mit den Informationen zu versorgen, die zum Erreichen der Unternehmensziele notwendig sind [Mertens, S. 197].

4.6.3.1 Informationen

„Informationen ersetzen Bestände.“

Wenn früher wenige Daten und Informationen zwischen den einzelnen Knoten eines Netzwerkes ausgetauscht wurden, sind es unter dem Anspruch eines Supply-Chain-Management-Ansatzes deutlich mehr geworden. Sie müssen möglichst aktuell allen autorisierten Akteuren zur Verfügung stehen.

Tabelle 4.11 Beispiele für Informationen im Supply-Chain-Netzwerk

Quelle	Bereitgestellte Daten
Kunde	<ul><li>Bedarfsvorhersagen</li><li>Bestände im Lager</li><li>Aufträge, Bestellungen</li></ul>
Lieferant	<ul><li>Produktionsaufträge aus dem PPS-System</li><li>Bestände im Fertigteillager</li><li>Bestände im Konsignationslager beim Kunden</li><li>Bestände im Warenversand</li></ul>
Logistikdienstleister	<ul><li>Transportaufträge, Ladelisten</li><li>Status einer Warensendung</li><li>Transitbestände</li><li>Bestände in Umschlaglagern</li></ul>
Hersteller	<ul><li>Bedarfsdaten (Prognosen, Kundenaufträge)</li><li>Status der Bestände</li><li>Ware in Arbeit</li><li>Bestände an Fertigerzeugnissen</li><li>Bestände in Konsignationslagern</li><li>Bestände im Versand</li><li>Sicherheitsbestände</li></ul>
Statusmeldungen	Systemquittierungen, z. B. Warenübernahme im Versand des Lieferanten oder Warenübergabe beim Kunden

4.6.3.2 Technische Gesichtspunkte der Kommunikation

Die nonverbale oder beleglose Übertragung von Daten des Geschäftsverkehrs eröffnet vollkommen neue Möglichkeiten der Kommunikation.

Grundlagen des Internets

Das Internet umfasst weltweit Einzelrechner und Einzelnetze, die miteinander verbunden sind und auf der Grundlage der TCP/IP-Protokollfamilie (Transmission Control Protocol/Internet Protocol) miteinander kommunizieren. Dabei kann die Kommunikation völlig unabhängig von den verwendeten Betriebssystemen und Netzwerktechnologien erfolgen. TCP/IP ist paketorientiert; d. h., der zu übertragende Datenstrom wird vom Sender in einzelne Datenpakete unterteilt. Der Empfänger setzt diese dann wieder zusammen. Um das korrekte Wiederzusammensetzen zu ermöglichen, enthält jedes Datenpaket Angaben wie Sender, Empfänger und Datenfelder, die die Reihenfolge der Pakete eindeutig identifizieren. Die Identifikation und Adressierung der einzelnen Rechner im Internet erfolgen über eindeutige IP-Nummern (Internetprotokoll) [Becker/Uhr/Vering, S. 159 ff.].

Electronic Data Interchange

Das Konzept des Electronic Data Interchange (EDI) ermöglicht den automatisierten Informationsaustausch zwischen verschiedenen Unternehmen bzw. deren Prozessen, ohne dass Medienbrüche auftreten. EDI wird seit den 1980er Jahren praktiziert. Treiber war hier vorrangig die Automobilindustrie. EDI besteht unter anderem aus den beiden Bausteinen Kommunikations- und Konvertierungssystem:

- Das Kommunikationssystem arbeitet mit Protokollen. Als technische Grundlage für eine „Punkt-zu-Punkt"-Anbindung zwischen den Partnern dient eine Mailbox. Die Zugangsberechtigung zur Mailbox kann an interne und externe Nutzer vergeben werden.

- Mittels eines Konvertierungssystems wird die Standardisierung der Daten sichergestellt. Konvertierungssysteme können beispielsweise über Schnittstellen mit ERP-Systemen verbunden werden, um eine automatische Umsetzung der übertragenen Daten zu realisieren.

Die für kleine und mittelständische Unternehmen hohen Einführungskosten haben dazu geführt, dass EDI dort die entscheidende Marktdurchdringung nicht gelang. Als EDI entstand, waren die Bandbreiten in den Netzen einerseits beschränkt und andererseits teuer. Daher sind EDI-Dokumente komprimiert und nutzen Codes. Da einer EDI-Nachricht alle Metadaten fehlen, ist sie schwer zu verstehen. Es kostet viel Zeit, mögliche Fehler aufzuspüren. Hat ein Unternehmen viele verschiedene Geschäftsbeziehungen, machen sich die EDI-Grundprobleme deutlich bemerkbar [EDI und XML im Vergleich, http://www.tecchannel.de].

Extensible Markup Language

Im Gegensatz zur EDI-Nachricht kann eine XML-Nachricht (Extensible Markup Language) beinahe „jeder" lesen. Die einfache Struktur der Sprache erleichtert es, XML-Anwendungen zu verstehen und zu warten. Die Anwendungen sind deshalb im Vergleich zu EDI preiswerter bei Betrieb und Wartung [EDI und XML im Vergleich, http://www.tecchannel.de].

Extensible Markup Language ist eine weltweit eingesetzte, branchenunabhängige Metasprache zur Darstellung hierarchisch strukturierter Daten. XML wird unter anderem für den Austausch von Daten zwischen Computersystemen eingesetzt, speziell über das Internet. Ein XML-Dokument ist medien- und plattformneutral. Diese neutrale Form von XML-Dokumenten macht seinen Hauptnutzen aus [Brockhaus, Fachlexikon Computer].

4.6.4 SCM-Controlling

Unter SCM-Controlling werden Aufbau und Pflege eines Systems zur Bewertung und Weiterentwicklung von Effektivität und Effizienz von Strukturen, Organisation, Prozessen und Ressourcen der gesamten Supply Chain verstanden. Während der Begriff Effektivität das Verhältnis Zielerreichung zu Zielvorgabe ausdrückt, stellt Effizienz das Verhältnis von Input zu Output dar.

4.6.4.1 Zielsystem

Die Erfüllung von Kunden- und Unternehmenswünschen setzt eine ganzheitliche Betrachtung der einzelnen Prozesse voraus. Zwei Zielrichtungen stehen dabei im Vordergrund, zum einen die Leistungen und zum anderen die Kosten. Das Leistungsvermögen einer Lieferkette drückt sich beispielsweise in kurzen Lieferzeiten und/oder einem hohen Servicegrad (pünktliche und vollständige Lieferung) aus. Die Kosten in der Lieferkette werden unter anderem von der Auslastung der Ressourcen, den Beständen in der Lieferkette, den Transaktionskosten beeinflusst.

Aus der Perspektive der Effizienz lassen sich unter anderem die folgenden SCM Leistungs- und Kostenziele ableiten:

Tabelle 4.12 Beispiele für Leistungs- und Kostenziele

Leistungsziele	Kostenziele
• Qualität der Kooperation • Qualität von Planzahlen • Vollständigkeit von Lieferungen • Kurze Lieferzeiten • Termineinhaltung • Mengenflexibilität • Sortenflexibilität	• Niedrige Bestände • Kurze Durchlaufzeiten • Gleichmäßige Ressourcenauslastung • Geringe Prozesskosten

4.6.4.2 Anforderungen an ein SCM-Controlling-System

Um einen permanenten Verbesserungsprozess zu aktivieren und am Leben zu erhalten, ist es zwingend notwendig, ein geeignetes SCM-Controlling-System zu etablieren. Für den Aufbau und Betrieb sind nach Hellingrath [http://www.enzyklopaedie-der-wirtschaftsinformatik, Supply Chain Performance Measurement] unter anderem die folgenden Aufgaben auszuführen:

- Festlegung der Leistungsziele der Supply Chain,
- Definition der *Kennzahlen* zur Beschreibung und Bewertung der Leistungsziele,
- Bestimmung von Art und Weise der Datenerhebung,
- Festlegung von Messzyklen,
- Pflege der Kennzahlen sowie
- Reporting der Kennzahlen (Berichtswesen).

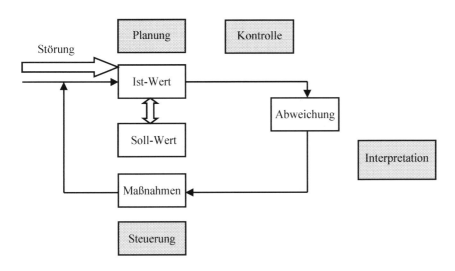

Bild 4-13 Regelkreis des Controlling [Steinmüller/Hering/Jórasz, S. 281]

4.6.4.3 Kennzahlen

Aus den obigen Leistungs- und Kostenzielen werden Kennzahlen abgeleitet. Eine Verbesserung organisatorischer und informationstechnischer Prozesse lässt sich an verschiedenen Kennzahlen und deren Entwicklung ablesen. Eine häufig verwendete Kennzahl ist beispielsweise die Durchlaufzeit von Aufträgen. Eine Optimierung [Schuh, S. 299] der Durchlaufzeit ist dabei sowohl für eine einzelne lokale Organisationseinheit als auch übergreifend für mehrere Organisationseinheiten möglich.

Tabelle 4.13 Beispiele für Kennzahlen

Leistungs- und Kostenziele	Kennzahl (Beispiele)
Qualität der Kooperation	Skalierung
	Entwicklung
Qualität der Planzahlen	Trend
	Abweichung Plan/Ist
Servicegrad	Fehlerquote
	Termineinhaltung
	Vollständigkeit
Lieferzeit	Durchschnitt
	Standardabweichung
Durchlaufzeit	Durchlaufzeit Gesamtprozess, Mittelwert
	Standardabweichung

Leistungs- und Kostenziele	Kennzahl (Beispiele)
Bestände	Umschlagskennzahl
	Bestandshöhe
	Bestandswert
Ressourcenauslastung	Prozentual
	Standardabweichung
Kosten	Transportkosten
	Kosten Infrastruktur
	Transaktionskosten

4.6.4.4 Zusammenfassung SCM-Controlling

Ziel des SCM-Controlling ist es, permanent Effektivität und Effizienz der gesamten Supply Chain in Frage zu stellen und weiter zu entwickeln. Ein regelmäßiger Abgleich von Plan- und Ist-Daten ist die Basis weiterer zielgerichteter Verbesserungsmaßnahmen. Im Prinzip werden im Rahmen des SCM letztendlich viele der Kennzahlen einer lokalen Betrachtung verwendet. Um eine Kennzahlen-Inflation zu verhindern, ist hier eine Beschränkung zwingend notwendig. Die Kennzahlen müssen für das Netzwerk definiert und kommuniziert werden.

4.7   Advanced Planning and Scheduling

In Kapitel 3 wurde ausführlich die Funktionalität der klassischen ERP-Systeme behandelt. *APS-Systeme* (Advanced Planning and Scheduling) sind als Antwort auf Anforderungen durch das Thema Supply Chain Management zu verstehen.

4.7.1 Ausgangssituation

Der APS-Ansatz verfolgt im Wesentlichen zwei Ziele:

1. Ablösung bzw. Ergänzung und Optimierung der mit Mängeln behafteten konventionellen ERP-Methoden und Systeme. Die Methoden und die verwendete Technik sind hier zum Teil älter als 30 Jahre. Als Schwächen werden [siehe Hoppe, S.18; Kuhn/Hellingrath, S. 127 ff.; Busch/Dangelmaier, S. 175 ff.] vorrangig die folgenden Punkte wahrgenommen:

   – Trennung von Mengen- und Terminplanung,
   – statische Vorlaufzeiten,
   – Planung gegen unbegrenzte Kapazitäten (Mengenplanung),
   – schlechte Kapazitätsnutzung,
   – begrenzte zeitliche Granularität (Tag),
   – Planungsläufe dauern lange, damit zum Teil mangelhafte Datenaktualität u. a. m.

2. Unterstützung des SCM-Ansatzes durch Methoden und Funktionen, die eine logistische Planung und Steuerung auch *über* Standort-/Konzerngrenzen hinweg ermöglichen.

4.7.2 Modell eines APS-Systems

Unter dem Begriff Advanced Planning and Scheduling (APS) ist eine Reihe von Erweiterungen und Verbesserungen der ERP-Funktionalität sowie zusätzlicher zwischen-betrieblicher Funktionen zusammengefasst. Man trifft hier sowohl auf leistungsfähige Methoden für konventionelle PPS-Aufgabenstellungen als auch für spezifische SCM-Aufgaben zum Planen, zum Visualisieren in Lieferanten-Abnehmer-Netzwerken u. a. m.

Nach Kurbel [S. 367 ff.] zeichnen sich APS-Systeme, im Vergleich zu ERP-Systemen, durch folgende Merkmale aus:

- ausgeprägte Modellierungsmöglichkeiten,
- Orientierung an Engpässen,
- simultane Berücksichtigung von Restriktionen: Material, Kapazitäten, Vorrichtungen usw.
- leistungsfähige Algorithmen,
- komplexe Datenstrukturen,
- Möglichkeiten des Pegging (darunter ist die Verknüpfung eines Kundenauftrags hin zu den abgeleiteten Fertigungs-, Beschaffungs- und Transportaufträgen zu verstehen),
- Simulationsmöglichkeiten für unterschiedliche Produktions- und Lieferszenarien und
- Schnittstellen zu ERP-Systemen.

APS-Funktionen sind auf die Planung in nur einem Unternehmen, aber auch auf netzwerkbezogene Sachverhalte in einem vorrangig internen Netzwerk (Konzern) ausgerichtet. Anbieter von APS-Systemen sind beispielsweise SAP®, ORACLE, I2.

4.7.2.1 Planungsfunktionalität im Detail

Nach Kurbel [S. 367–369] und Stadler/Kilger [S. 109–115] beinhaltet eine APS-Lösung Module, die eine Bearbeitung von lang-, mittel- und kurzfristigen Planungsaufgaben unterstützen. Das sind im Einzelnen (siehe Bild 4-14):

Langfristige Planung

Die *strategische Netzwerkplanung* hat vorrangig die Modellierung und Visualisierung des Netzwerkes zum Ziel. Es werden z. B. Beschaffungs-, Produktions- und Distributionsknoten festgelegt.

Mittelfristige Planung

- *Netzwerkbezogene Absatzplanung:* Die netzwerkbezogene Absatzplanung unterstützt die Ermittlung von Nachfragemengen und -terminen für die verschiedenen Enderzeugnisse. Hierzu steht einerseits eine Vielzahl von Prognosemethoden zur Verfügung, andererseits sollen Informationen über die Markt-/Absatzentwicklung der verschiedenen Vertriebsorganisationen gesammelt und konsolidiert werden können.

- *Netzwerkbezogene Hauptproduktionsprogrammplanung:* Die netzwerkbezogene Hauptproduktionsprogrammplanung legt bei mehreren Produktionsstandorten die im Netz herzustellenden Sorten und Mengen fest. Dabei werden die benötigten und verfügbaren Kapazitäten berücksichtigt.

- *Unternehmensbezogene Produktionsprogrammplanung:* Die unternehmensbezogene Produktionsprogrammplanung löst das obige Programm (Hauptproduktionsprogramm) in ein unternehmensspezifisches Produktionsprogramm auf.

- *Unternehmensbezogene Materialbedarfsplanung:* Die unternehmensbezogene Materialbedarfsplanung entspricht der konventionellen deterministischen Materialbedarfsplanung.

- *Netzwerkbezogene Distributionsplanung:* Die Funktion netzwerkbezogene Distributionsplanung verteilt die produzierten Mengen auf die verschiedenen Distributionsstandorte.

Kurzfristige Planung

- *Netzwerkbezogene Auftragsbearbeitung:* Die Funktion netzwerkbezogene Auftragsbearbeitung beschäftigt sich unter anderem mit dem Thema Verfügbarkeitsprüfung oder Machbarkeitsprüfung im (internen) Netzwerk. Dabei wird versucht, den vorgeplanten und zum Teil bereits gefertigten Materialflussobjekten echte Kundenaufträge zu zuweisen.

- *Unternehmensbezogene Produktionsfeinplanung:* Von der unternehmensbezogenen Produktionsfeinplanung können beispielsweise Fertigungsaufträge unter besonderer Beachtung von Engpässen ermittelt werden.

- *Netzwerkbezogene Transportplanung:* Die Funktion Netzwerkbezogene Transportplanung schließlich hat das Transportaufkommen im Netz zu planen, zu koordinieren und zu optimieren.

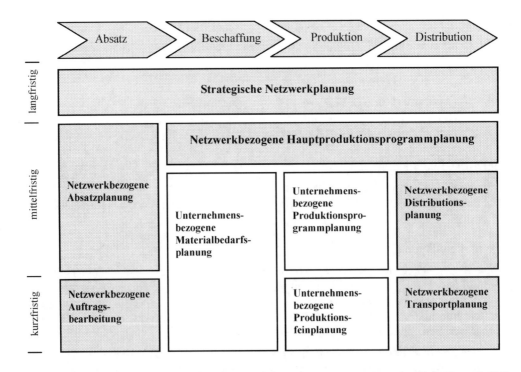

Bild 4-14 Supply-Chain-Planungsmatrix, in Anlehnung an [Kurbel, S. 368] und [Stadler/Kilger, S. 109]

4.7.3 Realisierung und Integration

APS-Systeme wollen und können die klassischen ERP-Systeme *nicht* ablösen. Sie stellen vielmehr eine Ergänzung bzw. Erweiterung dieser Systeme dar. Dabei bleibt das ERP das führende System. Eine Begründung dürfte sein, dass eine kurz- und mittelfristige Ablösung der vorhandenen ERP-Infrastruktur in den Unternehmen nicht wirtschaftlich ist.

Das nachfolgende Bild 4-15 macht deutlich, dass ein APS-System (1:n-Beziehung) standort-übergreifend mit mehreren lokalen ERP-Systemen verknüpft werden kann. Dadurch wird eine Gesamtplanung über z. B. mehrere Werke hinweg möglich.

Die Kommunikation zu Lieferanten- und Kunden-Systemen findet automatisiert über soge-nannte „Collaboration"-Schnittstellen statt. Diese Zusammenarbeit über Systemgrenzen hin-weg wird durch die sogenannte Middleware unterstützt. Middleware bezeichnet in der Informa-tik anwendungsneutrale Programme, die zwischen verschiedenen Anwendungen vermitteln [Pawellek, S. 107–108].

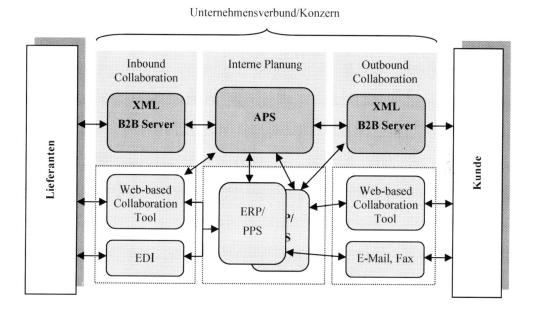

Bild 4-15 Beispielhafte Integration, in Anlehnung an [Busch/Dangelmaier, S. 448 ff.]

4.7.4 Beispiel: Advanced Planner and Optimizer

APO® (Advanced Planner and Optimizer) ist ein „APS-Produkt" des Marktführers SAP®. Es ist nicht identisch mit dem unter Kapitel 4.7.2 allgemein formulierten Modell, deckt aber große Teile davon ab und geht in Teilen auch darüber hinaus. APO ist als „Rucksack" auf ERP-Sys-teme aufgesetzt, idealerweise auf SAP R/3® bzw. SAP ECC® (ECC ist die Weiterentwicklung von R/3).

Handelt es sich bei dem ERP-System um SAP ECC®, findet die Integration über eine sogenannte CIF-Schnittstelle (Core Interface) statt. Dabei bleibt das ERP-System das führende
System. Die hohe Performance der APO-Systeme wird durch ein besonderes technisches Kon-
strukt, den sogenannten LiveCache, erreicht. Er ist vergleichbar mit einem großen Hauptspei-
cher, in dem alle für die Planung relevanten Daten sofort zur Verfügung stehen.

4.7.4.1 Stamm- und Bewegungsdaten

APO arbeitet mit sogenannten Produktionsdatenstrukturen (PDS). Eine PDS beschreibt sowohl
den zur Herstellung eines Erzeugnisses benötigten Materialfluss als auch den zugehörigen
Fertigungsprozess. Es handelt sich damit um eine Kombination aus Stückliste und Arbeitsplan.

Produktionsdatenstrukturen können direkt bei der Übernahme der ERP-Stammdaten über die
CIF-Schnittstelle generiert werden. Bei der Übertragung der Stammdaten (in der Regel Initial,
d. h. auf Anstoß) werden teilweise Umsetzungen bzw. Umbenennungen durchgeführt, insbesondere (siehe Bild 4-16):

- Werk, Distributionszentrum, Kunde, Lieferant werden zu Lokationen mit Lokationstyp:
  Werk, Distributionszentrum, Kunde, Lieferant.
- Aus Materialien werden Produkte.
- Aus Arbeitsplätzen und Kapazitäten werden Ressourcen.

Bewegungsdaten wie beispielsweise Bestandsinformationen werden dagegen in der Regel in
Echtzeit übertragen.

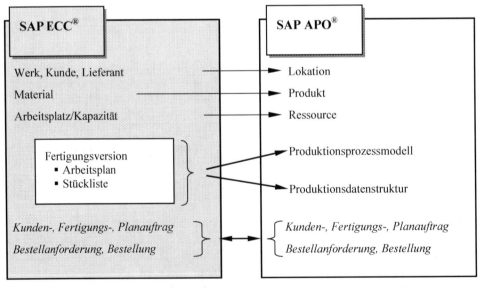

Bild 4-16 Datenübertragung ECC → APO [Quelle: SAP®]

4.7.4.2 Wichtige APO-Funktionen im Detail

Auf der Planungsebene (siehe Bild 4-17) setzt sich APO im Wesentlichen aus den folgenden vier Komponenten zusammen:

1. Absatzplanung (Demand Planning, DP),

2. Werksübergreifende Planung (Supply Network Planning, SNP),

3. Produktions- und Feinplanung (Produktion Planning/Detailed Scheduling, PP/DS) und

4. Globale Verfügbarkeitsprüfung (Available-to-Promise, ATP).

Absatzplanung (Demand Planning, DP)

Die Absatzplanung dient der Abschätzung der zukünftigen Bedarfsentwicklung. Basis sind in der Regel Verkaufs- oder Verbrauchswerte aus der Vergangenheit. Die Daten können aus unterschiedlichsten Quellen stammen. Sie müssen konsolidiert und interpretiert werden. Zur Unterstützung der Planung steht eine Vielzahl verschiedener Prognose-Algorithmen zur Verfügung. Bei neuen Produkten können Analogien (Nachfrageverlauf, Produktlebenszyklus) zu bereits am Markt verfügbaren Produkten gezogen werden.

Der Prozess der Absatzplanung wird durch die sogenannte Planungsmappe unterstützt. Planungsmappen ermöglichen eine interaktive Entwicklung des Absatzplans, wobei unterschiedliche Szenarien entwickelt werden können. Mit der Auswahl und Freigabe eines Absatzplans stehen dann die Planzahlen den nachfolgenden Planungsprozessen SNP und PP/DS zur Verfügung. Die Absatzplanungsdaten sind in der Regel periodenorientiert und restriktionsfrei. Im Vergleich zur ERP-Absatzplanung besitzt der Modul DP einen methodisch und bezüglich der Interaktion weiter entwickelten Funktionsumfang.

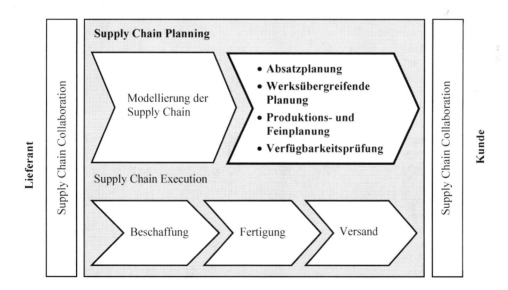

Bild 4-17 Überblick SAP APO® Planung, in Anlehnung an [Hoppe 2007, S. 22]

Werksübergreifende Planung (Supply Network Planning, SNP)

Die Anwendungskomponente Werksübergreifende Planung unterstützt die verdichtete Planung von Produktions-, Beschaffungs- und Distributionsplänen im *Konzernverbund*. Hier wird der *grobe* mengenmäßige und terminliche Produktionsprozess und Materialfluss festgelegt.

Bei dieser Planung wird mit mittlerer Genauigkeit für einen lang- bis mittelfristigen Horizont gearbeitet. Das bedeutet, dass die zeitliche Granularität von minimal einem Tag (Time-Bucket) nicht unterschritten wird. Engpassressourcen werden als Restriktion berücksichtigt.

Produktions- und Feinplanung (Produktion Planning/Detailed Scheduling, PP/DS)

Die Abkürzung PP/DS steht für Production Planning and Detailed Scheduling, was mit Produktions- und Feinplanung übersetzt werden kann [Balla/Layer; S. 21ff.]. Ziele und zum Teil auch die Methoden entsprechen in etwa denen der Materialbedarfsplanung und Zeitwirtschaft der klassischen ERP-Systeme. Es sollen machbare (SAP: konsistente) Aufträge gebildet werden. Im Rahmen der PP/DS-Planung wird, im Gegensatz zu DP und SNP *lokal* nur für ein (bestimmtes) Produktionswerk geplant!

Die originären Bedarfe stammen aus der Absatzplanung, die groben SNP-Aufträge werden im heute nahen Bereich gelöscht und durch exakter ermittelte PP/DS-Aufträge ersetzt (siehe unten).

- *Produktionsplanung:* Im Rahmen einer (konventionellen Deterministischen) Materialbedarfsplanung werden, ausgehend von den Terminen der Primärbedarfe, die Liefertermine für die benötigten Erzeugnisse, Baugruppen und Einzelteile ermittelt (Planbedarfe). Bei der Stücklistenauflösung ergeben sich gegebenenfalls Nettobedarfe und damit auch Losgrößen. Die anschließende Terminierung generiert Fertigungsaufträge auf Basis der Arbeitspläne.

- *Feinplanung:* Aufgabe der Feinplanung ist es „sicherzustellen", dass die geplanten Fertigungsaufträge termingerecht realisiert werden. Das Problem kann außerordentlich komplex sein, da ein einzelner Arbeitsplatz von vielen Aufträgen zu unterschiedlichen Enderzeugnissen in Anspruch genommen werden kann! In der Praxis beschränkt man sich deshalb auf die Betrachtung möglichst weniger *Engpassressourcen* [Balla/Layer, S. 27]. Die Feinplanung kann automatisch unter Verwendung von zur Verfügung stehenden Heuristiken oder auch interaktiv mit Unterstützung der sogenannten Feinplanungstafel erfolgen. Bei den oben angesprochenen Heuristiken wird beispielsweise versucht, die Rüstreihenfolge auf einer Engpassressource zu optimieren. Bei der expliziten Einplanung von Aufträgen bzw. einzelner Arbeitsvorgänge auf Engpassressourcen kann es zwangsläufig zu Terminverletzungen kommen. Findet eine Verschiebung in Richtung Zukunft statt, kommt es zu einer Verzögerung des Liefertermins. Eine Verschiebung nach vorne in Richtung Heutelinie ist nur eingeschränkt möglich. In beiden Fällen muss mit einer erneuten partiellen Materialbedarfsplanung und Kapazitätsplanung reagiert werden.

Die Planung der Aufträge im Modul PP/DS weist im Vergleich zu einer Planung in einem ERP-System folgende Fortschritte auf [Quelle: SAP]:

- Möglichkeit einer uhrzeitgenauen Bedarfsplanung auch für Sekundärbedarfe,
- mehrstufige Material- und Kapazitätsverfügbarkeitsprüfung für einzelne Kundenaufträge,
- mehrstufige Vorwärtsterminierung ausgewählter Kundenaufträge,

- Optimierungsverfahren im Rahmen der Feinplanung (Minimierung von Rüstzeiten, Minimierung von Rüstkosten, Minimierung von Terminverzügen, Auswahl alternativer Ressourcen usw.) und
- Ausgabe dynamischer Ausnahmemeldungen.

Verfügbarkeitsprüfung (Available-to-Promise, ATP)

Mit Hilfe der Anwendungskomponente Available-to-Promise (ATP) sollen schnelle und zuverlässige Lieferterminaussagen möglich sein. Es wird geprüft, wann ein konkreter Kundenauftrag frühestens erfüllt werden kann.

Als globale Verfügbarkeitsprüfung (global ATP) wird eine unternehmensübergreifende Überprüfung bezeichnet, die in Supply-Netzwerken erforderlich sein kann. Während sich die *einfache* Prüfung (lokal ATP) nur auf die lokal vorhandenen Informationen bezieht, erstreckt sich ein *global ATP* auf die Daten mehrerer Knoten im Netzwerk [Kurbel, S. 378]. Es sind grundsätzlich eine Vielzahl verschiedener Prüfungen denkbar:

- Beschränkt sich die Prüfung auf einen Lager- oder Produktionsort oder sind Querlieferungen zu anderen Lokationen zu berücksichtigen?
- Findet die Prüfung auf physisch vorhandene und freie Bestände (statische Betrachtung) oder auch auf geplante Bestände unter Berücksichtigung von Zu- und Abgängen (dynamische Sicht) statt?
- Gelten Reservierungen als festgeschrieben oder kann umreserviert werden?
- Erfolgsprüfung nur auf Fertigerzeugnisse oder auch auf die Verfügbarkeit von Baugruppen bis hin zum fremdbezogenen Teil?
- Wird die Möglichkeit in Betracht gezogen, fehlende Erzeugnisse bis zum zugesagten bzw. zuzusagenden Termin zu produzieren?
- Ist auch die Verfügbarkeit von Kapazitäten (einstufig, mehrstufig) abzufragen?

4.7.4.3 Kooperative Planung

Mit Hilfe des Internets oder verwandter Technologien wie XML können unternehmensübergreifend (zwischen Herstellern, Händlern und Kunden) Prognosezahlen, Materialbedarfe, Bestände oder andere Daten angezeigt, geändert und eingegeben werden. Mit APO bzw. dem Baustein SAP APO-CPL® (Collaborative Planning) gibt es zwei Klassen von Datentransfers [Hoppe, S.185ff.]:

- Manueller Datentransfer mit der Möglichkeit der Datenpflege über eine Browserschnittstelle. Vom Nutzer ist lediglich ein Internetzugriff (mit der entsprechenden Berechtigung) über einen konventionellen Browser notwendig. Hierfür wird die SAP-Middleware-Technologie für Internetanwendungen, der SAP Internet Transaction Server® (IST), verwendet.
- Automatischer Datentransfer mit einer Eingangs-/Ausgangsschnittstelle zum Transfer von Daten über EDI und XML. Dies wird über die SAP-Middleware-Technologie gesteuert.

4.7.4.4 Szenarien

Je nach gewünschter oder benötigter Funktionalität sind unterschiedliche Kopplungen zwischen den Systemen SAP ECC® und APO® denkbar, beispielsweise [Quelle: SAP®]:

1. Absatzplanung mit APO® und Weitergabe der Planzahlen an SAP ECC®. Das ist die klassische Einstiegsvariante.
2. Absatzplanung, Werksübergreifende Planung und Produktions- und Feinplanung in APO®. Die geplanten Aufträge werden dann in SAP ECC® verwaltet und durchgesetzt.

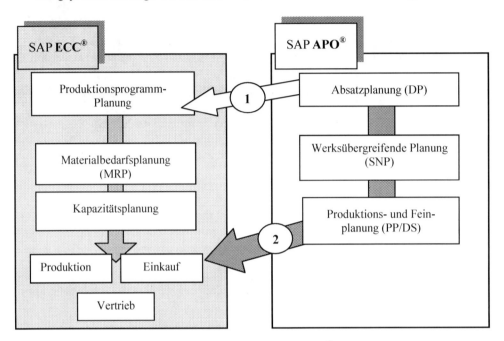

Bild 4-18 Zusammenspiel (Szenarien) ECC ↔ APO [Quelle: SAP®]

4.7.4.5 Zusammenfassung Advanced Planning and Scheduling

Die Absatzplanung (DP) hat die Aufgabe, eine „Einschätzung" hinsichtlich der zukünftigen Nachfrageentwicklung zu entwerfen.

Die Werksübergreifende Planung (SNP) sorgt dafür, dass zukünftige Kundenaufträge befriedigt werden können. Hierzu werden die Produktionsmengen der verschiedenen Werke, die Bestände im Netzwerk und die Bestellmengen bei den Lieferanten grob festgelegt. Die Planung berücksichtigt Engpassressourcen als Restriktion. Im SNP findet die Planung grundsätzlich vergröbert auf Basis sogenannter Zeit-Töpfe (Time-Bucket) statt.

Der PP/DS-Planungsprozess findet werksbezogen für den heute nahen Bereich statt. Ziel ist eine detaillierte und zeitgenaue Entwicklung von Plan- bzw. Fertigungsaufträgen. Der PP/DS-Horizont ersetzt den SNP-Horizont im Bereich nahe der Heutelinie. Die verwendeten Primärbedarfe stammen von Kundenaufträgen oder aus der Absatzplanung.

Die Verfügbarkeitsprüfung (ATP) soll verlässliche Aussagen über die Machbarkeit von Kundenanfragen liefern. APO bietet verschiedene Ausprägungen einer Verfügbarkeitsprüfung an: einstufig, mehrstufig, gegen körperlich vorhandene Bestände, gegen Planbestände, in einer Lokation, über mehrere Lokationen usw.

Anwender von APS-Lösungen sind vorrangig Konzerne (mehrere Werke, mehrere Distributionszentren) mit einem entsprechend aufwändigen Produktions-, Distributions- und Beschaffungsnetz. Kunden und Lieferanten werden im Regelfall über Internettechnologien in die Supply Chain eingebunden.

4.8 Transport

4.8.1 Quantitative Aspekte des Güterverkehrs in Deutschland

Vor dem Hintergrund der zunehmenden Globalisierung der Märkte und dem Zwang zur Steigerung der Leistungserbringung gewinnt das Transportwesen immer mehr an Bedeutungen.

Das nachfolgende Bild skizziert die erwartete Entwicklung des nationalen Güterverkehrs bis ins Jahr 2050!

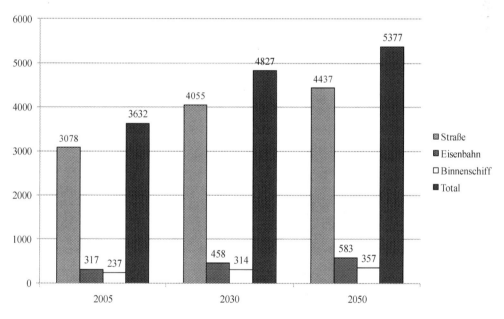

Bild 4-19 Entwicklung des Güterverkehrs in Deutschland bis 2050 (in Millionen Tonnen)
             [Quelle: ProgTrans Basel]

4.8.2 Straßengüterverkehr

Über 80 % des Güterverkehrs der Bundesrepublik Deutschland wird über die Straße abgewickelt. Der Straßengüterverkehr ist damit mit Abstand der quantitativ bedeutendste Verkehrsträger. Das liegt natürlich auch in dem qualitativ hochwertigen und flächendeckenden Straßennetz der Bundesrepublik Deutschland begründet.

Im Jahr 2007 waren in der Bundesrepublik Deutschland ca. 2,6 Mio. Lastkraftwagen zugelassen [Der Fischer Weltalmanach 2008, S. 697]. Der Umfang des deutschen Straßennetzes ist der nachfolgenden Tabelle zu entnehmen.

Tabelle 4.14 Das deutsche Straßennetz 2005 [Der Fischer Weltalmanach 2008, S. 697]

Kategorie	Art	Gesamtstrecke/km
Straßen des überörtlichen Verkehrs	Bundesautobahnen	12 174
	Bundesstraßen	40 969
	Landes- bzw. Staatsstraßen	86 736
	Kreisstraßen	91 588
	Summe	231 467
Gemeindestraßen		432 000

4.8.2.1 Regelungen

Der Straßengüterverkehr in Deutschland wird durch das *Güterkraftverkehrsgesetz* (GüKG) von 2004 geregelt. Der Güterkraftverkehr unterliegt zusätzlich innerstaatlichen und gemeinschaftlichen Verordnungen und Rechtsvorschriften [Kühne+Nagel, S. 232]. Das GüKG unterscheidet zwei Arten des Güterverkehrs:

- Gewerblicher Güterkraftverkehr ist die geschäftsmäßige und entgeltliche Beförderung durch Kraftfahrzeuge, sie ist erlaubnispflichtig.

- Werksverkehr ist der Güterkraftverkehr für eigene Zwecke eines Unternehmens und ist erlaubnisfrei.

Das GüKG gilt für alle Kraftfahrzeuge, die einschließlich Anhänger ein zulässiges Gesamtgewicht von *über 3,5 t* haben.
Ein Unternehmer, der in Deutschland oder der EU Güterkraftverkehr betreiben will und der Fahrzeuge mit einem höchstzulässigen Gesamtgewicht über 3,5 t (einschließlich Anhänger) einsetzt, muss bestimmte Bedingungen für den Berufszugang erfüllen:

- persönliche Zuverlässigkeit (z. B. polizeiliches Führungszeugnis),

- finanzielle Leistungsfähigkeit (geprüft werden Betriebskapital, verfügbare Finanzmittel, Vermögenswerte u. a. m.) und

- fachliche Eignung (Nachweis durch eine entsprechende Ausbildung z. B. Kaufmann/Kauffrau für Spedition und Logistikdienstleistung).

Erst nach einer Prüfung darf ihm die Zulassungsbehörde (z. B. zuständiges Regierungspräsidium) die erforderliche Zulassungsurkunde aushändigen.

4.8.2.2 Abmessungen, Gewichte und Fahrzeugarten

Kraftwagen, die zum öffentlichen Verkehr zugelassen werden, unterliegen unter anderem nach Bauart, Abmessungen, Achslasten und Gesamtgewichten den Vorschriften der Straßenverkehrs-Zulassungs-Ordnung (StVZO).

Tabelle 4.15 Abmessungen von Lastkraftwagen [Kühne+Nagel, S. 233]

Breite	allgemein bis 2,55 m; für Isothermfahrzeuge bis 2,60 m
Höhe	4,00 m
Länge	allgemein bis 18,75 m; Einzelfahrzeug 12,00 m, Sattelfahrzeuge bis 15,50 bzw. 16,50 m
Höchstzulässige Achslast	10 t; sie erhöht sich je nach Achsenanzahl, Achsenabstand, Bremsen und anderen Größen
Höchstzulässiges Gesamtgewicht	40 t (bis zu 44 t im Vor- und Nachlauf des Kombiverkehrs)

Die Nutzfahrzeughersteller bieten in den Grenzen der höchstzulässigen Abmessungen und Gewichte verschiedene Fahrzeugtypen an, die sich auch in der Baulänge und damit auch in der Anzahl Paletten-Stellplätze unterscheiden.

Tabelle 4.16 Fahrzeugarten [Kühne+Nagel, S. 234]

Fahrzeugtypen	Beschreibung
Lastkraftwagen	Genereller Begriff: Lastkraftwagen sind gemäß ihrer Bauart und Einrichtung zur Beförderung von Gütern bestimmt.
Lastzug (= Gliederzug)	Ein Lastzug ist eine Kombination von Lastkraftwagen und Anhänger.
Sattelzugmaschine	Eine Sattelzugmaschine ist eine Zugmaschine, die eine Aufsattel-Vorrichtung zum Mitführen von Sattelanhängern (Auflegern) hat.
Sattelanhänger (= Aufleger)	Sattelanhänger werden an/auf eine Sattelzugmaschine gekoppelt.
Sattelkraftfahrzeug (= Sattelzug)	Ein Sattelkraftfahrzeug besteht aus einer Sattelzugmaschine und einem Sattelanhänger.

4.8.3 Eisenbahngüterverkehr

Deutschland als europäischer Zentralstaat mit hohem Exportaufkommen zieht einerseits aus dieser Zentralposition erheblichen ökonomischen Nutzen. Andererseits führt dies sowohl im Güter- wie auch Personenverkehr zu einem hohen Verkehrsaufkommen. Das deutsche Schienennetz bildet das Zentralstück des europäischen Eisenbahnnetzes. Es ist mit den Nachbarländern durch zahlreiche Anschlüsse verbunden und nimmt im europäischen Verkehrswesen eine führende Stellung ein. Viele europäische Verkehrslinien kreuzen Deutschland in alle Richtungen.

Das Schienennetz der Bundesrepublik Deutschland umfasst ca. 42 000 km, von denen allein ca. 35 000 km von der Deutsche Bahn Netz AG als Betreiber angeboten werden [Kühne+Nagel, S. 251]. Die Strecken mit der dichtesten Zugfolge sind elektrifiziert (ca. 55 %). Elektrolokomotiven sind im Unterhalt und Betrieb kostengünstiger als die auf allen Strecken einsetzbaren Diesellokomotiven. Erstere erzielen außerdem eine höhere Leistung, so kann z. B. aufgrund des großen Beschleunigungsvermögens die Zugfolge auf den elektrisch betriebenen Strecken erheblich erhöht werden.

Circa 10 % des Güterverkehrs in Tonnen oder 20 % in Tonnenkilometern werden in Deutschland über die Schiene transportiert.

4.8.3.1 Grundlagen der Vermarktung der Eisenbahninfrastruktur

Die Liberalisierungsschritte auf EU-Ebene bilden die Grundlage für das Wettbewerbssystem auf der „Schiene". Nach dem Allgemeinen Eisenbahngesetz (AEG) wird zwischen Eisenbahninfrastrukturunternehmen und Eisenbahnverkehrsunternehmen unterschieden:

- *Eisenbahninfrastrukturunternehmen* (EIU) sind für die Schieneninfrastruktur verantwortlich. Als Betreiber tragen sie das Risiko der Auslastung ihres Streckennetzes.

- *Eisenbahnverkehrsunternehmen* (EVU) führen den Personen- und Güterverkehr durch. Sie tragen als Nutzer der Eisenbahninfrastruktur die Verantwortung für ihre Verkehrsleistung auf den zur zeitlich begrenzten Nutzung „erworbenen Strecken".

Die Nutzung der Schieneninfrastruktur steht grundsätzlich allen Eisenbahnverkehrsunternehmen offen. Hierzu zählen neben den Konzernunternehmen der Deutschen Bahn AG alle öffentlichen (z. B. Regionalbahnen) und nicht-öffentlichen Eisenbahnen (Werk- und Hafenbahnen) sowie ausländische Bahnen. Die Nutzung des Schienennetzes ist an bestimmte Voraussetzungen gebunden. So muss ein Nutzer z. B. eine Zulassung als Eisenbahnverkehrsunternehmen besitzen.

4.8.3.2 Vermarktung der Eisenbahninfrastruktur (am Beispiel der DB Netz AG)

Aufgabe der Deutschen Bahn Netz AG ist es, den Kunden zu marktgerechten Preisen eine leistungsfähige Streckeninfrastruktur sowie die zugehörigen technischen Anlagen und Einrichtungen zur Verfügung zu stellen. Sie bietet im Güterverkehr eine Reihe von Produkten oder auch Trassen an. Eine *Trasse* ist ein Zeitfenster, in dem ein Zug eine Strecke befahren kann, ohne mit einem vorausfahrenden Zug zu kollidieren.

Tabelle 4.17 Deutsche Bahn AG Trassen-Konzept [http://www.db.de]

Güterverkehrs-Standard-Trasse	Diese Trassen stehen für alle Züge zur Verfügung. Typischerweise sind die Güterverkehrs-Standard-Trassen über Anschlüsse miteinander verknüpft oder unterliegen besonderen Restriktionen – wie z. B. festen Ankunftszeiten beim Empfänger. Daraus resultieren für die DB Netz AG Fixpunkte bei der Erstellung des Fahrplans.
Güterverkehrs-Zubringer-Trasse	Für die Überführung beladener und leerer Wagen zwischen Güterverkehrsstellen und den Zugbildungsanlagen im Nahbereich kann der Kunde Güterverkehrs-Zubringer-Trassen bestellen.
Güterverkehrs-Express-Trasse	Sie bietet möglichst schnelle und direkte Verbindungen mit hoher Zuverlässigkeit zwischen den wichtigsten Zentren in Deutschland an.
Güterverkehrs-LZ-Trasse	Die LZ-Trasse ermöglicht den Güterverkehrskunden die Durchführung von dispositiven Lok- und Triebzugfahrten sowie Überführungsfahrten von Schadlokomotiven bzw. Schadwagenzügen in Instandhaltungswerke.

Entsprechende Infrastruktur unterstützt und rundet die Trassennutzung ab. Bei der Infrastruktur ist zwischen örtlichen Gleisanlagen und peripheren Anlagen zu unterscheiden. Örtliche Gleisanlagen umfassen alle Gleise, die der Bildung von Zügen, der Bereitstellung von Wagen bzw. Zügen oder dem Abstellen von Zügen dienen. Die peripheren Anlagen (Hebezeuge usw.) unterstützen die Vor- bzw. Nachbereitung einer Fahrt.

4.8.4 Verkehre auf dem Wasser

4.8.4.1 Binnenschifffahrt

Vor allem wegen des Rheins als leistungsfähige Wasserstraße ist die Bedeutung der Binnenschifffahrt in Deutschland nicht unerheblich. Im Jahr 2006 wurden ca. 6,5 % des deutschen Transportaufkommens (in Tonnen) auf deutschen Binnenwasserstraßen bewegt.

Tabelle 4.18 Wichtige Binnenhäfen in Deutschland [Fischer Weltalmanach 2009, S. 702]

Rang	Binnenhafen	Güterumschlag in Millionen Tonnen 2006
1.	Duisburg	51,3
2.	Köln	15,6
3.	Hamburg (nur Binnenverkehr)	10,5
4.	Mannheim	7,9
5.	Ludwigshafen	7,6
6.	Karlsruhe	7,1
7.	Neuss/Düsseldorf	6,6
8.	Heilbronn	4,7

„Statt Kohle und Erz schwimmen auf den europäischen Binnenwasserstraßen immer häufiger hochwertige Güter. Schiffe wie die „Han Trevel" transportieren beispielsweise jährlich mehr als 10 000 Autos der Marke Dacia Logan aus dem Renault-Werk im rumänischen Pitesti von Vidin aus ins 1440 km entfernte niederbayrische Passau. Von dort werden die Fahrzeuge auf dem Landweg weiterverteilt. Auf dem Rückweg nehmen die Schiffe/Kähne Sattelauflieger, Mercedes-, BMW-Limousinen und landwirtschaftliche Fahrzeuge aus Deutschland mit. Für den Betreiber der „Han Trevel" ist die staufreie „schwimmende Landstraße" eine Alternative zu den Straßen über den Balkan. Die Schiffe sind zwar zwei Tage länger unterwegs als ein LKW, treffen dafür aber pünktlich ein. Der weltweite Transportboom ist in der Zwischenzeit auf den deutschen Binnenwasserstraßen angekommen. Auf Rhein, Donau, Main, Main-Donau-Kanal, Elbe und kleineren Flüssen und Kanälen beförderten Kähne und Schubverbände im Jahr 2007 knapp 250 Millionen Tonnen Güter, ein absoluter Rekord". Das Wachstum geht weiter: Bis 2050 ist mit einer Zunahme des Güterverkehrsaufkommens auf deutschen Binnenwasserstraßen von über 40 Prozent zu rechnen [„Vor dem Tsunami", in: Wirtschaftswoche, Nr. 21, 19.05.2008].

Getrieben wird die Entwicklung auch von der Container-Welle, die sich in den deutschen und niederländischen Seehäfen aufbaut. Noch fehlt in vielen Binnenhäfen die notwendige Infrastruktur. Am weitesten auf dem Weg der Entwicklung einer geeigneten Infrastruktur ist Duisburg [„Wie funktioniert das KV-HUB Duisburg?", aus: logistics, Nr. 01/08, DB Schenker].

4.8.4.2 Seeschifffahrt

Auf langen Strecken im interkontinentalen Handel konnte die Schifffahrt seit jeher den größten Teil der Verkehre auf sich ziehen. Der Grund dafür ist neben der Tatsache, dass über Wasser nur noch die Luftfahrt möglich ist, die hohe Wirtschaftlichkeit dieses Verkehrsträgers auf langen Strecken [Isermann, S. 120]. Neben geringen Mengen konventionellen Stückguts gibt es zwei wichtige Arten des Seetransports:

1. *Container:* Seit über 40 Jahren ist das Transportsystem Container auf dem Vormarsch und hat mittlerweile den größten Teil des Überseeverkehrs mit Stückgütern an sich gezogen. Auf einigen Relationen, wie beispielsweise Europa-Fernost, wird mehr als 90 % des Volumens mittels Containern abgewickelt.

2. *Massengutfrachter:* Die zweite Form der Schifffahrt ist der Einsatz von Massengutfrachtern. Hier gibt es, je nach Art der Güter (fest, flüssig, gasförmig) unterschiedliche Ausprägungen. Im Gegensatz zur Containerschifffahrt, die fast ausschließlich als Liniendienst gefahren wird und in der Regel Container von vielen verschiedenen Kunden transportiert, ist in der Massengutschifffahrt die Trampschifffahrt gebräuchlich, bei der Schiffe von einem Verlader auf Zeit oder für eine Reise gechartert werden. Ein Verlader ist der Auftraggeber für einen Transportauftrag.

Im internationalen Vergleich der Seehäfen nimmt Hamburg den 23. Rang ein (2006). Position eins belegt Shanghai, mit ca. 537 Millionen Tonnen Umschlag [Fischer Weltalmanach 2009, S. 703].

Tabelle 4.19 Wichtige deutsche Seehäfen, ohne Binnenschifffahrt [Fischer Weltalmanach 2009, S. 704]

Rang	Seehafen	Gesamtumschlag		Einladungen	Ausladungen
		in Millionen Tonnen		in Millionen Tonnen	
		2006	2004	2006	
1.	Hamburg	115,529	99,524	46,669	68,860
2.	Bremen/Bremerhaven	55,636	45,370	25,718	29,918
3.	Wilhelmshaven	43,106	44,956	10,199	32,906
4.	Lübeck	21,056	19,168	8,914	12,142
5.	Rostock	19,057	6,867	9,183	9,874
6.	Brunsbüttel	6,233	6,896	2,264	3,969
7.	Brake	5,486	5,002	2,618	2,868
8.	Bützfleth	4,812	4,697	1,613	3,199

4.8.5 Luftfrachtverkehr

Im Vergleich zum nationalen Straßengüterverkehr beträgt das deutsche Luftfrachtaufkommen lediglich ca. 1 $^0/_{00}$ (ca. 3 Millionen Tonnen). Es teilt sich in etwa zu gleichen Teilen auf in ein- und ausgehende Mengenströme.

4.8.5.1 Motive für den Lufttransport

Eine Entscheidung, Güter auf dem Luftweg zu transportieren, ergibt sich aus den natürlichen Vorteilen des Flugzeugs als Transportmittel. Ein Transport mit dem Flugzeug ist in manchen Fällen sinnvoll und in anderen zwingend notwendig, z. B.

- bei verderblichen Waren, Qualitätsproblemen,
- wegen der großen Geschwindigkeit,
- weil die Absatzbereiche erweitert werden können (z. B. Presseerzeugnisse),
- zum Transport von sehr wertvollen Gütern,
- senkt Verpackungs- und Versicherungskosten,
- ermöglicht den Transport besonders empfindlicher Güter,
- beschleunigt den Kapitalumschlag,
- reduziert gegebenenfalls die Vor- und Nachlaufkosten.

4.8.5.2 Luftfracht über deutsche Flughäfen

Die nachfolgende Tabelle 4.20 zeigt die deutschen Flughäfen mit dem größten Frachtaufkommen. Im internationalen Vergleich liegt Frankfurt auf Rang 8 [Fischer Weltalmanach 2009, S. 705].

Tabelle 4.20 Deutsche Frachtflughäfen mit dem größten Frachtaufkommen in Ein- und Ausgang [http://www.logistik-inside.de/sixcms/detail.php?id=621172]

Flughafen	Frachtumschlag 2007 (in Millionen Tonnen)	%-Entwicklung im Vergleich zu 2006
Frankfurt am Main	2,057	+1,2
Köln/Bonn	0,705	+2,8
München	0,251	+11,9
Hahn	0,112	–0,5
Leipzig	0,085	+222,1
Düsseldorf	0,058	–2,3
Hamburg	0,033	+5,9
Stuttgart	0,019	–0,8

4.8.5.3 Organisationen der Zivilluftfahrt

International Civil Aviation Organisation (ICAO)

Die ICAO (International Civil Aviation Organisation) ist eine Sonderorganisation der UNO. Zu den wichtigsten Aufgaben der ICAO gehören:

- Standardisierung und Sicherheit des Flugverkehrs,
- Regelung der internationalen Verkehrsrechte, der sogenannten „Freiheiten der Luft",
- Entwicklung der Infrastruktur,
- Erarbeitung von Empfehlungen und Richtlinien,
- Zuteilung der ICAO-Codes für Flughäfen und Flugzeugtypen,
- Entwicklung eines Standards für maschinenlesbare Reisedokumente,
- Definition von Grenzwerten für Fluglärm und Abgasemissionen und
- Einführung eines weltweiten satellitengestützten Systems zur Kommunikation, Navigation, Überwachung und Lenkung im zivilen Luftverkehr.

International Air Transport Association (IATA)

Die International Air Transport Association (IATA) ist der Dachverband der Fluggesellschaften. Ihr Sitz ist in Montreal in Kanada. Ziel der IATA ist die Förderung des sicheren, planmäßigen und wirtschaftlichen Transports von Menschen und Gütern in der Luft sowie die Förderung der Zusammenarbeit aller an internationalen Lufttransportdiensten beteiligten Unternehmen. Mitglieder der IATA sind Fluggesellschaften, aber auch Flughäfen und Flugbehörden. Aufgabe der IATA ist es, die Prozesse im Luftfahrtgeschäft zu vereinfachen. Dies betrifft z. B. die Vereinheitlichung der Flugscheine und der Gepäckbeförderung. So kann der Passagier mit einer einzigen Buchung problemlos mit mehreren Fluggesellschaften reisen und muss sich dabei auch nicht um sein Gepäck kümmern. Ähnliches gilt auch für die Frachtabfertigung.

4.8.6 Multimodaler Verkehr

Zum Transport von Gütern wird häufig nicht nur ein einziger Verkehrsträger benutzt (Unimodaler Verkehr). Werden mindestens zwei verschiedene eingesetzt, ist von *Multimodalem Verkehr* die Rede! Er bietet die Möglichkeit, die Effizienz des Verkehrssystems zu steigern, indem die einzelnen Verkehrsträger so verknüpft werden, dass jeder den Teil der Transportaufgabe übernimmt, den er besonders rationell bewältigen kann. Der Multimodale Verkehr im engeren Sinne ist dadurch definiert, dass der längere Teil der Transportstrecke mit der Eisenbahn und/oder mit Schiffen durchgeführt wird. Über die Straße soll lediglich der möglichst kurze Vor- bzw. Nachlauf organisiert werden [Reim, S. 171].

Ein großer Teil des Aufkommens im Straßengüterverkehr wird über geringe Entfernungen transportiert. In diesem Entfernungsbereich ist der Lkw aufgrund seiner Flächendeckung nicht zu ersetzen. Auf weiten Strecken, sofern große Verkehrsmengen gebündelt gefahren werden können, ist der Zug oder das Binnenschiff die wirtschaftlichste und umweltfreundlichste Beförderungsart. Eine klassische Transportkette des Multimodalen Verkehrs setzt sich wie folgt zusammen:

- Transport der Ware per LKW zum Umschlagterminal (Vorlauf),
- Umschlag im Quellterminal,
- Transport per Schiene, See- oder Binnenschiff zum Zielterminal (Hauptlauf),

- Umschlag im Zielterminal und
- Transport per LKW zum Empfänger (Nachlauf).

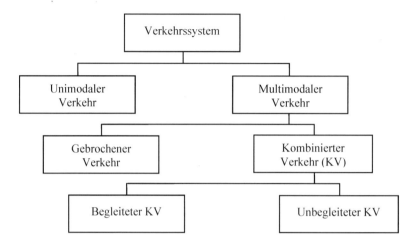

Bild 4-20 Gliederung der Verkehrssysteme

4.8.6.1 Gebrochener Verkehr

Beim Gebrochenen Verkehr werden beim Wechsel der Verkehrssysteme auch die Transportbehältnisse gewechselt. Dieser Wechsel ist häufig mit hohem Aufwand verbunden (LKW ↔ Wagon ↔ Container usw.).

4.8.6.2 Kombinierter Verkehr

Beim Kombinierten Verkehr verbleiben die Güter während des gesamten Transports und somit auch während der Umladungen zwischen den Transportmodi in den Transport-Ladungsträgern.

Hier ist eine weitere begriffliche Untergliederung üblich:

- Beim begleiteten Kombinierten Verkehr wird eine selbstfahrende Einheit (beispielsweise LKW, Sattelzug) auf einem anderen Verkehrsträger befördert, der Fahrer begleitet den Transport („Rollende Landstraße").
- Beim unbegleiteten Kombinierten Verkehr wir nur die nicht selbstfahrende Ladungseinheit (z. B. Container, Anhänger von Straßengüterfahrzeugen) umgeschlagen.

Für den unbegleiteten kombinierten Verkehr gibt es die folgenden Ladeeinheiten: Im Überseeverkehr werden Container von 20 Fuß (6,1 m) und 40 Fuß (12,2 m) Länge genutzt. Im europäischen Landverkehr dominiert der Wechselbehälter. Ein Wechselbehälter ist ein containerähnlicher abstellbarer Behälter, der für den Verkehr Straße/Schiene genutzt wird, aber nicht übereinander stapelbar ist. Die geometrischen Abmessungen sind wie folgt genormt: Länge 6 250 mm oder 7 150 mm, Breite 2 500 mm und Höhe 2 600 mm, die Zuladung ist abhängig vom zulässigen Gesamtgewicht des Straßenfahrzeugs [http://www.logistik-lexikon.de].

Häufig werden die Begriffe Kombinierter, Intermodaler und Multimodaler Verkehr synonym verwendet.

4.8.6.3 Güterverkehrszentren

Die Konzeption eines Güterverkehrszentrums (GVZ) sieht die lokale Zusammenführung von Verkehrs-, Logistik- und Dienstleistungsunternehmen an einem verkehrsgünstig gelegenen Standort vor [Isermann, S. 362]. Notwendiger Bestandteil eines Güterverkehrszentrums ist eine Umschlagsanlage für den kombinierten Verkehr. GVZs erfüllen vorrangig die Aufgaben

- einer Schnittstelle zwischen mehreren (mindestens zwei) Verkehrsträgern,
- einer Schnittstelle zwischen Nah- und Fernverkehr und
- eines Knotens zur Ansiedlung von Anbietern logistischer Dienstleistungen.

KV-HUB Duisburg

Der Kombinierte Verkehr (KV) mittels Bahn, Schiff und LKW wächst rasant. Ein Beispiel für den Warenumschlag vom Schiff ↔ auf die Bahn ↔ auf den LKW bzw. umgekehrt ist das KV-Hub in Duisburg [„Wie funktioniert das KV-HUB Duisburg?", aus: logistics, Nr. 01/08, DB Schenker]. Ein HUB (Hub and Spoke, Nabe und Speiche) ist ein Umschlagknoten an einem zentralen Verkehrsweg zur Übernahme aus bzw. zur Übergabe von Waren in den regionalen Verkehr [ten Homper/Heidenblut, S. 122].

Luftfracht-Umschlagszentrum Leipzig

Mitte des Jahres 2008 zog die Luftfrachtdrehscheibe der Deutschen Post Tochter DHL von Brüssel nach Leipzig um. Voraussetzung war der Bau eines ca. 300 Millionen Euro teuren Luftfracht-Umschlagszentrums. Damit ist Leipzig der europäische Umschlagsknoten für die DHL-Luftfracht. Kern dieses Zentrums ist eine 413 m lange, 97 m breite und 16 m hohe Halle. Eine 70 Millionen Euro teure Anlage sortiert bis zu 100 000 Päckchen pro Stunde. Leipzig funktioniert als europäische und internationale Drehscheibe (HUB) über die gesammelt, umverteilt und gebündelt wird. Jede Nacht ab 22:00 Uhr landen in Leipzig im Zwei-Minuten-Takt ca. 60 Maschinen. Ab Mitternacht verlassen dann wieder die ersten Frachtfluge Leipzig in Richtung alle Welt. Das Umschlagszentrum muss natürlich durch einen entsprechenden Vor- und Nachlauf auf der Schiene und Straße unterstützt werden [„Veränderte Koordinaten", in: Wirtschaftswoche, Nr. 21, 19.05.2008].

4.8.7 Logistikdienstleister

4.8.7.1 Definitionen

- *Verlader:* Ein Verlader ist der Auftraggeber für einen Transportauftrag, im Regelfall ist das ein Produktionsunternehmen.
- *Frachtführer:* Ein Frachtführer ist als selbstständiger Kaufmann ein gewerblicher Unternehmer (§ 425 HGB), der sich auf Grund eines Beförderungsvertrages verpflichtet, einen

Transport auf der Schiene, der Straße, zur See, in der Luft auf Binnenwasserstraßen oder einer Kombination dieser Transportarten durchzuführen. Er wird in der Regel von einer Spedition beauftragt, den physischen Transport durchzuführen. Bei den einzelnen Verkehrsträgern hat der Frachtführer jeweils eine andere Bezeichnung: in der Seeschifffahrt wird er Verfrachter genannt, in der Luftfahrt Carrier.

- *Spedition:* Der Spediteur ist kein Frachtführer, er ist historisch gesehen Transportvermittler und -koordinator. Das Handelsgesetzbuch (HGB) umreißt in den §§ 453 ff die Aufgabe der Spedition (Spediteur) prägnant [http://de.wikipedia.org/wiki/Spedition]:

„Durch den Speditionsvertrag wird der Spediteur verpflichtet, die Versendung der Güter zu besorgen. Die Besorgung der Güterversendung umfasst die Organisation der Beförderung und kann weitere auf die Beförderung bezogene Dienstleistungen beinhalten. Der Gesetzgeber hat damit im Rahmen der Reform des Transportrechts zum 1. Juli 1998 dem veränderten Bild der Speditionspraxis Rechnung getragen."

Traditionelle Aufgaben von Spediteuren sind:

- Als Hauptfunktion: Transport im Nah- (Sammel- und Verteilverkehr, Vortransport zum Hauptlauf mit anderen Verkehrsträgern) und Fernverkehr (Hauptlauf national und international).

- Als Ergänzungsfunktion: Lagern, kommissionieren, verpacken und etikettieren, Fracht- und Zollabwicklung.

4.8.7.2 Vom Spediteur zum Logistik- und Systemdienstleister

Viele moderne Speditionen haben sich zu Logistikunternehmen entwickelt. Sie organisieren nicht nur Transporte für ihre Kunden, sondern bieten diesen eine Fülle von Zusatzleistungen an, die z. B. mit der Zulieferung, Lagerung, Produktion und Distribution von Gütern zusammenhängen. Kennzeichnend für den Systemgedanken ist, dass sie Tätigkeiten übernehmen, die unmittelbar mit der Produktion (z. B. Vormontagen) und dem Handel von Gütern (z. B. Regalservice) in Zusammenhang stehen.

Tabelle 4.21 Einteilung der Logistikdienstleister nach [Kühne+Nagel, S. 94]

Logistikdienstleister	Leistungsmerkmale	Leistungsangebot
Einzeldienstleister	<ul><li>universelle logistische Einzelleistungen</li><li>großer Kundenkreis</li><li>unterschiedliche Dauer der Geschäftsbeziehungen</li></ul>	<ul><li>Straßen-, Schienen-, Schiffs- oder Lufttransporte</li><li>Abholen, Lagern, Zustellen</li><li>Umschlag, Kommissionieren, Verpacken usw.</li><li>Informationsleistungen, Verzollung (z. B. Atlas)</li></ul>
Spezialdienstleister	<ul><li>auf das Transportgut spezialisierte logistische Einzelleistungen</li><li>begrenzter Kundenkreis</li><li>relativ stabile Geschäftsbeziehungen</li></ul>	<ul><li>Wert-, Gefahr-, Kühl- oder Schwerguttransporte, Umzugs-, Möbeltransporte</li><li>Flüssigkeits-, Gas- oder Chemikalientransporte</li><li>Kühl-, Flüssigkeit- oder Chemikalienlagerung</li></ul>

Logistikdienstleister	Leistungsmerkmale	Leistungsangebot
Verbunddienstleister	• Aufbau und Betrieb von Verbund-systemen für bestimmten Leis-tungs- oder Servicebedarf • großer, meist anonymer Kunden-kreis • Kunden unterschiedlicher Größe • stark schwankende Mengenanfor-derungen • kurzfristige und häufig wechselnde Geschäftsbeziehungen	• Kurier, Express- und Paket-dienste • Kombinierte Straßen-/Bahn-/Schiffs-/Lufttransporte ein-schließlich Umschlag • Ver- und Entsorgungsdienste für Palettten/Container/Behälter/Transportmittel/Verpackungen • Entsorgungsdienste für Recy-clingmaterial und Abfall
Systemdienstleister	• Aufbau und Betrieb geschlossener Systeme • ausgerichtet auf den Bedarf einzelner Kunden • wenige Großkunden • relativ konstante Strukturen und Mengen • langfristig kalkulierbare Geschäfts-beziehungen	• Versorgungssysteme • Bereitstellungssysteme • Distributionssysteme • Logistikzentren • Unternehmenslogistik

4.8.7.3 Beispiele Diversifikation und Vorwärtsintegration

Viele Logistikdienstleister, wie auch die großen international tätigen Transport-, Speditions- und KEP-Konzerne (siehe Kapitel 4.8.8), treten am Markt in mehrfacher Funktion auf. So kann ein Verbunddienstleister auch als Einzeldienstleister tätig sein, ein Einzeldienstleister auch mit einem Spezialdienstleister konkurrieren usw.

Tabelle 4.22 Die Top 8 Logistikunternehmen in Deutschland
[http://www.logistik-inside.de/fm/3576/LOGISTIK_inside_TOP50_2008.574514.pdf]

Rang	Logistikdienstleister	Umsatz 2007 in Milliarden Euro
1.	Deutsche Post (DHL International)	18,063
2.	Deutsche Bahn (Transport und Logistik)	6,900
3.	Kühne+Nagel	2,812
4.	Dachser	2,170
5.	Rhenus	1,800
6.	Panalpina	1,368
7.	UPS	1,326
8.	DPD	1,300

DHL International

Die Geschäftspolitik der Deutschen Post AG in den letzten 20 Jahren ist durch Diversifikation und Expansion gekennzeichnet. Das gesamte Fracht- und Express-/Paketdienstgeschäft der Deutschen Post ist unter dem Dachnahmen DHL International zusammengefasst.

So gehört DHL, ein 1969 gegründeter Paket- und Express-Dienst, seit 2002 zum Konzern Deutsche Post AG. Die Gründer von DHL brachten Frachtpapiere persönlich per Flugzeug von San Francisco nach Honolulu. Das heißt, der Abwicklungsprozess konnte vor dem tatsächlichen Eintreffen der Schiffe beginnen. Zur DHL Gruppe gehört auch der 1999 von der Deutschen Post übernommene Speditionskonzern Danzas. Im Jahr 2005 folgte die Übernahme des britischen Logistikdienstleisters Exel. DHL unterhält unter dem Namen DHL Aviation eine eigene Frachtfluggesellschaft. Im Jahr 2008 wurde der Sitz der Gesellschaft von Brüssel nach Leipzig/Halle verlegt [http://www.dhl.de].

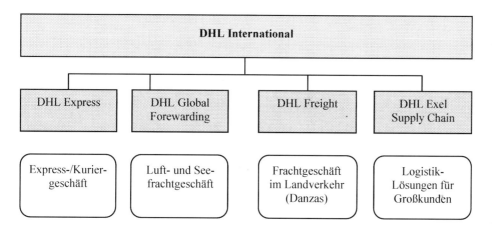

Bild 4-21 Konzernstruktur DHL International

DB Logistics

DB Schenker ist seit Dezember 2007, neben der DB Bahn und DB Netze, eine der drei Marken der Deutschen Bahn AG. Sie umfasst alle Logistikdienste der Deutschen Bahn (Bild 4-22).

- *DB Schenker Rail:* Die Segmente Region West, Central und East sind im Schienengüterverkehr in West-, Mittel- und Osteuropa tätig. Der Begriff Intermodal ist mit dem Begriff Kombinierter Verkehr gleich zu setzen. Beim Geschäftsfeld DB Intermodal liegt der Fokus auf dem Seehafenhinterlandverkehr und den Hauptverkehrsachsen im kontinentalen Verkehr. Der Bereich Automotiv organisiert und realisiert Service-Angebote speziell für die Automobilindustrie, wie den Transport von Fertigfahrzeugen, den Materialtransport zwischen den einzelnen Werken usw.

- *DB Schenker Logistics:* Die Segmente Landtransport und Air/Ocean Freight organisieren weltweit Transporte zu Land, mittels Flugzeugen und Schiffen. Das Segment Contract Logistics/SCM ist für logistische Dienstleistungen im weitesten Sinn zuständig.

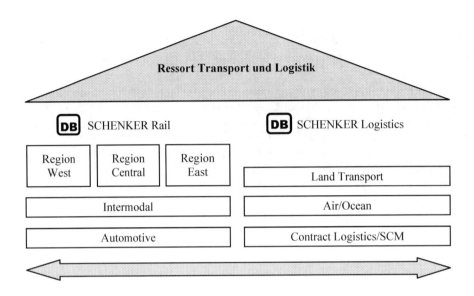

Bild 4-22 Struktur des Ressorts Transport und Logistik der Deutschen Bahn [Quelle: DB AG]

4.8.8 Kurier-, Express- und Paketdienste

4.8.8.1 Abgrenzung

EU-Erweiterung, Öffnung und Globalisierung der Märkte, der verstärkte Zwang, Lagerkosten zu senken und Lieferzeiten zu verkürzen, sowie die *Individualisierung der Kundenwünsche* führen zwangsläufig zur Veränderungen in der Verkehrsnachfrage. Dazu zählt auch, dass eine genau auf den Bedarf des Güterempfängers abgestimmte Transportmenge termingenau transportiert wird und exakt zum Bedarfszeitpunkt beim „Kunden" eintreffen soll (Just-in-Time). Dies führt zu kleineren Transportvolumina und deutlich höherem (häufigeren) Transportaufkommen. Verstärkt wird dieser Trend durch Investitionen vieler Branchen in den „elektronischen Handel" (E-Commerce, E-Shopping). Diese Veränderungen haben viele Unternehmen der „Logistikbranche" veranlasst, sogenannte KEP-Dienstleistungen anzubieten, um die neu entstandene Nachfrage befriedigen zu können. Das Leistungsangebot der KEP-Dienste unterscheidet sich vom klassischen Sammelgutverkehr. Neben gewissen Einschränkungen bei Sendungsgewicht und den -abmessungen (Kurier- und Paketdienste) wird zusätzlicher Service [http://wirtschaftslexikon24.net] angeboten, beispielweise:

- garantierte Lieferzeiten (Expressdienste),

- Paketverfolgung (Der Kunde kann noch während der Beförderung über Internet oder Telefonhotline nachvollziehen, wann sich sein Paket wo befindet. Dies wird auch Track&Trace genannt. Nach der Zustellung beim Empfänger kann der Lieferant sehen, wer die Sendung angenommen hat oder ob die Annahme verweigert wurde.),

- Beförderung kritischer Sendungen (einige KEP-Dienste sind in der Lage, Gefahrgut, Kunstwerke, sensible Geräte, lebende Tiere, Kühlsendungen oder auch medizinische Proben zu transportieren).

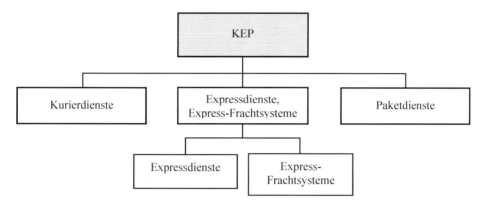

Bild 4-23 Kurier-, Express- und Paketdienste

4.8.8.2 Kurierdienste

Das entscheidende Merkmal eines Kurierdienstes im Vergleich zu Express- und Paket-diensten ist *persönliche Begleitung* von Sendungen. Kurierdienste befördern insbesondere Dokumente und Wertsachen mit einem Gewicht bis zu 3 kg [http://www.wirtschafts lexikon24.net].

Ein Kurierdienst (auch Kurier oder Bote) befördert die Sendung persönlich und direkt vom Absender zum Empfänger. Der Unterschied zu einer Spedition ist, dass Kuriere nicht linien-mäßig verkehren, meist nur kleine Sendungen transportieren und auf Schnelligkeit ausgerichtet sind (z. B. Fahrradkuriere in Großstädten). Bestimmte Kurierdienste bieten ein breites Spek-trum spezieller Dienstleistungen [Kühne+Nagel, S. 210] an, dazu zählen z. B.

- Wochenend- und Feiertagszustellung/-abholung
- Direktfahrten
- Empfangsbestätigung
- Zeitfenster-Zustellungen
- Nachnahmeservice
- Visumservice
- Empfänger-Identitätsprüfung
- Sendungsverfolgung.

4.8.8.3 Expressdienste und Expressfrachtsysteme

Bei einem Expressdienst werden die Sendungen *nicht direkt und persönlich begleitet* zum Empfänger befördert. Die Expressdienste garantieren ihren Kunden dagegen kurze, feste Lieferzeiten von Haus zu Haus. Die Transportabwicklung erfolgt über Umschlagszentren.

Expressdienste

Bei den Expressdiensten liegen typischerweise Sammelguttransporte vor, für die die Dienstleister feste Ausliefertermine garantieren. Die Expressdienste zeichnen sich durch eine straffe
Organisation aus, die auch umfangreiche Kontrollen beinhaltet. Gestützt wird der Transportab-
lauf durch moderne Kommunikations- und Informationssysteme. Die großen Expressdienste
sind genauso stark automatisiert wie Paketdienste, setzen aber besonders in den USA auf
Frachtflugzeuge. In Europa vermischen sich die Begriffe Express- und Paketdienst wegen der
geringen Entfernungen.

Expressfrachtsysteme

Expressfrachtsysteme lassen sich gegenüber Expressdiensten relativ eindeutig abgrenzen. Sie
sind stark in die Absatzlogistik der Versender eingebunden. Häufig werden die Güter unmittelbar am Ende der Produktion beim Hersteller übernommen. In diesem Bereich bieten verschiedene Systemdienstleister individuelle Lösungen für bestimmte Branchen an, z. B. Presseerzeugnisse, Unterhaltungselektronik, Fotos, Arzneimittel usw.

4.8.8.4 Paketdienste

Im Paketdienst wird *paketstückbezogen* gedacht und berechnet. Ein Paket ist in der Regel
ein Packstück bis ca. 31,5 Kilogramm, maximal 3 m Gurtmaß (= Umfang), und/oder maximal 1,75 m lang. Die Transportabwicklung erfolgt über Umschlagszentren.

Für den reibungslosen Paket- bzw. Güterfluss sorgen im System der Paketdienste verschiedene
zentrale Komponenten, wie:

* Depots,
* Güterverkehre zwischen den Depots,
* Hauptumschlagszentren,
* ein Tracking- und Tracing-System und
* ein ausgefeiltes Qualitätsmanagement.

Partner und Francisenehmer der Paketdienste betreiben die Depots. Der Paketdienst organisiert
die Abholung bzw. Zustellung der Pakete. Ein Beispiel für einen Paketdienst ist Hermes.

4.8.9 Incoterms

Die *Incoterms* (International Commercial Terms) sind freiwillige Regeln zur Auslegung han-
delsüblicher Vertragsformen im internationalen Warenverkehr. Die letzte Fassung der International Commercial Terms stammt aus dem Jahr 2000. Die Incoterms regeln vor allem die Art
und Weise der Lieferung von Gütern. Dabei legen sie fest, welche Kosten der Verkäufer und
welche der Käufer zu tragen hat und wer im Falle eines Verlustes das finanzielle Risiko trägt.
Zahlungsbedingungen und Gerichtsstand werden nicht über die Incoterms geregelt. Sie haben
keine Gesetzeskraft, sie werden nur rechtskräftig, wenn sie gültig zwischen Verkäufer und
Käufer vereinbart wurden [http://de.wikipedia.or/wiki/Incoterms].

Tabelle 4.23 Übersicht Incoterms 2000 [http://www.speedtrans.com/speedde/it2000.htm]

Gruppe E	Abholklausel	
	EXW	Ab Werk (bekannter Ort)
Gruppe F	Haupttransport vom Verkäufer nicht bezahlt	
	FCA	Frei Frachtführer (bekannter Ort)
	FAS	Frei Längsseite Schiff (bekannter Verschiffungshafen)
	FOB	Frei an Bord (bekannter Verschiffungshafen)
Gruppe C	Haupttransport vom Verkäufer bezahlt	
	CFR	Kosten und Fracht (bekannter Bestimmungshafen)
	CIF	Kosten, Versicherung, Fracht (bekannter Bestimmungshafen)
	CPT	Frachtfrei (bekannter Bestimmungsort)
	CIP	Frachtfrei versichert (bekannter Bestimmungsort)
Gruppe D	Ankunftsklausel	
	DAF	Geliefert Grenze (bekannter Ort)
	DES	Geliefert ab Schiff (bekannter Bestimmungshafen)
	DEQ	Geliefert ab Kai (bekannter Bestimmungshafen)
	DDU	Geliefert unverzollt (bekannter Bestimmungsort)
	DDP	Geliefert verzollt (bekannter Bestimmungsort)

4.9 Zusammenfassung

Der Supply-Chain-Management-Ansatz zeichnet sich durch eine ganzheitliche Betrachtung des Informations- und Materialflusses über die gesamte Prozessstrecke von der Rohstoffgewinnung bis zum Endkunden aus.

Dabei wird im Vergleich zum Ist-Zustand eine Steigerung der Leistung insgesamt angestrebt, möglichst ohne dass dabei die Kosten steigen. Um diese Ziele zu erreichen, müssen verschiedene Unternehmen miteinander kooperieren. Das SCOR-Modell liefert dabei eine Vorlage und damit Anregungen, wie die Prozesse auch an den Schnittstellen zwischen den Partnern gestaltet werden können. Es zeichnet sich durch eine hierarchische Vorgehensweise über mehrere Stufen hinweg aus. Im Vordergrund stehen die Kernprozesse Planen, Beschaffen, Herstellen, Liefern und Rückliefern. Bei der Auflösung von Stufe zu Stufe werden die Prozesse zunehmend detaillierter und mögliche Zielvorgaben und Kennzahlen präzisiert.

Der Übergang zwischen den Prozessen der verschiedenen Partner bietet eine Vielzahl von Optimierungsansätzen. Hierzu gehören Ansätze wie

- Prozessoptimierung,
- digitales Management von Geschäftsprozessen und
- Verbesserung des Informationsmanagements.

Ziel einer Supply-Chain-Leistungsentwicklung ist die Bewertung von Effektivität und Effizienz der gesamten Supply Chain. Ein permanenter Abgleich von Plan- und Ist-Kennzahlen ist dabei Basis zukünftiger Verbesserungsmaßnahmen.

Advanced-Planning-and-Scheduling-Systeme ergänzen die vorhandenen ERP-Systeme. Sie sind nicht autark zu betreiben und beziehen zumindest Stamm- und Bewegungsdaten aus einem oder mehreren ERP-Systemen. Mit ihrer Hilfe lässt sich, bei komplexen Aufgabenstellungen, die Qualität der Planungsergebnisse verbessern. Anwender sind vorrangig Konzerne mit mehreren Produktions- und Distributionsstandorten. Die Kommunikation über die Konzerngrenzen hinweg erfolgt üblicherweise mittels Internet-Technologien.

Schließlich werden wichtige Aspekte und Kennzahlen des Transportwesens skizziert. Ohne ein entsprechendes Transportmanagement wäre eine Entwicklung der Supply Chain nicht möglich.

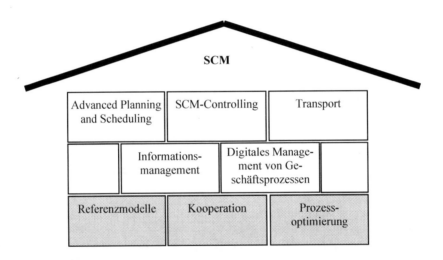

Bild 4-24 Zusammenfassung Themen Supply Chain Management

4.10 Literaturhinweise

Zum Thema Supply Chain Management gibt es eine Vielzahl von ein- und auch weiterführender Literatur. Zu empfehlen sind unter anderem die Bücher von Kuhn/Hellingrath, Kurbel und Busch/Dangelmaier. Für eine vertiefende Beschäftigung mit dem Thema APO eignen sich beispielsweise die Bücher von Balla/Layer, Hoppe [2007] und Dickersbach. Als Literatur zum Thema SCM-Kennzahlen ist das Buch von Bolsdorf/Rosenbaum/Poluha zu empfehlen.

Verwendete und weiterführende Literatur

Alicke, K.: Planung und Betrieb von Logistiknetzwerken. Unternehmensübergreifendes Supply Chain Management, Springer, Berlin, Heidelberg, New York 2005

Alt, R., Österle, H.: Real-time-Business. Springer, Berlin, Heidelberg, New York 2004

Arndt, H.: Supply Chain Management – Optimierung logistischer Prozesse. Gabler, Wiesbaden 2006

Arnold, D., Kuhn, A., Furmans, K.: Handbuch Logistik, Springer VDI, Berlin, Heidelberg, New York 2008

Balla, J., Layer, F.: Produktionsplanung mit SAP® APO-PP/DS. Galileo Press, Bonn 2005

Becker, J., Uhr, W., Vering, O.: Integrierte Informationssysteme in Handelsunternehmen auf der Basis von SAP-Systemen. Springer, Berlin, Heidelberg, New York 2000

Betge, D.: Koordination in Advanced Planning and Scheduling-Systemen. Gabler, Wiesbaden 2006

Bolsdorf, P., Rosenbaum, R., Poluha, R.: Spitzenleistungen im Supply Chain Management. Springer, 20 Berlin, Heidelberg, New York 2007

Bothe, M., Nissen, V. (Hrsg.): SAP APO® in der Praxis. Vieweg, Wiesbaden 2003

Busch, A., Dangelmaier, W. (Hrsg.): Integriertes Supply Chain Management. Gabler, Wiesbaden 2004

Der Fischer Weltalmanach 2008. Fischer Taschenbuchverlag, Frankfurt am Main 2007

Der Fischer Weltalmanach 2009. Fischer Taschenbuchverlag, Frankfurt am Main 2008

Dickersbach, J.: Supply Chain Management with APO. Springer, Berlin, Heidelberg 2006

Fachlexikon Computer. Brockhaus, Leipzig, Mannheim 2003

Heuser, R., Günther, F., Hatzfeld, O.: Integrierte Planung mit SAP©. Galileo Press, Bonn 2003

Hopp, W., Spearman, M.: Factory Physics. MacGraw – Hill Higher Education, 2001

Hoppe, M.: Absatz- und Bestandsplanung mit SAP© APO. Galileo Press, Bonn 2007

Hoppe, M.: Bestandsoptimierung mit SAP©. Galileo Press, Bonn 2005

Isermann, H. (Hrsg.): Logistik. Verlag moderne industrie, Landsberg am Lech 1994

Klaus, P., Staberhofer, F., Rothböck, M.: Steuerung von Supply Chains: Strategien – Methoden – Beispiele. Gabler, Wiesbaden 2007

Kuhn, A., Hellingrath, B.: Supply Chain Management. Springer, Berlin, Heidelberg, New York 2002

Kühne+Nagel: Transport Handbuch. 2006

Kurbel, K.: Produktionsplanung und -steuerung im Enterprise Resource Planning und Supply Chain Management. Oldenbourg, München, Wien 2005

Lehner, F., Wildner, S., Scholz, M.: Wirtschaftsinformatik. Hanser, München, Wien 2007

Logistik Praxis: Software in der Logistik. hussverlag, München 2004

Mertens, P. u. a.: Grundzüge der Wirtschaftsinformatik. Springer, Berlin, Heidelberg, New York 2005

Pawellek, G.: Produktionslogistik: Planung – Steuerung – Controlling. Hanser, München 2007

Poluha, R.: Anwendung des SCOR-Modells zur Analyse der Supply Chain. Eul Verlag, Lohmar 2005

Schönsleben, P.: Integrales Logistikmanagement. Springer, Berlin, Heidelberg, New York 1998

Schuh, G. (Hrsg.): Produktionsplanung und -steuerung. Springer, Berlin, Heidelberg, New York 2006

Stadler, H., Kilger, Ch.: Supply Chain Management and Advanced Planning. Springer, Berlin, Heidelberg, New York 2007

Steinmüller, P., Hering, E., Jórasz, W. (Hrsg.): Die neue Schule des Controllers, Band 2. Schäffer-Poeschel, Stuttgart 1999

Sommerer, G.: Unternehmenslogistik. Hanser, München 1998

Supply-Chain Council: Supply-Chain Operations Reference-model, SCOR Overview, Version 8.0

ten Homper, M., Heidenblut, V.: Taschenlexikon Logistik. Springer VDI, Berlin, Heidelberg, New York 2008

Wannenwetsch, H.: Vernetztes Supply Chain Management. Springer, Berlin, Heidelberg, New York 2005

Weber, J.: Logistik- und Supply Chain Controlling. Schäffer-Poeschel, Stuttgart 2002

Wenzel, R., Fischer, G., Metze, G., Nieß, P.: Industriebetriebslehre, Fachbuchverlag, Leipzig 2001

Wiendahl, H.-P., Dreher, C., Engelbrecht, A.: Erfolgreich kooperieren. Physika-Verlag, Heidelberg 2005

Wiendahl, H.-P.: Erfolgsfaktor Logistikqualität. Springer, Berlin, Heidelberg, New York 2002

5   Nachhaltigkeit – Makroökonomische Excellence

Nachhaltige Entwicklung ist eine Entwicklung, die die Bedürfnisse der Gegenwart befriedigt, ohne zu riskieren, dass künftige Generationen ihre eigenen Bedürfnisse nicht befriedigen können. Nachhaltigkeit basiert auf der Integration der drei Säulen: ökonomische, ökologische und soziale Entwicklung.

Nachhaltigkeit hat ganz konkrete Bedeutungen und Umsetzungen im Unternehmen. Der für das Unternehmen wichtigste Bereich ist das Umweltmanagement. Corporate Social Responsibility und die gesamtwirtschaftliche Verantwortung des Unternehmens repräsentieren die beiden anderen Säulen.

5.1   Nachhaltigkeit

Nachhaltige Entwicklung ist eine Vision einer zukünftigen Entwicklung der Erde. Sie strebt an, dass die derzeit auf der Erde lebenden Menschen ihre Bedürfnisse befriedigen können, ohne zu riskieren, dass künftige Generationen ihre eigenen Bedürfnisse nicht befriedigen können.

Nachhaltigkeit erfordert die Integration der drei Säulen der ökonomischen, der ökologischen und der sozialen Entwicklung und beinhaltet als wesentliche Komponente die Gerechtigkeit zwischen den Generationen und innerhalb einer Generation weltweit. Der Begriff der Bedürfnisse verbindet die Nachhaltigkeit auch mit dem Thema Qualität.

5.1.1 Bedeutung

Der Begriff der Nachhaltigkeit wird – neben dem Sinn der Brundtlandschen Definition und der Agenda 21 – in vielfältigen Bedeutungen benutzt. Nachhaltige Investitionen können Investitionen mit Berücksichtigung ökologischer, sozialer und ökonomischer Kriterien, Investitionen in Nachhaltige Entwicklung oder ökologische Projekte sein, oder auch eine Investition die auch in ein paar Jahren hohe Gewinne abwirft. Häufig wird der Begriff im Sinne von „lange wirkend" verwendet, wobei „lange" meist wenige Jahre bedeutet.

Der Versuch, die Nutzung des Begriffs „nachhaltig" auf die Nachhaltige Entwicklung zu beschränken, ist eben so fruchtlos wie der Versuch des Chemikers, die Nutzung des Begriffs „Dampf" im Zusammenhang mit Wasser nur auf den gasförmigen Aggregatzustand zu beschränken. Im Folgenden wird aber die Nachhaltigkeit im Sinne der Nachhaltigen Entwicklung benutzt.

Der Begriff Nachhaltigkeit geht auf die Forstwirtschaft zurück: einem Wald nicht mehr zu entnehmen als nachwächst bzw. neu angepflanzt wird. In diesem Sinne meint Nachhaltigkeit wie in der nachhaltigen Unternehmensführung vor allem nachhaltigen Ertrag. Im Englischen ist diese als „sustainable yield" deutlicher vom hier betrachteten „sustainable development" abgegrenzt.

Wichtigste Basis der Nachhaltigen Entwicklung ist die sogenannte Brundtland-Definition: „Dauerhafte Entwicklung ist Entwicklung, die die Bedürfnisse der Gegenwart befriedigt, ohne zu riskieren, dass künftige Generationen ihre eigenen Bedürfnisse nicht befriedigen können."

Nachhaltigkeit ist ein Begriff, der sich auf die gesamte Erde bezieht. Trotzdem hat er ganz konkrete Bedeutungen und Umsetzungen im Unternehmen. Es geht also im Folgenden nicht um Makroökonomie und große Politik, sondern um die betriebliche Umsetzung dieses Konzepts mit seinen ökonomischen, ökologischen und sozialen Aspekten. Unternehmen müssen sich ihrer gesellschaftlichen Verantwortung stellen und im Sinne einer Nachhaltigen Entwicklung wirken.

Im Folgenden verwenden wir die Schreibweise Nachhaltige Entwicklung, um darauf hinzuweisen, dass es sich um einen festen zusammenhängenden Begriff handelt.

Drei Säulen

In den drei Säulen kann das Unternehmen aktiv werden, es kann und muss sie aber auch bei seinen unternehmerischen Entscheidungen berücksichtigen. Dies beinhaltet nicht nur leistende Maßnahmen nach außen, sondern alle internen Aktivitäten mit direkten und indirekten Auswirkungen.

- *Wirtschaftliche* Nachhaltigkeit: Hierunter wird der gesamte wirtschaftliche Beitrag des Unternehmens verstanden. Neben der Versorgung mit Gütern und Dienstleistungen sind die Erwirtschaftung von Wertzuwächsen und Steuern wichtige Beiträge des Unternehmens. Hierunter fallen auch Aktivitäten zur Ausbildung und die Teilnahme an Aktivitäten von Gesellschaft und Wirtschaft, beispielweise in Verbänden.

- *Soziale* Nachhaltigkeit: Unter diesem Bereich fallen alle Leistungen des Unternehmens für die Gesellschaft. Die Schaffung von Arbeits- und Ausbildungsplätzen, Sponsoring und Förderung gesellschaftlicher Institutionen sind wichtige Bereiche, in denen Unternehmen aktiv werden können. Auch die Wirkung der Produkte und ihrer Nutzung oder von Dienstleistungen hat wichtige Auswirkungen in diesem Bereich. Insbesondere sind hier auch die von Zulieferern und Dienstleistern verursachten Auswirkungen zu berücksichtigen. Hierunter fällt auch die Wahrnehmung gesellschaftlicher Verantwortung durch das Untenehmen (Corporate Social Responsibility, CSR).

- *Ökologische* Nachhaltigkeit betrifft die Umweltauswirkungen im weitesten Sinne. Auch die Auswirkungen auf Emissionen und Ressourcenverbräuche durch den Gebrauch der Produkte gehört dazu. Auch hier spielen die Lieferkette (Supply Chain) und der Produktnutzen eine wichtige Rolle.

Fünf Aspekte

Die folgenden fünf Aspekte bilden den Kern der Nachhaltigen Entwicklung:

- *Integration* der oben genannten drei Säulen Wirtschaft, Natur und Soziales
- *Permanenz*, d. h. Wirken über die Zeit – die allgemeine Bedeutung von Nachhaltigkeit
- *Gerechtigkeit* innerhalb und zwischen den Generationen
- *Eigenverantwortung*: die Rolle des Einzelnen (siehe auch Lokale Agenda 21)
- *Dependenz*: Zusammenhänge und Restriktionen (z. B. über Ressourcen).

5.1.2 Agenda 21

Im Folgenden wird die Deklaration von Rio zitiert und kommentiert; durch Anführungszeichen gekennzeichnete wörtliche Zitate sind der Agenda 21 entnommen. Im Internet sind die Gesamttexte verfügbar, beispielsweise [http://www.un.org/esa/dsd]. Die Einzelpunkte sollen die Schwerpunkte und Inhalte dieses anthropozentrischen Konzepts zeigen. So beginnt die Agenda 21 mit der sozialen und wirtschaftlichen Dimension, ist also kein reines ökologisches Programm.

5.1.2.1 Präambel der Agenda 21

„Die Menschheit steht an einem entscheidenden Punkt ihrer Geschichte. Wir erleben eine zunehmende Ungleichheit zwischen Völkern und innerhalb von Völkern, eine immer größere Armut, immer mehr Hunger, Krankheit und Analphabetentum sowie eine fortschreitende Schädigung der Ökosysteme, von denen unser Wohlergehen abhängt. Durch eine Vereinigung von Umwelt- und Entwicklungsinteressen und ihre stärkere Beachtung kann es uns jedoch gelingen, die Deckung der Grundbedürfnisse, die Verbesserung des Lebensstandards aller Menschen, einen größeren Schutz und eine bessere Bewirtschaftung der Ökosysteme und eine gesicherte, gedeihlichere Zukunft zu gewährleisten."

„Die Agenda 21 ist Ausdruck eines globalen Konsenses und einer politischen Verpflichtung auf höchster Ebene zur Zusammenarbeit im Bereich von Entwicklung und Umwelt. [...] Außerdem muss für eine möglichst umfassende Beteiligung der Öffentlichkeit und eine tatkräftige Mithilfe der nichtstaatlichen Organisationen (NRO) und anderer Gruppen Sorge getragen werden."

5.1.2.2 Soziales und Wirtschaft

Im Gegensatz zur verbreiteten Meinung, dass die Agenda 21 sich mit Ökologie (oder Naturschutz) befasst, steht an erster Stelle die Befriedigung menschlicher Bedürfnisse, also anthropozentrische Überlegungen und soziale und wirtschaftliche Aspekte – man könnte auch sagen: die menschliche Kultur. Kernpunkte sind:

- Internationale Zusammenarbeit zur Beschleunigung Nachhaltiger Entwicklung in den Entwicklungsländern und damit verbundene nationale Politik; Armutsbekämpfung
- Bevölkerungsdynamik und Nachhaltige Entwicklung, Veränderung der Konsumgewohnheiten
- Schutz und Förderung der menschlichen Gesundheit, Förderung einer nachhaltigen Siedlungsentwicklung, Integration von Umwelt- und Entwicklungszielen in die Entscheidungsfindung.

5.1.2.3 Ressourcenschutz

Umweltschutz wird vor allem unter dem Aspekt der Bewahrung von Ressourcen gesehen. Dies entspricht auch der anthropozentrischen Formulierung im § 20a des Deutschen Grundgesetz: „Der Staat schützt auch in Verantwortung für die künftigen Generationen die natürlichen Lebensgrundlagen [...]"

- Schutz der Erdatmosphäre, integrierter Ansatz für die Planung und Bewirtschaftung der Bodenressourcen, Bekämpfung der Entwaldung

- Bewirtschaftung empfindlicher Ökosysteme: Bekämpfung der Wüstenbildung und Dürren/nachhaltige Bewirtschaftung von Berggebieten
- Förderung einer nachhaltigen Landwirtschaft und ländlichen Entwicklung, Erhaltung der biologischen Vielfalt, umweltverträgliche Nutzung der Biotechnologie
- Schutz der Ozeane, aller Arten von Meeren ... und Küstengebieten sowie Schutz, rationelle Nutzung und Entwicklung ihrer lebenden Ressourcen
- Schutz der Güte und Menge der Süßwasserressourcen: Anwendung integrierter Ansätze zur Entwicklung, Bewirtschaftung und Nutzung der Wasserressourcen
- Umweltverträglicher Umgang mit toxischen Chemikalien und umweltverträgliche Entsorgung gefährlicher Abfälle (jeweils explizit einschließlich der Verhinderung von illegalen internationalen Verbringungen)
- Umweltverträglicher Umgang mit festen Abfällen und klärschlammspezifische Fragestellungen, sicherer und umweltverträglicher Umgang mit radioaktiven Abfällen.

Ressourcenschutz und -schonung bedeuten dabei auch immer eine rationelle und nachhaltige Nutzung dieser Ressourcen. Ein vollständiger Nutzungsausschluss von natürlichen Ressourcen würde denjenigen Bevölkerungsteilen, die von der Nutzung ausgeschlossen sind, die Motivation nehmen, diese natürlichen Ressourcen zu schützen („use it or loose it").

5.1.2.4 Stärkung der Rolle wichtiger Gruppen

Die Agenda 21 konzentriert sich auch auf solche Gruppen, die als Zielgruppe oder Akteure Nachhaltiger Entwicklung besonders wichtig sind.

- Globaler Aktionsplan für Frauen zur Erzielung einer nachhaltigen und gerechten Entwicklung; Kinder und Jugendliche und Nachhaltige Entwicklung, Anerkennung und Stärkung der Rolle der eingeborenen Bevölkerungsgruppen und ihrer Gemeinschaften; Stärkung der Rolle der Bauern

- Stärkung der Rolle der nichtstaatlichen Organisationen (Non Government Organizations, NGO) als Partner für eine Nachhaltige Entwicklung, Stärkung der Rolle der Arbeitnehmer und ihrer Gewerkschaften, Stärkung der Rolle der Privatwirtschaft; Initiativen der Kommunen zur Unterstützung der Agenda 21 (sogenannte Lokale Agenda 21, teilweise umgesetzt in Gemeinden und Kreisen)

- Wissenschaft und Technik: Die Bedeutung von Wissenschaft und Technik muss gegenüber Entscheidungsträgern und Öffentlichkeit besser vermittelt werden. „Durch Verabschiedung und Einführung international anerkannter ethischer Grundprinzipien und Verhaltenskodizes für Wissenschaft und Technik könnte die Professionalität gesteigert und die Anerkennung des Wertes der von ihr erbrachten Leistungen für Umwelt und Entwicklung unter Berücksichtigung der stetigen Weiterentwicklung und mangelnder Gewissheit wissenschaftlicher Erkenntnis verbessert und vorangetrieben werden."

5.1.2.5 Möglichkeiten der Umsetzung

Die wichtigsten Implementierungsinstrumente sind:

- Finanzielle Ressourcen und Finanzierungsmechanismen, Informationen für die Entscheidungsfindung, internationale institutionelle Rahmenbedingungen, internationale Rechtsinstrumente und -mechanismen

- Die Wissenschaft im Dienst einer Nachhaltigen Entwicklung und Transfer umweltverträglicher Technologien, Kooperation und Stärkung von personellen und institutionellen Kapazitäten

- Förderung der Schulbildung, des öffentlichen Bewusstseins und der beruflichen Aus- und Fortbildung (Dazu wurde auch das Jahrzehnt 2005–2014 als Dekade der Bildung für Nachhaltige Entwicklung ausgerufen.)

- Nationale Mechanismen und internationale Zusammenarbeit zur Stärkung der personellen und institutionellen Kapazitäten in Entwicklungsländern.

5.1.3 Nachhaltigkeit und Wirtschaft

Im Gegensatz zum Qualitätsmanagement, das vorrangig den Kunden im Auge hat, sind Nachhaltigkeitskonzepte zum einen am Unternehmen selbst und in zweiter Linie an der Vielfalt der Stakeholder ausgerichtet.

Die folgende Tabelle greift die Ansprüche der Stakeholder auf und verknüpft sie mit dem Bereich Nachhaltigkeit.

Tabelle 5.1 Anspruchsgruppen und Interessen zum Thema Nachhaltigkeit

Anspruchsgruppe (Stakeholder)	Interessen (Ziele)
Eigentümer, Kapitalgeber und Manager	Langfristige Unternehmensentwicklung („Nachhaltiger Ertrag" = sustainable yield))
Mitarbeiter	Soziales Engagement, wirtschaftliche Stabilität, Anteil an der Wertschöpfung, Image des Unternehmens
Kunden	Langfristige Leistung des Unternehmens, Verträglichkeit von Unternehmen und Produkten mit der Nachhaltigkeit
Lieferanten	Anerkennung von Bemühungen im Bereich Nachhaltigkeit, nachhaltigkeitsverträgliche Weiterverarbeitung
Konkurrenz und Verbände	Einhaltung fairer Grundsätze und Spielregeln (Gerechtigkeit), Beitrag zu einer stabilen Wirtschaft, Image der Branche
Staat und Gesellschaft, Behörden, Parteien, Politik	Beitrag zur globalen und lokalen Nachhaltigkeit (Umwelt, Wirtschaft, Soziales, Gerechtigkeit)
Bürgerinitiativen, Vereine, Anwohner, Öffentlichkeit	Beitrag zur lokalen und globalen Nachhaltigkeit, soziales Engagement, wirtschaftliche Stabilität, Umweltschutz, ethisches Verhalten

5.1.3.1 Ökonomische Nachhaltigkeit

Der wirtschaftliche Aspekt der Nachhaltigen Entwicklung wird in der Agenda 21 in mehreren Kapiteln angesprochen. Betroffene Elemente sind bereits oben erwähnt, die wichtigsten für das Unternehmen sind:

- Armutsbekämpfung
- Veränderung der Konsumgewohnheiten
- Stärkung der Rolle der Privatwirtschaft
- Wissenschaft und Technik.

Auch die Umsetzung der Agenda 21 selbst hat natürlich wichtige ökonomische Aspekte, da Nachhaltige Entwicklung mit anderen Zielen von Staaten und Kommunen in Konkurrenz um die Ressourcen (Finanzen) steht. Deshalb betrachtet die Agenda 21 auch die finanziellen Ressourcen und Finanzierungsmechanismen und die personellen und institutionellen Kapazitäten. Viele andere Aspekte (Gesundheit, Versorgung, Bildung) sind durch die Frage der Finanzierung eng an die wirtschaftliche Entwicklung gekoppelt.

Daneben gibt es natürlich den Begriff der Nachhaltigkeit in Bezug auf das Unternehmen selbst. Dauerhafte Existenz und kontinuierliche Erträge sind auch das, was Carlowitz mit der „kontinuierlichen beständigen und nachhaltenden Nutzung" meint.

5.1.3.2 Nachhaltigkeit und Unternehmen

Nachhaltiges Wirtschaften bringt Unternehmen auch konkrete Vorteile wie jedes Managementsystem. Die nachfolgenden Ergebnisse wurden vom Rat für Nachhaltige Entwicklung unter dem Titel „Grün gewinnt: Nachhaltigere Unternehmen verkraften Finanzkrise besser" publiziert:

„Börsennotierte Unternehmen, die sich in ihren Geschäften am Leitbild der Nachhaltigen Entwicklung orientieren, verkraften die Folgen der Finanzkrise besser als ihre nicht-nachhaltig aufgestellten Wettbewerber: Ihre Börsenkurse lagen zwischen Mai und November 2008 durchschnittlich 15 Prozent über dem Industriedurchschnitt. Zu diesem Ergebnis kommt die Managementberatung A.T. Kearney nach Analyse von 99 Unternehmen aus 18 Sektoren, die in den Aktienindizes „Dow Jones Sustainability Index" und „Goldman Sachs Sustain Focus List" geführt werden. Voraussetzung für die Aufnahme in die beiden Indizes ist eine an Nachhaltigkeitskriterien ausgerichtete Unternehmensstrategie. Als Basis für den Vergleich dienten die Entwicklungen in den konventionellen Indizes „Dow Jones World" und „STOXX global". Bei diesem Vergleich verzeichneten die Analysten in 16 der 18 untersuchten Sektoren ein klares Plus bei den Nachhaltigkeitsvorreitern: Ihre Börsenkurse lagen sowohl im Drei-Monats- als auch im Sechs-Monats-Vergleich mit zehn bzw. 15 Prozent deutlich über dem Industriedurchschnitt. Laut Studie konnten die nachhaltiger wirtschaftenden Firmen ihren Börsenwert zwischen Mai und November vergangenen Jahres um durchschnittlich 650 Millionen US-Dollar steigern. Schlechter als der Durchschnitt entwickelten sich lediglich die an Nachhaltigkeit orientierten Unternehmen der Bau- und Haushaltswaren-Industrie.
Dietrich Neumann, Zentraleuropachef von A.T. Kearney, zieht aus der Untersuchung den Schluss, dass „die Aktienmärkte nachhaltigen Unternehmen eher zutrauen, die Krise zu bewältigen und vor allen Dingen auch langfristig – sprich: nach der Krise – weiterhin sehr erfolgreich zu sein".

Der Erfolg der Nachhaltigkeitsvorreiter basiert den Autoren zufolge auf einer ganzen Reihe gemeinsamer Merkmale: So verzichteten die Unternehmen zugunsten einer langfristigen Strategie auf kurzfristige Gewinne, hätten eine in Nachhaltigkeitsfragen nicht beirrbare Unternehmensführung und teilweise langjährige Erfahrungen mit „grünen" Innovationen. Umweltfreundlichere Produktionsweisen seien bei den Vorreitern schon lange Standard, heißt es in der am 09. Februar vorgestellten Untersuchung.

Wörtlich nach: http://www.nachhaltigkeitsrat.de/index.php?id=4385 am 6.3.2009

5.1.3.3 Erfolgsfaktoren

Excellence und Nachhaltigkeit im Unternehmen und die Einführung und Aufrechterhaltung von Systemen wie Umwelt- Qualitäts- oder Nachhaltigkeitsmanagement haben ähnliche Erfolgs- und Misserfolgsfaktoren:

Misserfolgsfaktoren: Nachhaltigkeit/Excellence darf nicht sein:

- eine zusätzliche Aktivität, die als nette Ergänzung auf die Aktivitäten aufgesetzt wird (Sahnehäubchen, add-on, Schönwetterfliegerei),

- ein reiner Imageaspekt bzw. eine reine Marketingmaßnahme, die nur wegen der Außenwirkung bzw. des angestrebten Labels/Zertifikats durchgeführt wird,

- Hobby oder Programm weniger (Identifikationsfiguren und Machtpromotoren sind wichtig, aber keine Erfolgsgarantie).

Erfolgskriterien: Nachhaltigkeit/Excellence braucht

- Integration in
  - Leitbild und Selbstverständnis der Organisation
  - Planungen und Kriterien
  - Handeln und konkrete Entscheidungen auf allen Ebenen
  - Controlling und Bewertung aller Aktivitäten
- Integration alle Akteure
  - horizontal über alle Hierarchieebenen (Verantwortung der obersten Leitung; Führungsprinzip; Engagement, Verantwortung und Verpflichtung aller Mitarbeiter; Selbstverständnis der Organisation)
  - vertikal über alle Unternehmensbereiche (Front – Back-Office, Stab – Linie, Leistungserbringung – Unterstützung)

5.1.4 Nachhaltigkeitsmanagement

Der Rat für Nachhaltige Entwicklung fasst im Fortschrittsbericht 2008 [http://www.bundes regierung.de/Content/DE/Publikation/Bestellservice/_Anlagen/2008-11-17-fortschrittsbericht 2008,property=publicationFile.pdf] die Managementregeln für die Nachhaltigkeit folgendermaßen zusammen:

1. Jede Generation muss ihre Aufgaben selbst lösen und darf sie nicht den kommenden Generationen aufbürden. Zugleich muss sie Vorsorge für absehbare zukünftige Belastungen treffen.

2. Erneuerbare Naturgüter (wie z. B. Wald oder Fischbestände) dürfen auf Dauer nur im Rahmen ihrer Fähigkeit zur Regeneration genutzt werden. Nicht erneuerbare Naturgüter (wie z. B. mineralische Rohstoffe oder fossile Energieträger) dürfen auf Dauer nur in dem Umfang genutzt werden, wie ihre Funktionen durch andere Materialien oder durch andere Energieträger ersetzt werden können.

3. Die Freisetzung von Stoffen darf auf Dauer nicht größer sein als die Anpassungsfähigkeit der natürlichen Systeme – z. B. des Klimas, der Wälder und der Ozeane.

4. Gefahren und unvertretbare Risiken für die menschliche Gesundheit sind zu vermeiden.

5. Der durch technische Entwicklungen und den internationalen Wettbewerb ausgelöste Strukturwandel soll wirtschaftlich erfolgreich sowie ökologisch und sozial verträglich gestaltet werden. Zu diesem Zweck sind die Politikfelder so zu integrieren, dass wirtschaftliches Wachstum, hohe Beschäftigung, sozialer Zusammenhalt und Umweltschutz Hand in Hand gehen.

6. Energie- und Ressourcenverbrauch sowie die Verkehrsleistung müssen vom Wirtschaftswachstum entkoppelt werden. Zugleich ist anzustreben, dass der wachstumsbedingte Anstieg der Nachfrage nach Energie, Ressourcen und Verkehrsleistungen durch Effizienzgewinne mehr als kompensiert wird. Dabei spielen die Schaffung von Wissen durch Forschung und Entwicklung sowie die Weitergabe des Wissens durch spezifische Bildungsmaßnahmen eine entscheidende Rolle.

7. Die öffentlichen Haushalte sind der Generationengerechtigkeit verpflichtet. Dies verlangt die Aufstellung ausgeglichener Haushalte durch Bund, Länder und Kommunen. In einem weiteren Schritt ist der Schuldenstand kontinuierlich abzubauen.

8. Eine nachhaltige Landwirtschaft muss nicht nur produktiv und wettbewerbsfähig, sondern gleichzeitig umweltverträglich sein sowie die Anforderungen an eine artgemäße Nutztierhaltung und den vorsorgenden, insbesondere gesundheitlichen, Verbraucherschutz beachten.

9. Um den sozialen Zusammenhalt zu stärken, sollen
    – Armut und sozialer Ausgrenzung soweit wie möglich vorgebeugt werden,
    – allen Bevölkerungsschichten Chancen eröffnet werden, sich an der wirtschaftlichen Entwicklung zu beteiligen,
    – notwendige Anpassungen an den demografischen Wandel frühzeitig in Politik, Wirtschaft und Gesellschaft erfolgen,
    – alle am gesellschaftlichen und politischen Leben teilhaben.

10. Die internationalen Rahmenbedingungen sind gemeinsam so zu gestalten, dass die Menschen in allen Ländern ein menschenwürdiges Leben nach ihren eigenen Vorstellungen und im Einklang mit ihrer regionalen Umwelt führen und an den wirtschaftlichen Entwicklungen teilhaben können. Umwelt und Entwicklung bilden eine Einheit. Nachhaltiges globales Handeln orientiert sich an den Millenniums-Entwicklungszielen der Vereinten Nationen. In einem integrierten Ansatz ist die Bekämpfung von Armut und Hunger zu verknüpfen mit:
    – der Achtung der Menschenrechte,
    – der wirtschaftlichen Entwicklung,
    – dem Schutz der Umwelt sowie
    – verantwortungsvollem Regierungshandeln.

5.1.5 Nachhaltigkeit und Dynamik

Häufig wird Nachhaltigkeit mit einem statischen Konzept der Erhaltung gleichgesetzt. Nachhaltigkeit ist aber ein dynamisches Konzept und kann auch nur aus der Sicht dynamischer Systeme heraus verstanden werden.

5.1.5.1 Dynamische Systeme

Systeme bleiben im Allgemeinen nicht in einem bestimmten Zustand, sondern sie verändern sich. Dabei gibt es zwei Arten von Dynamik:

• *interne*: Durch gegenseitigen Einfluss aufeinander verändern sich die Elemente des Systems.

• *externe*: Durch einen Einfluss von Elementen außerhalb des Systems verändern sich die Elemente innerhalb des Systems.

Die Frage, ob interne oder externe Dynamik vorliegt, hängt natürlich von der Definition des Systems und der Systemgrenzen ab.

5.1.5.2 Einflussgrößen

Ein System kann, muss aber nicht mit der Umgebung wechselwirken. Die Einflussgrößen können folgendermaßen klassifiziert werden:

- Eingabegrößen: Durch sie wird das System beeinflusst bzw. bekommt das System Informationen über die Umwelt.

  - Steuergrößen: Durch sie wird das System gezielt durch einen Entscheidungsträger beeinflusst. (Genaugenommen muss man vom jeweilig betrachteten Entscheidungsträger ausgehen, da die Einflüsse anderer Entscheidungsträger entweder unabhängig als Störgößen oder in einem spieltheoretischen Modell beschrieben werden müssen).
  - Störgrößen: Durch sie wird das System beeinflusst, ohne dass der Entscheidungsträger Einfluss darauf hat.

- Ausgabegrößen: Mit ihnen wirkt das System auf seine Umwelt bzw. kann die Umwelt Informationen über das System bekommen.

Ein Black-Box-Modell des dynamischen Systems sieht nun folgendermaßen aus:

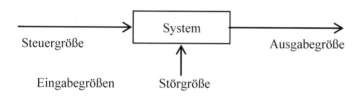

Bild 5-1 Allgemeines System als Black-Box

Außerdem hat das System interne Zustandsgrößen, die sein weiteres Verhalten und seine dynamische Entwicklung festlegen. Zustandsgrößen, die auch Ausgabegrößen sind, nennt man direkt beobachtbar.

5.1.5.3 Dynamik

Die Dynamik des Systems wird durch die Zustandsgrößen in Verbindung mit den Eingabegrößen festgelegt. Die Ausgabegrößen hängen von den Zustandsgrößen ab. Dies wird im Blockbild folgendermaßen dargestellt:

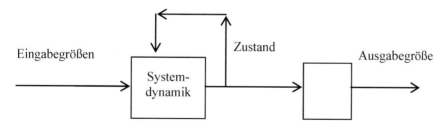

Bild 5-2 Differenziertes System mit Zustandsbetrachtung

Die Systemdynamik kennzeichnet sich dadurch aus, dass die Entwicklung des Zustands s (state) abhängt von der Eingabegröße i (input) und vom Zustand z selbst.

Bei Systemen mit Gedächtnis oder Verzögerung gehen auch noch Zustände und Eingaben von früheren Zeitpunkten in das Entwicklungsgesetz mit ein. Ebenso sind Systeme höherer Ordnung möglich, bei denen höhere Ableitungen oder Differenzen höherer Ordnung eine Rolle spielen. Außerdem kann der Zustandsraum mehrdimensional sein.

Bei stochastischen Systemen ist die Dynamik durch ein Übergangsgesetz gegeben. So ist in den einfachsten Fällen im zeitdiskreten Fall eine Übergangswahrscheinlichkeit $p_n(s_n, i_n, s_{n+1})$ gegeben, im kontinuierlichen Fall modelliert man die Dynamik häufig durch eine Störgröße z, so dass sich formal eine Differentialgleichung $ds/dt = f(s(t), i(t)) + z(s(t), t)$ schreiben lässt.

Das Konzept der Stabilität ist zentral für die Theorie dynamischer Systeme und ein wichtiger Punkt auch in Bezug auf Nachhaltigkeit. Stabilität bedeutet grob gesagt, dass ein System bei einer kleinen Auslenkung wieder zu einem Gleichgewichtszustand zurückkehrt.

Die einfachsten Systeme sind lineare Systeme, bei Ihnen verändert sich der Zustand (hier als eindimensional vorausgesetzt) gemäß einer Gleichung der Form

- *kontinuierlich* (mit einer reellwertigen Zeitvariablen t): $ds/dt = A\,s$
- *diskret*/schrittweise (mit einer ganzzahligen Zeitvariablen t): $s_{t+1} - s_t = A\,s_t$

mit einer Konstanten A. Die Lösung der Gleichung ist

- kontinuierlich: $s(t) = s_0\,e^{At}$
- diskret: $s_t = s_0\,(1+A)^t$.

Stabilität herrscht dann, wenn für große Werte von t der Zustandwert s klein wird. Die Bedingung dafür ist

- im kontinuierlichen Fall: Re $A < 0$ (für reelle A heißt das $A < 0$),
- im diskreten Fall $|1+A| < 1$ (für reelle A heißt auch das $A < 0$, und außerdem $A > -2$).

Für eine ausführliche Beschreibung und Lösung dynamischer Systeme sei auf die Literatur verwiesen.

5.1.5.4 Steuern und Regeln

Bei der Steuerung wird das betrachtete System durch eine Steuergröße beeinflusst. Die Steuergröße ist eine Eingabegröße, die von einem zweiten System (steuerndes System, im einfachsten Fall eine Konstante oder eine zeitabhängige Funktion) beeinflusst wird.

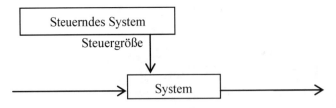

Bild 5-3 System mit Steuerung

Regelung

Bei der Regelung hängt die steuernde (beeinflussende) Größe vom Zustand des Systems ab, der natürlich nur über die Beobachtungsgröße bestimmt werden kann. Die Regelung dient dazu, ein bestimmtes vorgegebenes Systemverhalten zu erzielen, im einfachsten Fall für eine Zustandsgröße einen vorgegebenen Sollwert zu erreichen.

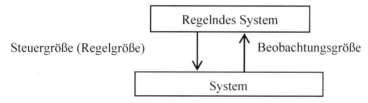

Bild 5-4 Regelkreis (System mit Regelung)

Durch die Regelung entsteht ein komplexeres System aus ursprünglichem System (Strecke) und Regler.

Durch die Aufnahme einer Vorgabegröße (Zielgröße) für das regelnde System kann das neu entstandene System wieder in eine Steuerung oder in einen Regelkreis eingebaut werden. So entstehen Regelkreise höherer Ordnung.

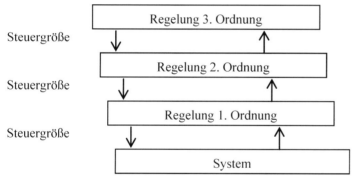

Bild 5-5 Regelkreise höherer Ordnung

Controlling

Controlling ist ein informationsverarbeitender Prozess zur Überwachung und Steuerung der Realisation von Planungen. Controlling vollzieht sich häufig mittels Kennzahlen und Kennzahlensystemen.

Der Controlling-Regelkreis besteht aus

- einem operativen Regelkreis zur Überwachung und Anpassung an gegebene Ziele und
- einem übergeordneten Regelkreis zur Überprüfung und Modifikation der Pläne und Ziele.

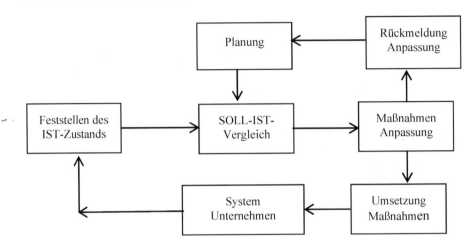

Bild 5-6 Controlling-Regelkreis

5.2 Umweltmanagement

Das Umweltmanagement wird hier als zentrales Beispiel eines Managementsystems zum Thema Nachhaltigkeit behandelt.

- Umwelt ist neben der CSR (Corporate Social Responsibility) die wichtigste Komponente des unternehmerischen Nachhaltigkeitsmanagements und im Allgemeinen der Einstieg für das Unternehmen.

- Umweltmanagement ist ein gutes Beispiel für ein Managementsystem. Das hier Vorgestellte lässt sich leicht auf andere spezifische Managementsysteme wie Qualität oder Sicherheit übertragen.

- Umweltmanagement ist eine gute Basis für ein integriertes Managementsystem im Unternehmen.

- Umweltmanagement ist nicht nur eine gute Basis, sondern im Allgemeinen auch der Kern des Nachhaltigkeitsmanagementsystems.

Da das Umweltmanagement sowohl mit den kontinuierlichen Effekten von Wertschöpfungsprozessen als auch mit den Risiko- und Informationsaspekten zu tun hat, bildet es eine natürliche Schnittstelle zwischen den anderen Managementsystemen, insbesondere zum Qualitäts-, Sicherheits- und Risikomanagement.

5.2.1 Umweltorientierte Unternehmensführung

Umweltmanagement betrachtet die Managementaspekte des betrieblichen Umweltschutzes. Dazu gehört alles, was die Wechselwirkungen zwischen der Unternehmensführung und dem Umweltschutz berührt.

Umweltmanagement ist der organisatorische und betriebswirtschaftliche Aspekt der umweltorientierten Unternehmensführung. Demgegenüber steht beim Begriff Umweltmanagementsystem die organisatorische Seite ganz deutlich im Vordergrund. Dies wird auch in der EG-Öko-Audit-VO und ISO 14001 und ihren Umsetzungen deutlich. Ein wichtiges Ziel des Umweltmanagements ist die kontinuierliche Verbesserung des betrieblichen Umweltschutzes. Inhaltlich bedeutet Umweltmanagement aber sehr viel mehr, da viele betriebliche Teile und Aspekte von der umweltorientierten Unternehmensführung betroffen sind. Umweltmanagement ist der gesamte nichttechnische Aspekt der umweltorientierten Unternehmensführung.

Positiv formuliert bedeutet dies, dass im Umweltmanagement nicht die ökologischen Aspekte, sondern Organisation und Führung als zentrale Aspekte des Managements betrachtet werden. Dabei ist klar, dass die umweltorientierte Unternehmensführung nur dann Sinn macht, wenn sie sich letztendlich an den Belangen der Umwelt, d. h. an den umweltbezogenen betrieblichen Leistungen orientiert.

Umweltmanagement betrachtet die an der Wirtschaftlichkeit und Führung orientierten Aspekte der umweltorientierten Unternehmensführung. Umweltmanagement ist die Antwort auf die Frage „Wie stellt man sicher, dass der Betrieb möglichst umweltfreundlich arbeitet?". Umweltmanagement steht nicht als Managementtechnik isoliert im Raum. Vielmehr dient es einer Umsetzung der umweltorientierten Unternehmensführung im Betrieb:

Umweltorientierte Unternehmensführung ist die Berücksichtigung der Umwelt durch eine auf Umweltbelange orientierte Unternehmensführung. Als Kernthesen der umweltorientierten Unternehmensführung kann man nach [Winter] zusammenfassen:

- Umweltorientierte Unternehmensführung ist die Berücksichtigung von Umweltbelangen in allen Aktivitäten des Unternehmens.

- Umweltorientierte Unternehmensführung wird realisiert durch ein auf Umweltbelange orientiertes Management und das Engagement der Mitarbeiter in allen Funktionen und Hierarchiestufen.

- Umweltorientierte Unternehmensführung beruht auf einer ganzheitlichen Betrachtung von Produktion, Produkt und Produktnutzen.

- Umweltorientierte Unternehmensführung lebt von der kontinuierlichen Verbesserung und von der Wechselwirkung mit der Motivation aller Mitarbeiter.

- Durch die positiven Einflüsse auf Qualität, Akzeptanz, Motivation, Kreativität, Rentabilität, Kontinuität, Sicherheit, Image und Loyalität hat die umweltorientierte Unternehmensführung einen positiven Einfluss auf Gewinne und Überlebensfähigkeit des Unternehmens.

Die folgenden Prinzipien bilden die Basis der umweltorientierten Unternehmensführung:

- *Risikovorsorge*: Schutz gegen plötzliche Ereignisse, Vorsorge gegen kumulative Wirkung
- *Gleichwertigkeit* der Unternehmensziele, d. h., der Umweltschutz ist nicht den anderen Zielen untergeordnet
- *Optimierungsprinzip*: Schutz der Umwelt durch minimalen Ressourceneinsatz, minimale Schadstoffemissionen und maximalen Nutzen
- *kontinuierliche Verbesserung* durch Umweltprogramme und das Umweltcontrolling.

Mögliche Maßnahmen zum Umweltschutz speziell im produzierenden Unternehmen sind:

- *Substitution* von schädlichen Produkten, Rohstoffen, Verfahren
- *nachsorgender Umweltschutz* (end of the pipe) durch Behandlung der Emissionen
- *produktionsintegrierter Umweltschutz* durch Verbesserung der Prozesse
- *produktintegrierter* Umweltschutz durch Lebenszyklusbetrachtung.

5.2.2 Naturwissenschaftliche Grundlagen

Die folgenden Punkte sind bei einer umweltorientierten Unternehmensführung zu beachten:

- Belastung der Medien
- Verbrauch von Ressourcen
- indirekte Auswirkungen.

5.2.2.1 Grundbegriffe der Ökologie

Häufig werden die Begriffe Umweltschutz und Ökologie fast synonym gebraucht.

- *Ökologie* ist die Wissenschaft vom Zusammenleben der Lebewesen.

- *Umweltschutz* stellt den Schutz der Umwelt (Umweltmedien) vor schädigenden Einflüssen (Immissionen) aufgrund von Umweltbelastungen (Emissionen) in den Vordergrund.

- *Naturschutz* stellt den Schutz der Natur (Lebensgemeinschaften und Lebensräume) als Gesamtstruktur in den Vordergrund. Spezielle Bereiche sind Landschaftsschutz und Tierschutz.

Ökologie als Wissenschaft vom Zusammenleben der Lebewesen betrachtet Ökosysteme, die einerseits (vertikal) aus Biotop und Biozönose bestehen und andererseits (horizontal) selbst aus kleineren Ökosystemen bestehen können.

- *Biotop* ist ganz allgemein jeder betrachtete Lebensraum. Der umgangssprachliche Begriff des Biotops als ein besonders wertvoller Lebensraum (oder auch einfach gleichgesetzt mit einem Tümpel) kommt aus der Verwendung des „besonders schützenswerten Biotop" im Naturschutzgesetz.

- *Biozönose* ist die Lebensgemeinschaft, die sich in dem Biotop entwickelt.

5.2.2.2 Ressourcen und Medien

Ressourcenverbrauch betrifft

- Energie (wobei Energie nicht verbraucht, sondern nur umgewandelt wird)
- Rohstoffe, und zwar:
  - abiotische Rohstoffe: mineralische Rohstoffe, Luft (Sauerstoff), Wasser
  - biotische Rohstoffe: Pflanzen, Tiere

Umweltmedien können als Träger Schadstoffe aufnehmen (aus Emissionen) und abgeben (als Immissionen). Sie können auch Rohstoff oder Träger von Rohstoffen sein. Umweltmedien sind Luft, Wasser und Boden.

5.2.2.3 Energie

Energie spielt für Umweltschutz und Nachhaltigkeit eine wichtige Rolle. Ähnlich wie für Radioaktivität oder Wahrscheinlichkeiten hat der Mensch für Energie weder ein Sinnesorgan noch die Fähigkeit, intuitiv damit umzugehen.

Basiseinheit ist das Joule: $1\ J = 1\ W\ s = 1\ kg\ m^2/s^2 = 1\ V\ A\ s$. Dies entspricht folgenden Energiemengen:

- Mechanische potenzielle Energie: 100 Gramm (Tafel Schokolade) um 1 Meter hochheben

- Mechanische kinetische Energie: ein Liter Flüssigkeit (1 kg) bei Schrittgeschwindigkeit (1,4 m/s), 12 SoftAir-Kugeln
- Elektrische Energie: 1 Watt (kleine Glühbirne) 1 Sekunde lang
- Wärmeenergie: ca. ¼ Kalorie, d. h. ¼ Gramm Wasser um 1 °C erwärmen.

Größere Einheiten werden durch die Buchstaben k (kilo = 10^3), M (Mega = 10^6), G (Giga = 10^9), T (Tera = 10^{12}), P (Peta = 10^{15}), gekennzeichnet.

Die Energie 1 kWh = 1000 W * 3600 s = 3 600 000 J = 860 kcal entspricht

- Elektrogerät mit 1 kW (Herdplatte) läuft 1 Stunde,
- die Masse von 360 Tonnen gegen die Schwerkraft um 1 Meter hochheben,
- kinetische Energie von 12 Fahrzeugen mit 1 Tonne Masse bei 90 km/h,
- Energieabgabe eines Motors mit 86 PS über 1 Minute,
- Wärmeenergie von 860 Kcal: 10 l Wasser um 86° C erwärmen,
- Sonneneinstrahlung auf 1 m² in einer Stunde,
- Energiegehalt von ca. 123 g Steinkohle, 1/10 Liter Benzin, 90 g Fett, 200 g Zucker.

Bei Zeitbezügen ist zu berücksichtigen, dass ein Jahr etwa $3 * 10^7$ Sekunden hat. Damit kann man Energie pro Zeit umrechnen in eine äquivalente kontinuierliche Leistung. Beispiele sind:

- 1 PJ/a = 10^{15} J/3 * 10^7 s = $3 * 10^7$ W = 30 MW
- 1 MWh/a = $3,6 * 10^9$ Ws/3 * 10^7 s = 120 W.

Gleich noch eine Rechnung zum Thema CO_2-Ausstoß: Die oben erwähnten Kohlenwasserstoffe bestehen angenähert aus Ketten von H-C-H. Bei der Verbrennung wird daraus CO_2 und H_2O und zwar pro Einheit CH_2 genau eine Einheit H_2O und eine Einheit CO_2. Wenn wir nun den Rest vernachlässigen und mit dem entsprechenden Bruchteil eines Mol rechnen (bei Oktan wäre das 1/8 von C_8H_{18}), sehen wir, dass aus 12+1+1 g = 14 g CH_2 jeweils 16+1+1 g = 18g H_2O und 12+16+16 g = 44 g CO_2 entstehen (natürlich braucht man dazu noch 48 g O_2). Also entsteht bei der Verbrennung von 14 g Kohlenwasserstoff jeweils 44 g CO_2, was bedeutet, dass 1 kg Kohlenwasserstoff zu etwas mehr als 3 kg CO_2 verbrennt. Unter Berücksichtigung des spezifischen Gewichts von Benzin ergibt sich, dass ein Liter Benzin zu ca. 2,3 kg CO_2 verbrennt.

5.2.3 Managementsystem

Das Umweltmanagementsystem des Unternehmens baut inhaltlich auf den in der Umweltpolitik festgelegten Prinzipien der umweltorientierten Unternehmensführung auf und setzt diese organisatorisch um. Die Umsetzung wird im Umweltmanagementhandbuch dokumentiert.

5.2.3.1 Öko-Auditierung

Die Zertifizierung nach der DIN EN ISO 14000 und das Audit gemäß der EG-Öko-Audit-Verordnung werden häufig als Synonyme für das Umweltmanagement gebraucht. Diese Zertifizierung spielt durch ihre Außenwirkung eine zentrale Rolle für die Umweltmanagementsysteme.

Die Zertifizierung bzw. die Validierung der Umwelterklärung sind ein mögliches Ergebnis eines im Unternehmen eingeführten Umweltmanagementsystems. Hier wird aber nur ein bestimmter Bereich, nämlich die Organisation des betrieblichen Umweltschutzes, betrachtet. Umweltmanagement ist also umfassender als das, was in DIN 14000 und EG-ÖkoAuditVO EMAS betrachtet wird.

Da die ISO 14001 auch die Anforderungen an ein UMS nach EMAS beschriebt, werden wir sie hier ausführlich betrachten. Die EMAS erfordert zusätzlich die Erstellung einer Umwelterklärung.

5.2.3.2 Umwelthandbuch und Normelemente

Das Umwelthandbuch ist die Dokumentation des Umweltmanagementsystems bestehend aus:

- *Umweltpolitik* als übergeordnete Zielsetzung (im UMH dokumentiert)
- *Umweltmanagementhandbuch* (UMH) für organisatorische Festlegungen
- *Umweltverfahrensanweisungen* (VA) für detaillierte verfahrensbezogene Regelungen
- *Arbeitsanweisungen* (AA) für detaillierte konkrete arbeitsplatzbezogene Regelungen.

Die Kernelemente der Norm ISO 14001 orientieren sich am PDCA-Zyklus:

- *Plan*: Planung, IST-Aufnahme und SOLL-Konzept
- *Do:* Implementierung, Umsetzung und Dokumentation
- *Check:* Kontrolle und Korrektur
- (Re-)*Act*: kontinuierlicher Verbesserungsprozess.

5.2.3.3 Umweltpolitik

Die Festlegung der Umweltpolitik stellt die erste Phase des Verbesserungszyklus dar und ist generelle Vorgabe für das Umweltmanagement im Unternehmen. Die Umweltpolitik ist die Erklärung der Organisation über ihre Absichten und Grundsätze in Bezug auf ihre umweltbezogene Gesamtleistung, die einen Rahmen für Handlungen und für die Festlegung der umweltbezogenen Zielsetzungen und Einzelziele bildet.

Die oberste Leitung (Top Management) muss die Umweltpolitik schriftlich festlegen. Die Umweltpolitik muss der Art, Umfang und Auswirkung der Aktivitäten, Produkte und Dienstleitungen der Organisation angepasst sein.

Die Umweltpolitik muss beinhalten:

- Verpflichtung zu stetiger Verbesserung
- Verpflichtung zur Verhütung von Umweltbelastungen
- Verpflichtung zur Einhaltung aller relevanten Umweltgesetze und -Vorschriften
- Verpflichtung zur Einhaltung aller Forderungen, deren sich die Organisation verpflichtet.

Exemplarische Unternehmensleitlinien

Verantwortung: Wir sind uns unserer gesellschaftlichen Verantwortung bewusst und streben eine umweltschonende Nutzung der Ressourcen an. Dazu gehört auch die Einhaltung der Gesetze, Verordnungen und Auflagen der Behörden.

Praktizierter Umweltschutz: Wir fördern den Einsatz umweltschonender und energiesparender Prozesse. Wir beachten und optimieren die direkten und indirekten Auswirkungen unserer Prozesse, Produkte und Dienstleistungen.

Mitarbeiter: Jeder Mitarbeiter ist im Rahmen seiner Aufgaben mitverantwortlich für den Schutz der Umwelt. Wir fördern die Aus- und Weiterbildung unserer Mitarbeiter.

Öffentlichkeit: Wir suchen und pflegen einen offenen, sachlichen Dialog mit der Öffentlichkeit, den zuständigen Behörden und unseren Kunden. Darunter verstehen wir auch die Information über unsere Produkte und Maßnahmen zum Schutz der Umwelt.

Gleichstellung: Umfassender Umweltschutz, hohe Qualität der Produkte und optimale Wirtschaftlichkeit sind gleichrangige Unternehmensziele.

Die Umweltpolitik bildet den Rahmen für die Festlegung und Bewertung der umweltbezogenen Zielsetzung und Einzelziele. Sie ist für jeden Mitarbeiter Leitlinie seines Handelns. Die Umweltpolitik muss

- schriftlich dokumentiert sein,
- implementiert/umgesetzt werden,
- allen Mitarbeitern bekannt gemacht werden,
- der Öffentlichkeit zugänglich gemacht werden.

5.2.3.4 Planung

Die Planungsphase nimmt im Verbesserungszyklus eine wichtige Funktion ein, da sie die Vorgaben für das Umweltmanagementsystem festlegt.

Die Organisation muss Verfahren einführen und aufrechterhalten, um die Umweltaspekte in ihrem Einflussbereich, d. h. alle umweltrelevanten Bestandteile ihrer Aktivitäten, die sie überwachen und beeinflussen kann, zu ermitteln. Umweltaspekte sind Ressourcenverbrauch und Emissionen. Diese Erfassung kann z. B. durch eine Ökobilanz für den Betrieb und für Produkte geschehen. Die Ergebnisse müssen systematisch aktuell gehalten und dienen zur Bestimmung von Schwachstellen und umweltbezogenen Zielsetzungen.

Die Organisation muss ein Verfahren einführen und aufrechterhalten, das alle relevanten gesetzlichen und anderen Forderungen identifiziert und zugänglich macht.

Die Organisation muss für jede relevante Stelle umweltrelevante Zielsetzungen und Einzelziele festlegen. Diese müssen dokumentiert sein, aufrechterhalten und fortgeführt werden. Die umweltrelevanten Zielsetzungen und Einzelziele sollen auf die Umweltpolitik, die Verpflichtung zur ständigen Verbesserung und die Verpflichtung zur Verhütung von Umweltbelastungen aufbauen.

Die Organisation muss ein Umweltmanagementprogramm zur Umsetzung und Erreichung der umweltrelevanten Zielsetzungen und Einzelziele einführen. Das Programm fasst die einzelnen Projekte zusammen und beschreibt die Ziele, Verantwortung, Ressourcen und Termine für die einzelnen Umweltprojekte.

5.2.3.5 Implementierung und Durchführung

Die Organisation muss das Umweltmanagementsystem als Organisationsstruktur implementieren. Dazu gehört, dass Aufgaben, Verantwortlichkeiten und Befugnisse festgelegt, schriftlich dokumentiert und bekanntgemacht sowie Finanzmittel, notwendige Ressourcen und qualifiziertes Personal zur Implementierung und Überwachung des Umweltmanagementsystems bereitgestellt werden. Die oberste Leitung muss außerdem eine oder mehrere Personen als Beauftragte der obersten Leitung bestellen.

Die Organisation muss sicherstellen, dass alle Beschäftigten, deren Tätigkeiten bedeutende Auswirkungen auf die Umwelt haben könnten, Schulungen bekommen. Die Organisation muss sicherstellen, dass Beschäftigte mit Aufgaben, die bedeutende Umweltauswirkungen haben können, aufgrund entsprechender Ausbildung, Schulung oder Erfahrung kompetent sind. Dies schließt die Information (Schulungen, Wissen), Motivation (Umweltbewusstsein, Wollen) und Kompetenz (Handeln, Können) ein.

Die Organisation muss im Hinblick auf Umweltaspekte und Umweltmanagementsystem Verfahren einführen/aufrechterhalten, um intern die Kommunikation zwischen den verschiedenen Ebenen und Funktionen zu ermöglichen und extern die Entgegennahme, Dokumentation und Beantwortung relevanter Mitteilungen von externen interessierten Kreisen zu ermöglichen.

Die Organisation muss das Umweltmanagementsystem dokumentieren und Verfahren für die Lenkung aller nach der Norm erforderlichen Dokumente und Aufzeichnungen einführen.

Die Organisation muss die umweltrelevanten Abläufe und Tätigkeiten (d. h. solche, die in Zusammenhang mit den festgestellten bedeutenden Umweltaspekten stehen) planen, um sicherzustellen, dass sie unter festgesetzten Bedingungen ausgeführt werden.

Dazu gehört:

- Einführung/Aufrechterhaltung von dokumentierten Verfahren für Situationen, in denen ihr Fehlen zur Nichterfüllung der Umweltpolitik und der umweltbezogenen Zielsetzungen und Einzelziele führen könnte,
- Festlegung von betrieblichen Vorgaben in den Verfahren,
- Einführung/Aufrechterhaltung von Verfahren in Bezug auf feststellbare bedeutende Umweltaspekte der benutzten Güter und Dienstleistungen,
- Bekanntgabe relevanter Verfahren und Forderungen an Zulieferer und Auftragnehmer.

Dies muss der Umweltpolitik, den Zielsetzungen und den Einzelzielen entsprechen.

Die Organisation muss Verfahren des Risikomanagements einführen, um mögliche Unfälle und Notfallsituationen zu ermitteln (Prävention) und auf Unfälle und Notfallsituationen entsprechend zu reagieren und deren Auswirkung zu verhindern und zu begrenzen (Reaktion und Reduktion).

5.2.3.6 Kontroll- und Korrekturmaßnahmen

Die Organisation muss Verfahren einführen, um maßgebliche Merkmale der Arbeitsabläufe, die bedeutenden Einfluss auf die Umwelt haben, regelmäßig zu überwachen und zu messen. Zur Behandlung und Untersuchung von Abweichungen müssen Verfahren eingeführt werden.

Die Organisation muss Programme und Verfahren für die regelmäßige Auditierung des Umweltmanagementsystems einführen und aufrechterhalten. Diese muss überprüfen, ob das Umweltmanagementsystem die Vorgaben, insbesondere diejenigen der Umweltpolitik, umsetzt, ob das Umweltmanagementsystem mit der Norm ISO 14001 übereinstimmt und ob das Umweltmanagementsystem ordnungsgemäß durchgeführt und aufrechterhalten worden ist.

Es muss sichergestellt werden, dass die Leitung Informationen über die Ergebnisse des Audits bekommt.

5.2.3.7 Bewertung durch die oberste Leitung

Die Bewertung durch die oberste Leitung schließt den Kreis der kontinuierlichen Verbesserung auf der obersten Ebene. Die Auditierung und die Korrekturmaßnahmen bilden ebenfalls Verbesserungszyklen.

5.3 Bilanzen und Indikatoren

5.3.1 Öko-Bilanzen

Eine Ökobilanz ist eine zahlenmäßige Zusammenfassung aller umweltrelevanten Größen, die das jeweilige Untersuchungsobjekt betreffen. Das Ziel einer Ökobilanz ist es, die Umweltbelastungen aufzuzeigen, die von einem Produkt oder einer Fabrik ausgehen. Je nach Untersuchungsobjekt und Methode unterscheiden wir verschiedene Arten von Bilanzen.

5.3.1.1 Untersuchungsobjekte

Das Untersuchungsobjekt einer Ökobilanz kann sein:

1. ein *Prozess* (d. h. die Umformung mehrerer Rohstoffe zu einem oder mehreren Produkten unter Einsatz von Ressourcen und Energie und unter Ausstoß von Emissionen),

2. ein *Produkt* (d. h. die Herstellung und Nutzung des Produkts von der Rohstoffgewinnung bis zur Entsorgung. Basis sind die Prozessbilanzen.),

3. ein *Nutzen* (für den Verbraucher, der durch verschiedene Produkte erreicht werden kann. Basis ist die Produktbilanz.),

4. ein *Betrieb* (entweder durch Zusammenfassung von Prozessbilanzen oder als reine Input-Output-Betrachtung).

Der Begriff Bilanzobjekt beschreibt den Bereich, für den eine Ökobilanz erstellt wird.

- *Lebenszyklusbilanz*: Ausgehend von einer Idee der ökologischen Optimierung wäre eigentlich eine Ökobilanz bezüglich eines bestimmten Nutzens (eine Mahlzeit für vier Personen, Transport eines Gutes von A nach B) anzustreben, die alle durch diesen Nutzen bewirkten Umwelteffekte berücksichtigt. Dieser Ansatz wird in der Lebenszyklusanalyse (life cycle analysis, LCA) am ehesten erbracht. Allerdings wird die LCA im Allgemeinen für ein Produkt durchgeführt. Genau genommen müssten hier im Sinne einer Vollkostenrechnung auch die induzierten Effekte durch Transport, Arbeit und Maschinennutzung mit berücksichtigt werden, was aber abschließend niemals möglich ist.

- *Produktbilanz:* Wenn wir in unseren Ansprüchen einen Schritt zurückgehen, bekommen wir eine Produktbilanz, die nur die Herstellung des Produkts (unter Einbeziehung der Rohstoffe) betrachtet. Noch enger wird der Bilanzrahmen, wenn wir nur die Rohstoffe und Energieverbräuche als solche bilanzieren und auch Emissionen, Arbeit und das Produkt inklusive des Weitertransports nicht auflösen, sondern als Posten in der Bilanz belassen.

- *Prozessbilanz*: Wenn wir bis zum Produktionsprozess oder zu dessen einzelnen Schritten zurückgehen, erhalten wir eine Prozessbilanz. Diese kann durch eine reine Schnittstellenbetrachtung (input – output) oder durch eine naturwissenschaftlich-technische Analyse des Prozesses erfolgen.

- *Betriebsbilanz:* Die Zusammenfassung und Konsolidierung (Ausgleich) aller Prozessbilanzen eines Betriebs ergeben die Betriebsbilanz, die im Allgemeinen für einen Standort oder ein Werk zusammengefasst wird.

5.3.1.2 Methodik und Auswertung

Die Auswertung einer Ökobilanz geschieht durch die gemeinsame Erfassung aller Wirkungen auf die Umwelt. Die Zusammenfassung kann in einer der folgenden Formen geschehen:

1. *Sachbilanz/Massenbilanz:* reine Summierung der Einzelfaktoren (Mengen an Material und Energie) ohne eine gemeinsame Gewichtung. Die Ergebnisse werden einzeln gegenübergestellt. Auf diese Weise kann der Vergleich in den einzelnen Komponenten geführt werden (Pareto-Optimalität).

2. *Wirkungsbilanz:* Beurteilung der Sachbilanz bezüglich der ökologischen Auswirkungen wie Klimarelevanz (Treibhauseffekt, Ozonloch), Ökosystemrelevanz (Ökotoxizität, Biotopverarmung), Ressourcenbeanspruchung (Belastung der Umweltmedien, Verbrauch von Ressourcen).

3. *Bepunktete Bilanz* (Bilanzbewertung): Diese Art der Bilanz wird im Allgemeinen als bewertete Bilanz bezeichnet. Da aber der Begriff der Bewertung eine Wertung, d. h. ethische Aspekte, mit einschließt, wollen wir eher den Begriff der bepunkteten (mit Punkten einer Skala versehen) Bilanz verwenden. Ziel dieser Art der Bilanzbewertung ist, auf einer Skala einen Vergleich verschiedener Produkte, Prozesse oder Betriebe zu bekommen. Basis der Bepunktung können sein: Äquivalenzkoeffizienten in Relation zur Gesamtressource, Geldeinheiten (Monetarisierung), Energieverbrauch (energetische Bilanz), Flächenverbrauch, Energieverbrauch. Ein wichtiges Problem dabei ist die adäquate Berücksichtigung von Risiko.

4. *Bewertete Bilanz* (normativ-ethische Aspekte): Im Gegensatz zu der mit Punkten bewerteten Bilanz erfordert eine bewertete Bilanz die Berücksichtigung von gesellschaftlichen, volkswirtschaftlichen, politischen, juristischen, ethischen oder moralischen Maßstäben.

5. *Vergleichende Bilanz* durch Gegenüberstellung von zwei Alternativen, die geeignet sind, denselben Nutzen für den Konsumenten zu stiften, auf jeder der oben angesprochenen vier Ebenen.

Dabei bauen sowohl die Wirkungsbilanz und die bewertete Bilanz als auch die vergleichende Bilanz auf einer Sachbilanz auf.

5.3.1.3 Produktbilanz und Lebenszyklusbilanz

Die eigentliche Produktbilanz, die nur die Auswirkungen der Herstellung (inklusive der Rohstoffe und Materialien) betrachtet, ist wenig aussagekräftig, hat aber den Vorteil, dass sie nur vom Produkt und nicht vom Käuferverhalten abhängt. Eine reine Bilanzierung der Nutzungsphase findet nur in Ausnahmefällen (z. B. im Bereich Mobilität: Benzinverbrauch bei PKW) statt. Die Gesamtbilanz, die Herstellung, Nutzung und Entsorgung einschließt, wird wegen des Anspruchs und der Forderung, die ökologischen Auswirkungen über den gesamten Lebenszyklus zu betrachten, auch als Lebenszyklusbilanz bezeichnet. Sie ist wichtig, um Produkte zu vergleichen und bei der Einführung neuer Produkte eine verantwortliche Entscheidung treffen zu können.

Als ein möglicher, aber sehr umfangreicher Bilanzkontenrahmen kann der folgende Rahmen für Lebenszyklusanalysen betrachtet werden, der im Sinne der Nachhaltigkeit alle wichtigen Faktoren berücksichtigt. Er geht über die ökologischen Faktoren hinaus und viele der Faktoren sind weder quantitativ erfassbar noch additiv aus einzelnen Beiträgen ableitbar.

Kontenrahmen für Nachhaltigkeits-/Lebenszyklusanalysen

1 Umwelt
    1.1   Rohstoffe
         1.1.1   Energie
         1.1.2   Rohstoffverbrauch (erneuerbare Ressourcen, nicht erneuerbare Ressourcen)
         1.1.3   Bodenverbrauch
         1.1.4   Wasserverbrauch (direkter Wasserverbrauch, Einfluss auf Wasserqualität)
         1.1.5   Abfallaufkommen (Hausmüll, Bauschutt, Sondermüll)
    1.2   Umweltmedien
         1.2.1   Immissionssituation (feste gasförmige Stoffe, Lärm, Immissionswirkung)
         1.2.2   Schadstoffeintrag in den Boden
         1.2.3   Emission flüssiger Schadstoffe
         1.2.4   Wirkung auf Klima und Temperatur
         1.2.5   Strahlung
    1.3   Mitwelt
         1.3.1   Flora
         1.3.2   Fauna
         1.3.3   Lebensräume, Biotopvielfalt
2 Gesellschaft
    2.1   Arbeitsqualität
         2.1.1   Allgemeine Arbeitsqualität
         2.1.2   Arbeitszufriedenheit
         2.1.3   Unfälle
         2.1.4   Schadstoffbelastung am Arbeitsplatz
         2.1.5   Zeitsouveränität
    2.2   Individuelle Freiheiten
         2.2.1   Individuelle Gestaltungsmöglichkeiten
         2.2.2   Gesundheit und Wohlbefinden
         2.2.3   Sicherheit (objektiv/Risiko, subjektiv/Gefühl)
         2.2.4   Förderung des Einzelnen
    2.3   Gesellschaftliche Aspekte
         2.3.1   Flexibilität
         2.3.2   Internationale Beziehungen
         2.3.3   Kulturelle Pluralität
3 Wirtschaft
    3.1   Kundenbezogen
         3.1.1   Individuelle Kosten
         3.1.2   Produktqualität
    3.2   Produktionsbezogen
         3.2.1   Arbeitsvolumen (formelles, individuelles)

5.3.1.4 Betriebsbilanz

Für das Unternehmen spiel im Rahmen des Umweltmanagementsystems und der Umweltbe-richterstattung die Betriebsbilanz eine wichtigere Rolle. Sie ist auch einfacher zu erstellen, da die Bilanzgrenzen klarer gegeben sind.

Die Erfassung der Daten kann entweder durch eine Schnittstellenbetrachtung (Input-Output) oder durch Zusammenfassung aus Prozessbilanzen für einzelne Teile geschehen. Häufig kön-nen Daten auch aus dem betrieblichen Rechnungswesen und Controlling oder vom Einkauf (Input) und Vertrieb (Output) übernommen bzw. umgerechnet werden. Für die Zurechnung und Verteilung stellen sich ähnliche Probleme wie im Rechnungswesen.

Für eine (betriebliche) Ökobilanz hat sich eine Strukturierung des Kontenrahmens eingebür-gert, die ein Mittelding zwischen Bewegungs- und Bestandsbilanz ist.

Dies rührt daher, dass auch Bestände (Flächenversiegelung, Maschinen) eine ökologische Wir-kung haben, die aber nicht wie in der monetären Bilanz (als Zins und Abschreibung) explizit auftauchen. Zunächst stellt die Ökobilanz den gewünschten Output (Produkte, Dienstleistun-gen) die dadurch implizierten Umweltauswirkungen (Ströme von Material, Wasser, Luft und Energie) gegenüber. Flächenversiegelung und Anlagegüter müssen vom Bestand und von der Bewegung her (Zugang/Abgang) erfasst werden.

Nachfolgende Tabelle zeigt einen Ökobilanz-Kontenrahmen:

Input	Output
	0. Produkte
	0.1 Halbzeuge
	0.2 Fertigprodukte
	0.3 Dienstleistungen
1. Flächennutzung/Versiegelung	1. Flächenfreigabe/Entsiegelung
1.1 Boden	1.1 Boden
1.2 Gebäude	1.2 Gebäude
2. Anlagegüter Zugang	2. Abgänge Anlagegüter
2.1 betriebstechnische Anlagen	2.1 betriebstechnische Anlagen
2.2 elektronische Kommunikation	2.2 elektronische Kommunikation
2.3 Einrichtungen	2.3 Einrichtungen
2.4 Fuhrpark	2.4 Fuhrpark

Input	Output
3. Umlaufgüter	3. Abfälle
3.1 Rohstoffe	3.1 Wertstoffe
3.2 Halb- und Fertigwaren	3.2 Reststoffe
3.3 Hilfsstoffe	3.3 Sonderabfälle
3.4 Betriebsstoffe	
4. Wasser	4. Abwasser
4.1 Trinkwasser	4.1 Menge
4.2 Brauchwasser	4.2 Belastung
4.3 Regenwasser	
5. Luft	5. Abluft
5.1 Menge	5.1 Menge
5.2 Belastung	5.2 Belastung
6. Energie	6. Energieabgabe
6.1 Strom	6.1 Strom
6.2 Heizöl (Verbrauch!)	6.2 Heizenergie
6.3 Erdgas	6.3 Restenergie (Wärme/Licht/Lärm)
6.4 Ferndampf	6.4 Dampf
6.5 Druckluft	
6.5 Treibstoffe	

Bestand	Berichtsjahr	Vorjahr
Anlagegüter Bestand		
2.1 betriebstechnische Anlagen		
2.2 elektronische Kommunikation		
2.3 Einrichtungen		
2.4 Fuhrpark		
Flächennutzung/Versiegelung Bestand		
1.1 Boden		
1.2 Gebäude		
Umlaufgüter und Energie Bestand		
3.1 Rohstoffe		
3.2 Halb- und Fertigwaren		
3.3 Hilfsstoffe		
3.4 Betriebsstoffe		
6.2. Heizöl		

Bild 5-7 Kontorahmen Ökobilanz

5.3.1.5 Betriebliches Ökocontrolling

Für das Ökocontrolling können aus der betrieblichen Bilanz Kennzahlen ermittelt werden. Als Werte sind die Einzelwerte oder ihre Aggregationen, Gewichtungen, Wirkungen und Wertungen (siehe Produktökobilanz und LCC-Bilanzrahmen) sinnvoll. Die Kennzahlen können zu einem System von Nachhaltigkeitsindikatoren ergänzt werden.

- Einsatz an Ressourcen, Energie, Material (Roh-, Hilfs-, Betriebsstoffe)
- Umweltrelevante Abgaben, Emissionen, Abfall, Strahlung, Koppelprodukte
- Leistungen für die Gesellschaft (monetär, ideell)
- Leistungen, die von der Gesellschaft getragen werden.

Als Basisgröße können diejenigen Werte dienen, die Ursache für diese Größen oder für die betriebliche Tätigkeit sind. Die Größen können auf das ganze Unternehmen bezogen sein oder auf einzelne Einheiten.

- Wertschöpfung, Deckungsbeitrag, Gewinn
- Umsatz (Menge, Geld, Masse)
- einzelne Produkte, Produktnutzen
- Anzahl Mitarbeiter (Arbeitsplätze).

Weitere Größen können z. B. im Rahmen eines Kennzahlenbaums abgeleitet werden.

5.3.2 Nachhaltigkeitsindikatoren

Indikatoren für die Nachhaltigkeit sind immer nur als Satz – als Gesamtheit – sinnvoll. Jedes Unternehmen und jede Organisation kann und muss sich einen zugeschnittenen Satz von Indikatoren schaffen. Diese Indikatoren dienen nicht nur der Berichterstattung, sondern sind eine wesentliche Komponente eines Controllingprozesses oder Verbesserungszyklus. Sie können in eine Nachhaltigkeits-Scorecard integriert werden.

5.3.2.1 Anforderungen an Nachhaltigkeitsindikatoren:

Wie überall im Controlling dient ein Indikator nicht nur der Messung. Die Einführung eines Indikators führt dazu, dass Menschen auf diesen Indikator reagieren, gegebenenfalls versuchen, statt des Gesamtsystems die für sie relevanten Kennzahlen zu optimieren (im Vertrieb: Umsatz statt Unternehmenserfolg, in der Politik: Popularität statt Nachhaltigkeit, bei Lernenden: Noten statt Lerneffekt).

Anforderungen an Indikatoren sind:

- *Skala*: Der Indikator lässt sich auf eine geordnete Skala abbilden, d. h., die Werte lassen sich vergleichen.
- *Richtung:* Der Indikator zeigt Zustand und Veränderungen in der richtigen Richtung, d. h., er ist monoton bezüglich des gewünschten Zustands.
- *Bedeutung:* Der Indikator hat eine Bedeutung (Semantik) in der realen Welt, typischerweise über Zusammenfassungen und Mittelungen.
- *Messbarkeit:* Der Indikator ist durch ein Messverfahren definiert und mit vernünftigem Aufwand bestimmbar.
- *Reproduzierbarkeit:* Die Bestimmung des Indikators ist wohldefiniert und frei von Willkür und Manipulationen.

5.3.2.2 Indikatorensatz

Im Folgenden wird ein Satz von Zielen und Indikatoren zur Nachhaltigkeit für ein Unternehmen zusammengestellt. Die Liste zeigt die exemplarischen Handlungsfelder und die Relation zwischen Zielen und Indikatoren.

Tabelle 5.2 Ziele und Indikatoren der Nachhaltigen Entwicklung

NE-Ziele	Indikatoren
Nachhaltigkeit als Leitbild	Nachhaltigkeit im Unternehmensleitbild
	Anteil Nachhaltigkeit in Unternehmensberichten
Wirtschaftliche Stabilität	Gesamtsumme der Risiken (VAR)
	Erwirtschafteter Gewinn pro Mitarbeiter
Förderung der Ausbildung	Prozentsatz der Teilnehmer an internen Weiterbildungen
	Anzahl der Teilnehmer an externen Weiterbildungen
Bildung für NE	Ausgaben für Bildung für NE als Prozentsatz des Gesamtbudgets
	Anteil der Literatur zu NE-Themen in der Unternehmensbibliothek
Excellence und Umweltschutz	Anteil der nach ISO 14001 zertifizierten Unternehmensteile
	Anteil der nach ISO 9001 zertifizierten Unternehmensteile
Umweltverträgliche Mobilität	Prozentsatz der Pendler, die den ÖPNV nutzen
	Flottenverbrauch des PKW-Fuhrparks
Gesundheitsniveau	Anzahl der Krankmeldungen
	Prozentuelle Beteiligung an internen Präventionsmaßnahmen
Sicherheitsniveau	Anzahl der Unfälle mit Personenschaden
	Anzahl der Verkehrsunfälle mit Beteiligung von Mitarbeitern
Beschäftigung	Mitarbeiterfluktuation
	Unterschiede in betrieblichen Leistungen nach Vertrag und Region
Erhaltung der Öko-Systeme	Anteil der versiegelten Fläche + Anteil Rasenfläche
	Anzahl der Wirbeltierarten auf dem Gelände
Energieverbrauch und Emissionen	Kohlendioxid-Emissionen in kg pro Mio. Euro Umsatz
	Prozentsatz Strom aus regenerativen Energieträgern und BHKW
Schonung der Ressourcen	Wasserverbrauch pro Mio. Euro Umsatz
	Anteil der betriebsintern wiedergewonnenen Wertstoffe in Prozent
Geringe Umweltbelastung	Anfallender Sondermüll in kg je Mio. Euro Umsatz
	Belastung des Abwassers (gesamter Sauerstoffbedarf)
Ehrenamtliches Engagement	Anzahl der Mitgliedschaften der Mitarbeiter in Vereinen
	Anzahl der Kandidaten für Kommunalwahlen

NE-Ziele	Indikatoren
Förderung der Gleich- berechtigung	Anteil der weiblichen Führungskräfte
	Differenz im Gehaltsniveau zwischen den Geschlechtern
Barrierefreiheit	Anzahl der behindertengerechten Arbeitsplätze
	Prozentsatz der barrierefrei zugänglichen Service-Punkte

5.4 Nachhaltigkeitskommunikation

Nachhaltiges Wirtschaften im Unternehmen sollte nicht „im Geheimen" stattfinden, sondern setzt die Einbindung der Mitarbeiter (intern) und Stakeholder (extern) voraus. Nachhaltigkeitskommunikation ist also eine wichtige Komponente der Nachhaltigkeit und nicht nur Teil eines Nachhaltigkeitsmarketing.

5.4.1 Nachhaltigkeitsberichterstattung nach GRI

Die „Global Reporting Initiative" ist eine Organisation, die Anforderungen, Standards, Leitfäden und Erstellungshilfen für Nachhaltigkeitsberichte festlegt. Der Nachhaltigkeitsbericht soll dabei die drei wichtigen Bereiche des Nachhaltigkeitsengagements von Unternehmen abdecken. Die Unterteilung der GRI entspricht dabei den Gliederungspunkten, die wir auch in der Umweltberichterstattung oder dem Qualitätsmanagement finden:

- *Strategie* und Profil: Beschreibung des Ansatzes und der Aktivitäten sowie der Strategie und Politik des Unternehmens

- *Managementansatz*: Angaben, wie die jeweilige Organisation die Strategie organisatorisch umsetzt

- *Indikatoren*: Ergebnisse, vergleichbare Daten über die ökonomische, ökologische und gesellschaftliche/soziale Leistung der Organisation.

Als wichtige Kriterien an den Bericht nennt die GRI:

- *Ausgewogenheit*: ehrliche Darstellung positiver und negative Effekte (Vollständigkeit)
- *Klarheit*: nutzbare Darstellung (Klarheit)
- *Genauigkeit*: Darstellung der Erhebungsmethode (Wahrheit)
- *Aktualität:* Nutzung der neuesten verfügbaren Informationen
- *Vergleichbarkeit*: über Organisationen und Zeit (Stetigkeit)
- *Zuverlässigkeit*: Nachvollziehbarkeit der Daten (Wahrheit).

5.4.2 Umweltberichterstattung

Umweltberichterstattung ist die Information der Unternehmensführung, der Mitarbeiter und der Öffentlichkeit über umweltrelevante Größen und Vorgänge im Betrieb (umweltrelevante Leistungen).

5.4.2.1 Umweltberichte

Viele Unternehmen geben Umweltberichte heraus. Diese sind an keine Form und keinerlei inhaltliche Vorgaben gebunden. Damit kann insbesondere auf aufwendig zu erfassende Zahlenangaben verzichtet werden. Andererseits können in Umweltberichten umweltbezogene Leistungen auch im weiteren Sinne ausführlich behandelt werden.

Umweltberichte können auch als Teil oder ergänzend zum Geschäftsbericht publiziert werden.

5.4.2.2 Umwelterklärung

Die Umwelterklärung ist ein Begriff aus der EG-Öko-Audit-VO und dort festgelegt als die Erklärung eines Unternehmens gegenüber der Öffentlichkeit bezüglich seiner Umweltpolitik, aller umweltrelevanter Tätigkeiten und der umweltrelevanten Effekte dieses Unternehmens.

Im Allgemeinen enthält die Umwelterklärung eine Zusammenfassung von Zahlenangaben über umweltrelevante Effekte in Form einer Ökobilanz. Die Inhalte einer Umwelterklärung gemäß EG-Öko-Audit-VO sind dort beschrieben.

Im Folgenden wird eine exemplarische Gliederung einer Umwelterklärung angegeben. Die Unternehmen sind aber nicht verpflichtet, eine spezielle Gliederung einzuhalten. Die EMAS regelt, welche Informationen in der Umwelterklärung enthalten sein müssen.

Umwelterklärung

Allgemeine **Angaben** zur Firma und zu den Tätigkeiten des Unternehmens, wirtschaftliche Basisdaten, Unternehmensstruktur

Umweltpolitik, Unternehmensphilosophie, strategische Ziele und Schwerpunkte

Umweltmanagementsystem mit Darstellung der wichtigsten ökologischen Belange und des Umfeldes, Organisation, Managementsystem, Mitarbeiterschulung, Umsetzung der kontinuierlichen Verbesserungen, Öko-Controlling

Umweltdaten Bestandsbilanz (Anlagenbeschreibung), Input-Output-Bilanz der Stoff- und Energieströme (Ökobilanz), zeitliche Entwicklung der Daten, Ökocontrolling

Umweltprogramm: Umweltziele, Einzelziele, Zusammenstellung bereits durchgeführter Maßnahmen, geplante und beschlossene Umweltprojekte mit Zielen, Verantwortliche, Ressourcen und Terminen

Bewertung durch die oberste Leitung

Formalien (Termin für die Vorlage der nächsten Umwelterklärung, Name des zugelassenen Umweltgutachters)

Da der Umfang der Umwelterklärung den betrieblichen Umweltauswirkungen angemessen sein soll, ist ihr Umfang von vornherein nicht festgelegt.

5.4.3 Umweltmarketing

Im Gegensatz zum Qualitäts-, Projekt- und Risikomanagement, die sich unmittelbar in Kundennutzen umsetzen, wirkt der Kundennutzen beim Umweltmanagement nur indirekt. Deshalb spielt hier das Marketing eine wichtige Rolle, um das Umweltmanagementsystem und die umweltorientierte Unternehmensführung positiv für das Unternehmen zu nutzen.

Umweltmarketing ist die Berücksichtigung der umweltorientierten Unternehmensführung im Absatzbereich. Zum Umweltmarketing gehört zum einen das umweltorientierte Marketing, d. h. die Berücksichtigung des Umweltschutzes beim Absatz, und zum anderen das Ökomarketing, das Marketing für umweltorientierte Produkte oder die Werbung mit der Umweltfreundlichkeit.

Im gesamten Marketing-Mix finden wir Anknüpfungspunkte für umweltorientiertes Handeln.

- *Produktpolitik* – umweltgerechte Produkte: Gestaltung der gesamten Produktpalette nach Umweltkriterien (Berücksichtigung des gesamten Lebenszyklus); umweltfreundliche Produktionsverfahren; recyclinggerechtes Konstruieren; Maximierung von Nutzen und Wertschöpfung

- *Distributionspolitik* – Ökologistik und Verpackung: optimierte Logistik zum Einsparen von Ressourcen (Transportaufwand, Verpackung); Retrodistribution (Mehrweg, Recycling), umweltschonende Transportverfahren, Nutzung gemeinsamer Distributionskanäle

- *Kontrahierungspolitik* – umweltfördernde Preis- und Vertragsgestaltung: Mischkalkulation zugunsten umweltfreundlicherer Produkte, Preisgestaltung als Anreiz zur Umweltfreundlichkeit bei Kunden und Lieferanten

- *Kommunikationspolitik* – umweltgerechte Kommunikation und Umweltkommunikation: umweltfreundliche Werbemittel; Konzentration auf Bedürfnisbefriedigung statt Konsumanreiz; Öko-Marketing (Herausstellen der Umweltfreundlichkeit, Firmen- und Produktimage, siehe unten).

5.4.3.1 Öko-Marketing

Öko-Marketing ist der Einsatz des Marketing-Instrumentariums zur Förderung der umweltorientierten Unternehmensführung und des Umweltschutzes:

- Marktchancen für umweltfreundliche Produkte
- Werbung mit umweltfreundlichen Eigenschaften
- Werbung mit dem Argument Umwelt

5.4.3.2 Öko-Marketing-Portfolio

Das Öko-Marketing-Portfolio stellt die betriebsbezogenen Umweltgegebenheiten den möglichen Strategien gegenüber und erlaubt die Positionierung des Unternehmens im Wettbewerb.

Variablen sind Risiken und Chancen im Umweltbereich.

- *Umwelt-Risiken*: Umweltgefährdung und Risiken durch Öko-Argumente. Dies sind zum einen die möglichen Umweltgefährdungen durch das Unternehmen. Dazu gehören die Auswirkungen und Gefährdungen durch die Rohstoffgewinnung (Abbau, Transport, z. B. Erdöltransporte) und die Produktion (z. B. Emissionen, Belästigung der Anlieger), durch den Produktgebrauch (z. B. CO_2-Emissionen) und durch die Entsorgung (Müll, Deponierung, Verbrennung, Recycling). Zum anderen gehört hierzu das Risikopotenzial, das Firmen aus möglichen Umweltschutzaktivitäten oder Sensibilisierungen (negativ gesagt: Aktionismus und Hysterien) erwachsen kann.

- *Umwelt-Chancen*: Chancen durch Öko-Marketing. Hierzu gehören alle Potenziale aus einer Umweltargumentation, die dem Unternehmen möglicherweise nutzen können. Dies reicht von erhöhten Marktchancen durch Firmen- und Produktimage über ein Profitieren vom gestiegenen Umweltbewusstsein des Kunden (geändertes Konsumverhalten) bis hin zum Nutzen aus dem Umweltbewusstsein der Mitarbeiter (Potenziale der umweltorientierten Unternehmensführung).

Die Strategien bezüglich des Umweltschutzes sind:

- *Aktiv*: innovative konsequente Umsetzung der umweltorientierten Unternehmensführung. Innovation (Prozess, Produkt, Nutzen) und Know-How-Aufbau (Umweltschutztechnik, Produktion), langfristiger Image-Aufbau (Firmen- und Produkt-Image), Umwelt-Image zur Schaffung von Goodwill (bei Kunden, Bevölkerung und Staat, Risikovorsorge).

- *Defensiv*: Risikominimierung (Verfahrensumstellung, Haftungsbegrenzung, Öko-Audit unter Risiko- und Haftungsaspekten), Produktinnovationen (Neuentwicklungen, Modifikationen, Prozessinnovationen), Substitution, gegebenenfalls Ausstieg aus Produktbereichen.

- *Passiv*: indifferentes passives Verhalten: Fortführung seitheriger Aktivitäten. Einrichten eines Frühwarnsystems (bezüglich Firmen- und Produkt-Image, Umweltbedingungen und -Gesetzgebung, Normen, Sensibilität der Bevölkerung).

- *Offensiv*: Profilierung (Firmen- und Produktimage) und Differenzierung (in Produktpalette, Zielgruppen), Konzentration auf Öko-Marketing, Teilnahme am Öko-Audit.

Grob lässt sich die Korrelation folgendermaßen beschreiben:

- Gute *Öko-Chancen* sollten in ein aktives Öko-Marketing umgesetzt werden. Dabei müssen die Umweltaktivitäten des Unternehmens und die Kommunikations- und Werbemaßnahmen (für Produkt und Unternehmen) zusammenpassen (Glaubwürdigkeit).

- Hohe *Öko-Risiken* müssen mit aktivem oder defensivem umweltorientiertem Marketing beantwortet werden. Dabei wird die Substitution von Produkten und Verfahren eine wichtige Rolle spielen.

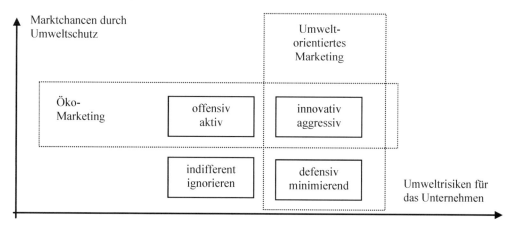

Bild 5-8 Öko-Marketing-Portfolio

5.5 Bildung für Nachhaltige Entwicklung (BNE)

Bildung spielt für die nachhaltige Umsetzung eines Konzepts zur Nachhaltigen Entwicklung eine wichtige Rolle.

5.5.1 BNE in der Agenda 21

Kapitel 36 der Agenda 21 gibt umfangreiche Ziele und Handlungen zum Thema Förderung der Schulbildung, des öffentlichen Bewusstseins und der beruflichen Aus- und Fortbildung:

a) Neuausrichtung der Bildung auf eine Nachhaltige Entwicklung;
b) Förderung der öffentlichen Bewusstseinsbildung;
c) Förderung der beruflichen Ausbildung.

Im Folgenden geben wir einige exemplarische Ziele und Maßnahmen der Lokalen Agenda 21 zum Thema Bildung für Nachhaltige Entwicklung an, die auch für den Ingenieur in seiner Leitungsfunktion wichtig sind: Im Rahmen der BNE sind auch Unternehmen und ihre Verbände explizit angesprochen:

- *Regierungen:* Die Regierungen sollen darauf hinwirken, Strategien zu aktualisieren bzw. zu erarbeiten, deren Ziel die Einbeziehung von Umwelt und Entwicklung als Querschnittsthema auf allen Ebenen des Bildungswesens innerhalb der nächsten drei Jahre ist. Dies soll in Zusammenarbeit mit allen gesellschaftlichen Bereichen geschehen.

- *Hochschulen*: Die einzelnen Länder könnten Aktivitäten von Universitäten und sonstige Aktivitäten im tertiären Sektor sowie Netzwerke für umwelt- und entwicklungsorientierte Bildung/Erziehung unterstützen. Allen Studierenden könnten fächerübergreifende Studiengänge angeboten werden. Dabei soll auf bestehende regionale Netzwerke und Aktivitäten sowie Bemühungen der Universitäten der einzelnen Länder zurückgegriffen werden, die zur Förderung der Forschung und gemeinsamer Unterrichtskonzepte zum Thema Nachhaltige Entwicklung beitragen, und es sollen neue Partnerschaften und Kontakte mit der Wirtschaft und anderen unabhängigen Sektoren sowie mit allen Ländern zum Austausch von Technologien, Know-how und Kenntnissen hergestellt werden.

- *Verbände:* Die nationalen Berufsverbände werden dazu ermutigt, ihre Standesordnung und ihre Verhaltenskodizes weiterzuentwickeln und zu überprüfen, um deren Umweltbezug und -engagement zu verbessern. In den auf die Ausbildung und die persönliche Entwicklung bezogenen Teilbereichen von Programmen, die von Standesorganisationen unterstützt werden, soll die Einbeziehung von Kenntnissen und Informationen über die Umsetzung einer Nachhaltigen Entwicklung auf allen Stufen des politischen Willensbildungs- und Entscheidungsprozesses gewährleistet werden.

- *Nichtregierungsorganisationen (NGO)*: Vorhandene Netzwerke von Arbeitgeber- und Arbeitnehmerorganisationen, Industrieverbänden und nichtstaatlichen Organisationen sollen den Austausch von Erfahrungen über Aus- und Fortbildungsprogramme und über Programme zur Bewusstseinsschärfung fördern.

5.5.2 Gestaltungskompetenz

Das Ziel der Bildung für Nachhaltige Entwicklung ist es, dem Einzelnen Fähigkeiten mit auf den Weg zu geben, die es ihm ermöglichen, aktiv und eigenverantwortlich die Zukunft mit zu gestalten. Zusammenfassend wird dies als „Gestaltungskompetenz" bezeichnet. Sie umfasst – angepasst auf die betriebliche Situation – folgende Kompetenzen:

- *Wissenserwerb*: Wissen aufbauen und integrieren, Systeme und Zusammenhänge modellieren, interdisziplinär Erkenntnisse gewinnen, Wissenserwerb planen.

- *Analyse*: vorausschauend denken und handeln, ganzheitlich denken, Wissen und Konzepte analysieren, Risiken und Gefahren erkennen, Planungen und Leitbilder reflektieren.

- *Sozialkompetenz*: Empathie und Solidarität entwickeln und entsprechend handeln, Verantwortung übernehmen, Positionen vertreten, Rollen in Gruppen analysieren.

- *Planung*: Selbstständig planen und handeln können.

- *Kooperation*: gemeinsam mit anderen planen und handeln, Entscheidungsprozesse mitgestalten.

- *Motivation*: andere und sich selbst motivieren, aktiv zu werden.

5.6 Ganzheitliches Problemlösen

Excellence, Nachhaltige Entwicklung und Management leben nicht so sehr von der Kenntnis bestimmter Fakten, sondern von einer Denkweise, die einen kontinuierlichen Verbesserungsprozess mit einer ganzheitlichen Sicht auf das Unternehmen und seine Umwelt fordert und fördert. Der Ingenieur als Manager hat dabei durch eine Unternehmenssicht, die Dynamik, Regelkreise und systemtheoretische Betrachtungen beinhaltet, eine gute Ausgangsbasis. Allerdings haben Organisationen meist komplexere Systeme und Rückkopplungsstrukturen, die Modellierung mit Hilfe exakter mathematischer Verfahren stößt damit in der Praxis an folgende Grenzen:

- Die Komplexität des Systems (numerische Komplexität, Dynamik, Vielschichtigkeit) erfordert die Integration von verschiedenen Modellen.
- Unscharfe und weiche Faktoren erfordern eine entsprechende Modellierung, die mit quantitativen Modellen nur unter erheblichem Aufwand zu verbinden ist.
- Die mangelnde Vermittelbarkeit und Akzeptanz formal-mathematischer Modelle macht anschauliche Modelle notwendig.

Als Methode zur Analyse und Problemlösung bietet sich die Methodik des Vernetzten Denkens oder ganzheitlichen Problemlösens an. Sie ist natürlich nicht die einzige, das eine vernetzte oder ganzheitliche Herangehensweise an Probleme fördert: Jedes modellbasierte Problemlösen genügt diesem Anspruch. Sie ist aber als Methode mit Schritten ausformuliert und bietet so auch für den unerfahrenen Modellierer einen guten Leitfaden.

Vernetztes (ganzheitliches/systemisches) Denken bezeichnet eine Problemlösungsstrategie, die versucht, ein Problem in seinem gesamten Kontext zu sehen und Problemlösungen nicht nach Schemata, sondern aufgrund einer ganzheitlichen Sicht abzuleiten.

Vernetzte Modelle kann man mit Hilfe von Graphen sehr gut darstellen. Die variable Semantik von Graphen und Netzen (im mathematischen Sinn: bipartite Graphen) erlaubt es, viele Aspekte und Perspektiven eines Systems mit einem einzigen Formalismus zu modellieren. Die Methodik des ganzheitlichen Problemlösens wurde für Managementanwendungen entwickelt. Sie ist aber auch auf viele andere Bereiche übertragbar, in denen Entscheidungen getroffen werden. Vernetztes Denken kann man nicht durch eine Methode erzwingen. Man kann nur durch einzelne Schritte die Problemlösungsmethodik unterstützen. Das Vorgehen wird in [Gomez/

Probst] anhand von sieben typischen Denkfehlern beschrieben, die im Umgang mit komplexen Situationen häufig vorkommen. Dazu werden jeweils die zugehörigen Schritte beschrieben, die zu unternehmen sind, um diese Fehler zu vermeiden (überarbeitet nach [Gomez/Probst]):

1. Denkfehler: Probleme sind objektiv gegeben und müssen nur noch klar formuliert werden.
1. Schritt: *Abgrenzung des Problems*

2. Denkfehler: Jedes Problem ist die direkte Konsequenz seiner Ursache.
2. Schritt: *Ermittlung der Vernetzung*: Zwischen den Elementen der Problemsituation sind die Beziehungen zu erfassen und in ihrer Wirkung zu analysieren.

3. Denkfehler: Um eine Situation zu verstehen, genügt eine „Photographie" des Ist-Zustands.
3. Schritt: *Erfassung der Dynamik*: Die zeitlichen Aspekte der einzelnen Beziehungen und einer Situation als Ganzes sind zu ermitteln. Gleichzeitig ist die Bedeutung der Beziehungen im Netzwerk zu erfassen.

4. Denkfehler: Verhalten ist prognostizierbar, notwendig ist nur ausreichende Information.
4. Schritt: *Interpretation der Verhaltensmöglichkeiten*: Künftige Entwicklungspfade sind zu erarbeiten und in ihren Möglichkeiten zu simulieren.

5. Denkfehler: Problemsituationen lassen sich mit entsprechendem Aufwand „beherrschen".
5. Schritt: *Bestimmung der Lenkungsmöglichkeiten*: Die lenkbaren, nichtlenkbaren und zu überwachenden Aspekte einer Situation sind in einem Lenkungsmodell abzubilden.

6. Denkfehler: Ein „Macher" kann jede Problemlösung in der Praxis durchsetzen.
6. Schritt: *Gestaltung der Lenkungseingriffe*: Entsprechend systemischen Regeln sind die Lenkungseingriffe so zu bestimmen, dass situationsgerecht und mit optimalem Wirkungsgrad eingegriffen werden kann.

7. Denkfehler: Mit der Einführung einer Lösung ist das Problem endgültig erledigt.
7. Schritt: *Weiterentwicklung der Problemlösung*: Veränderungen in einer Situation sind in Form lernfähiger Lösungen vorwegzunehmen.

8. Denkfehler: Durch die Analyse ist das Problem bewältigt.
8. Schritt: *Planung und Umsetzung konkreter Maßnahmen*: Die Problemlösung ist als Projekt zu planen und konkrete Problemlösungsmaßnahmen sind abzuleiten und zu ergreifen.

Das schrittweise Vorgehen ist dabei als erster Ansatz zu sehen. Der Problemlösungsprozess wird ein Abweichen vom linearen Vorgehen und Iterationen notwendig machen. Daneben erfordert der gesamte Prozess auch eine Moderation und eine – sanfte – Führung. Wir geben im Folgenden als Richtschnur für das Vorgehen diese „Denkfehler im Umgang mit komplexen Situationen" und die „Schritte des ganzheitlichen Problemlösens" gemäß [Probst/Gomez] kommentiert wieder.

5.6.1 Definition und Modellierung des Problems

Im diesem Schritt wird das Problem und das System gegen die „irrelevante Umwelt" abgegrenzt (Scope). Dabei sind die verschiedensten Aspekte und Perspektiven zu berücksichtigen. Die wichtigen Größen (Variablen) der Problemsituation sind zu beschreiben. Dabei ist auf eine vollständige Beschreibung der Semantik zu achten (genaue Angabe der Bedeutung der verwendeten Begriffe).

Tabelle 5.3 Arbeitsblatt Bestimmung der Aspekte

Problemaspekte (Kriterien)				
Aspekt	**Beschreibung**	**Ist**	**Soll**	**Problem**
Finanzen				
Organisation				
Gesellschaft, Soziales				
Image				
Technik				
Ökologie				
Ethik/Moral				
… weitere Aspekte				

Tabelle 5.4 Arbeitsblatt Bestimmung relevanter Perspektiven

Problemperspektiven (Sichten)/Stakholder			
Personen/Gruppen	**Betroffenheit**	**Einflussmöglichkeit**	**Ziele**
Geschäftsleitung			
Mitarbeiter			
Kunden			
Lieferanten			
Öffentlichkeit, Gesellschaft			
Verbände, Lobbies			
… weitere Stakeholder			

5.6.2 Modellierung der Vernetzung

In diesem Schritt wird ein Graphen-Modell des Systems erstellt. Dies stellt ein dynamisches System dar. Grundelement sind dabei positive und negative Einflüsse und Rückkopplungen. Dabei muss die Semantik der Pfeile (Einflüsse, Flüsse, Korrelationen, Übergänge) beachtet werden.

Für jede Perspektive kann ein eigenes Netz erstellt werden. Teilnetze können Teilsysteme abbilden. Die praktische Arbeit an dem Netz sollte in der Gruppe und auf möglichst großem Papier erfolgen.

5.6.2.1 Pfeile

Die Semantik der Pfeile ist möglichst genau zu modellieren. Variablen und Einflüsse sind möglichst quantitativ zu beschreiben.

Tabelle 5.5 Arbeitsblatt Beschreibung der Semantik

Pfeilsemantiken (Bedeutung der Pfeile) im Realen System		
Art	Bedeutung	Wichtige Kenngrößen/mögliche Änderung
Eigentliche Pfeilsemantik in Netzen des Vernetzten Denkens		
Proportionaler Einfluss	$\Delta y = \alpha\, x$	Stärke, Zeitkonstante
Sinnvolle Pfeilsemantiken		
Beliebiger Einfluss	$\Delta y = f(x)$	Stärke, Zeitkonstante
Proportionalität	$\Delta y = \alpha\, \Delta x$	Stärke, Wirkung, Richtung, gemeinsame Basisgröße
Proportionalität	$y = \alpha\, x$	Wirkung, Richtung, Zeitverhalten
Problematische Pfeilsemantiken im Netz		
Beziehung	zwischen Begriffen	Beziehungen in Einflüsse wandeln
Übergang	zwischen Zuständen	Zustände durch Größen ersetzen
Flüsse	von Objekt zu Objekt	Wirkung auf Attribute modellieren
Abhängigkeit	$y = f(x)$	Quantifizieren, Einflüsse modellieren

Wird von der Semantik abgewichen, ist dies bei der Auswertung zu berücksichtigen. Da das Netz hauptsächlich dem Verständnis dienen soll und die Auswertung mittels des im folgenden beschriebenen Papiercomputers auch nur sehr grob ist, sollte man sich – gerade zu Beginn der Modellierung – nicht durch Formalien einschränken lassen.

5.6.2.2 Elemente eines Netzes

Die Elemente sind der Kern des Netzes. Es sind möglichst viele Elemente aufzunehmen. Dabei wird auch die Semantik der Elemente beschrieben, da nur so sinnvolle Verknüpfungen und aussagefähige Folgerungen möglich sind.

Wichtige Fragen sind:

- Was bedeutet diese Größe?
- In welchen Einheiten wird gemessen? Was sind die Enden der verwendeten Skala? Was ist positiv/negativ im Sinne des Netzes?

Tabelle 5.6 Arbeitsblatt Bestimmung der Elemente und Variablen im System

Wichtige Elemente und Variablen				
Bezeichnung	**Bedeutung**	**Quantifizierung**	**Wirkung**	**Einflüsse**

5.6.2.3 Graph des Netzes

Das Systemmodel oder Netz wird nun als Graph gezeichnet. Dabei empfiehlt sich, die Entwürfe in einer gemeinsamen Diskussion mit einem geeigneten Medium (Tafel) zu erarbeiten, da die interdisziplinäre Diskussion von Elementen und Beziehungen ein wichtiger Schritt der Lösung ist.

5.6.3 Modellierung der Dynamik

Im diesem Schritt erfolgt neben der Identifikation von Rückkopplungsschleifen eine Klassifizierung der Systemelemente.

Neben den Rückkopplungsschleifen spielen die Aktivsummen und Passivsummen eine Rolle:

- *negative Rückkopplung* = Stabilisierung: jede Schleife mit einer bzw. einer ungeraden Anzahl von negativen (hemmenden) Einflüssen. Eine negative Rückkopplung kann aber auch eine Abwärtsspirale beschreiben (Stabilisierung beim Wert Null).
- *positive Rückkopplung* = Instabilität (exponentielles Wachstum): jede Schleife mit einer geraden Anzahl von negativen Einflüssen (die sich zu einer positiven Verstärkung verknüpfen)
- *Aktivsumme* (AS): Summe der von einem Element ausgehenden Einflüsse
- *Passivsumme* (PS): Summe der auf ein Element einwirkenden Einflüsse.

Dabei ist zu beachten, dass „positiv" und „negativ" im mathematischen bzw. systemtheoretischen Sinne gemeint sind und keinerlei Wertung beinhalten.

Die Rückkopplungsschleifen sind das Essentielle im Modell. Elemente, die in positive Rückkopplungsschleifen eingebettet sind, sind viel kritischer, als es ihre Aktiv- und Passivsumme aussagt.

Tabelle 5.7 Arbeitsblatt Rückkopplungsschleifen

Kritische Rückkopplungsschleifen		
Elemente der Rückkopplungsschleife	**Beurteilung**	**Beeinflusste Elemente**

Der sogenannte Papiercomputer [Vester] ist eine einfache Methode zur Analyse dynamischer Systeme. Dabei wird jedes Element anhand seiner eingehenden und ausgehenden Pfeile mit einer Aktiv- bzw. Passivsumme charakterisiert.

Tabelle 5.8 Arbeitsblatt Papiercomputer

Beziehungen und Papiercomputer								
	1.	2.	3.	4.	5.	6.	7.	AS
1.								
2.								
3.								
4.								
5.								
6.								
7.								
PS								

Die Klassifizierung dieser Elemente anhand der beeinflussten und beeinflussenden Elemente mit dem Papiercomputer betrachtet nur die direkten Vorgänger eines Knotens, was sehr problematisch ist, da z. B. ein einzelnes Element, das nur einen einzigen hoch aktiven Knoten stark beeinflusst, sehr kritisch und brisant sein kann. Deshalb sollte die Summenbildung iteriert werden. Generell lässt aber eine rein qualitative Modellierung und Analyse die Dynamik nicht immer erkennen, da selbst einfache Systeme bei qualitativer Gleichheit (positive und negative Rückkopplungen) in Abhängigkeit von deren Ausprägung (Stärke, Zeitkonstanten, Verzögerungen) ganz verschiedenes Verhalten zeigen können. Hier ist im Allgemeinen eine mathematische Analyse zumindest von Teilsystemen notwendig.

Die Auswertung des Papiercomputers erfolgt in zwei Schritten:

- Bestimmung der Rückkopplungsschleifen, Identifikation positiver Rückkopplungsschleifen
- Charakterisierung der Elemente im Portfolio.

Im Elemente-Portfolio werden nun die Elemente mit ihren Aktiv- und Passivsummen eingetragen. Damit werden die Elemente nach dem Verhältnis zwischen Aktivität und Passivität charakterisiert. Außerdem gibt die Kritizität (A*P) in Ergänzung zu den Rückkopplungsschleifen einen Anhaltspunkt über kritische Elemente im System.

Tabelle 5.9 Arbeitsblatt Klassifizierung der Elemente

Klassifizierung der Elemente					
Element	**Aktivsumme AS**	**Passivsumme PS**	**Kritizität AS*PS**	**Aktivität AS/PS**	**Beurteilung**
In Schleifen	Egal	Egal			Kritisch
Viele Einflüsse	Groß	Groß	Sehr groß	Mittel	Kritisch
Beeinflussend	Klein	Klein	Mittel	Sehr groß	Aktiv
Beeinflusst	Klein	Groß	Mittel	Sehr klein	Passiv
Wenige Einflüsse	Niedrig	Niedrig	Niedrig	Egal	Träge

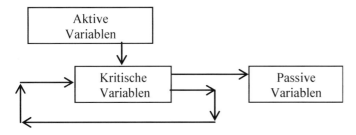

Bild 5-9 Kybernetische Rolle der Variablen

5.6.4 Modellierung der Unsicherheit – Kybernetisches Modell

Dabei ist nicht nur die Dynamik im aufgestellten Modell, sondern auch die zeitliche Veränderung der gemachten Vorgaben zu betrachten. Dieser Schritt stellt eine Sensitivitätsanalyse dar. Eine Szenariotechnik (mit optimistischen, pessimistischen und plausibelsten Werten) sollte durch die Einbeziehung von möglichen außergewöhnlichen Ereignissen ergänzt werden.

Für das kybernetische Modell sind die Elemente zu charakterisieren und zu klassifizieren.

- Für die Bestimmung optimaler Lenkungseingriffe müssen nicht nur Aufwand und Wirkung gegeneinander abgewägt werden, man muss auch die Dynamik und Stabilität des Systems und mögliche Nebeneffekte berücksichtigen.

- Neben den Lenkungseingriffen in Form von Rückkopplungen sollten auch Änderungen im System selbst (Strukturbrüche) berücksichtigt werden. Dazu muss sich die Problemlösung auf eine Meta-Ebene begeben.

Durch das Steuerungsmodell, das wegen der Rückkopplungen im technischen Sinne eine Regelung ist, entsteht ein neues Modell, das analog zu analysieren ist.

Tabelle 5.10 Arbeitsblatt Lenkungseingriffe

Lenkungseingriffe		
Beeinflussbare Größe	**Aktionen**	**Indikatoren**

5.6.5 Adaptivität

Die implementierten Lösungen sollen hinreichend flexibel (Entscheidungsregeln statt Aktionenfolgen, Rückkopplungssteuerungen statt fester Steuerfunktionen) und adaptiv sein. Indikatoren für mögliche zukünftige Probleme sind zu implementieren.

Das geplante System sollte ebenfalls mittels der Methode des Vernetzten Denkens analysiert werden, falls notwendig in mehreren Iterationen.

Eine Strategie der Nachhaltigkeit und Adaptivität wird durch die Festlegung von Indikatoren und zugehörigen Reaktionen festgelegt.

Tabelle 5.11 Arbeitsblatt Nachhaltigkeit und Adaptivität

Adaptivität		
Mögliche Entwicklung	**Indikator**	**Reagierende Systemkomponente**

Der Verbesserungsprozess wird bezüglich der wichtigen Perspektiven und Aspekte festgelegt. Dazu werden Zielgrößen und Maßnahmen sowie Methoden der Überprüfung (Evaluierung) der Verbesserungsprozesse definiert.

Tabelle 5.12 Arbeitsblatt Verbesserungsprozess

Kontinuierliche Verbesserung/Managementprozess		
Perspektive/Aspekt/Zielgröße	**Verbesserungsprozess**	**Evaluierung**

5.6.6 Konkrete Aktionen

Hier werden sinnvollerweise die Methoden des Projektmanagements eingesetzt. Auf jeden Fall müssen die Erkenntnisse in konkrete Planungen im Rahmen des Projektdreiecks (Ziel = Ergebnis, Termin, Ressourcen = Menschen + Mittel + Material) umgesetzt werden.

Tabelle 5.13 Arbeitsblatt Umsetzung

Umsetzung					
Perspektive/ Aspekt/Ziel	Maßnahme	WER?	WAS?	bis WANN?	und DANN?

5.7 Zusammenfassung

Nachhaltige Entwicklung für die Welt und das Unternehmen kann nur in einem ganzheitlichen Ansatz umgesetzt werden. Nachhaltige Entwicklung integriert

- ökonomische Aspekte (Wirtschafts- und Finanzaspekt)
- ökologische Aspekte (Umweltaspekt)
- soziale Aspekte (Gesellschafts- und Politikaspekt)

Managementsysteme setzen diese Aspekte im Unternehmen um.

5.8 Literaturhinweise

Mit der Integration der Nachhaltigkeit ins Unternehmen beschäftigen sich einige Organisationen wie BAUM oder Unternehmensgrün auf deren Seiten man interessante Informationen beschaffen kann. Daneben sind direkt die Seiten zu EMAS und der UNESCO ESD zu empfehlen.

Verwendete und empfohlene Literatur

Homann, K., Blome-Drees, F.: Wirtschafts- und Unternehmens-Ethik, UTB – Vandenhoek&Ruprecht, Göttingen 1992

Klöpfer, W., Grahl, B.: Ökobilanz (LCA). Wiley-VCH, Einheim 2009

Liesegang, D. G. (Hrsg.), Pischon, A.: Integrierte Managementsysteme für Qualität, Umweltschutz und Arbeitssicherheit. Springer Verlag, Berlin, Heidelberg, München 1999

Michelson, G., Godemann, J.: Handbuch Nachhaltigkeitskommunikation. Oekom Verlag, München 2007

Probst, G. J. B., Gomez, P., (Hrsg.): Vernetztes Denken – Unternehmen ganzheitlich führen. Gabler Verlag, Wiesbaden 1989

Rat für Nachhaltige Entwicklung (ed.): Forschrittsbericht 2008 – für ein Nachhaltiges Deutschland. [http://www.bundesregierung.de/Content/DE/Publikation/Bestellservice/__Anlagen/2008-11-17-fortschrittsbericht-2008,property=publicationFile.pdf]

Ulrich, P., Fluri, E.: Management. UTB Verlag, Stuttgart 1995

Vester, F.: Unsere Welt – ein vernetztes System. dtv, Stuttgart 1987

6 Excellence – Mikroökonomische Nachhaltigkeit

> *Qualität* bezeichnet alle Aspekte eines Produkts oder einer Dienstleistung, die vom Kunden als positiv empfunden werden und zur Befriedigung seiner Bedürfnisse beitragen.
>
> *Excellence* bezeichnet alle Aspekte eines Unternehmens, die dazu beitragen, dass dieses für den Kunden und die Stakeholder Qualität erzeugen, für die Shareholder und Mitarbeiter eine positive Unternehmensentwicklung fördern und für die Gesellschaft eine Nachhaltige Entwicklung unterstützen kann.

Wann ist ein Unternehmen „gut"? Wann ist ein Produkt „gut"? Der Begriff der Qualität ist für Produkte und Dienstleistungen vielschichtig. Unterschiedliche Definitionen, die versuchen, möglichst objektiv zu sein, beleuchten unterschiedlichste Facetten der Eigenschaften, Vorteile oder deren Wahrnehmung. Immer steht aber der Nutzen für eine Gruppe von Stakeholdern im Vordergrund: „Gut" heißt immer auch „gut für wen". Daneben ist in einer nichtdeterministischen Welt die Qualität von Produkten, Firmen und Entscheidungen nicht immer am tatsächlichen Ergebnis messbar, selbst wenn dieses schon eingetroffen ist. Excellence muss sich mit Unsicherheiten und Wahrscheinlichkeiten beschäftigen, wobei die Frage, ob die Absicht oder das Ergebnis einer Handlung oder Entscheidung das richtige Kriterium ist, weit in ethische Fragestellungen hineinreicht.

Der Begriff Excellence wird in Deutschland meist im Zusammenhang der „Business Excellence" verwendet. Er wurde durch die Arbeiten von Tom Peters („Spitzenleistungen") populär und wird im Folgenden als ein umfassenderer Begriff für Qualitätsaktivitäten genutzt, der auch den wirtschaftlichen Erfolg und die gesellschaftliche Verantwortung mit einschließt. Damit ist Excellence nicht nur ein über den kundenorientierten Begriff Qualität hinausgehendes Synonym für Spitzenleistungen im Unternehmen, sondern durchaus das Mikro-Gegenstück zur Nachhaltigkeit.

6.1 Qualität

Der Begriff der Qualität ist für dieses Kapitel essentiell, wir werden ihn deshalb zunächst analysieren, insbesondere im Zusammenhang mit dem Produkt und dem Kunden.

6.1.1 Begriff Qualität

„Qualität ist, wenn der Kunde wiederkommt und nicht das Produkt." Dieser Spruch drückt die beiden wesentlichen Aspekte des Begriffs Qualität aus:

- die *Freiheit von Fehlern* – also eine objektive Eigenschaft des Produkts (bezogen auf die jeweilige Nutzung) und

- die *Zufriedenheit des Kunden* – also eine subjektive Einschätzung, die durch die Wahrnehmung beeinflusst wird.

Daneben (oder davor) hat Qualität eine wichtige Funktion im Unternehmen: sich an der eigenen Rolle im Wertschöpfungsprozess zu orientieren. Damit wirkt Qualität auch auf die Selbsteinschätzung und Motivation der Mitarbeiter.

> Qualität ist die Gesamtheit aller Aspekte eines Produkts, die dazu beitragen, dass der Kunde seine Bedürfnisse befriedigen kann und das Unternehmen und die Mitarbeiter sich mit dem Produkt identifizieren können.
>
> Qualität ist also
>
> - eine Eigenschaft eines Produkts (Ware, Dienstleitung) und
> - durch eine Gesamtheit von Aspekten charakterisiert.
>
> Darüber hinaus wird Qualität beeinflusst
>
> - durch die Kommunikation und Wahrnehmung des Produkts,
> - durch die Anforderungen des jeweiligen Kunden,
> - durch die Anforderungen aller potenziellen Stakeholder.

Dabei kann das betrachtete Produkt ein physisches Produkt, eine geistige Schöpfung oder eine Dienstleistung sein, ebenso können wir die Qualität von Entscheidungen betrachten. Wann eine Entscheidung oder allgemein ein Produkt „gut" ist, hängt nicht nur von den Fakten, sondern auch von Werten ab. Diese Analyse kann also ohne eine ethische Betrachtung nicht geführt werden.

Die Definition des Begriffs Qualität kann aus verschiedenen Richtungen erfolgen. Wichtige Ansätze sind:

- *Transzendent/konsensbasiert*: Qualität ist ein Grundbegriff, der keiner Erklärung bedarf, d. h., es gibt einen allgemeinen Konsens, was hohe Qualität ist. Qualität kann weder definiert noch gemessen, sondern nur ganzheitlich beurteilt werden. Qualität ist ein Synonym für hohe Standards.

- *Normativ/wertebezogen*: Qualität ist die Einhaltung von Normen und Werten, wobei sich diese nicht nur aus festgelegten Regeln (DIN, VDI, ...), sondern auch aus moralischen und ethischen Überlegungen ergeben und die verschiedenen Anspruchsgruppen berücksichtigen.

- *Produktbezogen/merkmalsbezogen*: Qualität ist eine objektive Eigenschaft des Produkts und lässt sich aus der Gesamtheit der Merkmale eines Produkts bestimmen. Qualität ist die (wertfreie) Gesamtheit der Merkmale. Qualität ist eine präzise messbare Größe.

- *Nutzenbezogen/kundenbezogen*: Qualität ist die Eignung eines Produkt für den Nutzen. Qualität bedeutet Zufriedenheit des Kunden. Sie wird durch die Zufriedenheit der Nutzer festgelegt („fitness for use"). Damit wird Qualität auch durch die Kommunikation über das Produkt (Anspruch, Wahrnehmung) bestimmt.

- *Ökonomisch/kostennutzenbezogen*: Qualität bedeutet ein optimales Verhältnis von Kosten und Nutzen. Exakt betrachtet, müsste man die Nutzenfunktion des Kunden in Relation zur seiner Nutzenfunktion für Geld und Zeit betrachten. Qualität kann einen geforderten Nutzen zu einem akzeptablen Preis, einen hohen Nutzen zum gegebenen Preis oder einen maximalen Quotienten des Nutzens zum Gesamtaufwand für die Nutzung des Produkts bedeuten.

- *Prozessbezogen/produktionsbezogen*: Qualität entsteht durch die richtige Erstellung des Produkts („right the first time", Null-Fehler-Prozess). Qualität bedeutet die Beachtung aller Randbedingungen, die für die Herstellung eines „guten" Produkts notwendig sind.

- *Unternehmensbezogen/mitarbeiterbezogen*: Qualität ist die Teilnahme am (nicht notwendigerweise wirtschaftlichen) Wertschöpfungsprozess, mit der das Unternehmen und die Mitarbeiter den eigenen Wert definieren und schaffen. Qualität ist das, worauf Unternehmen und Mitarbeiter stolz sind.

Trotz dieser Vielfalt kann als Gemeinsames festgehalten werden: Qualität ist die Eigenschaft eines Produkts in den Augen der Stakeholder, vor allem der Kunden.

6.1.2 Qualitätsmanagement

Zur Sicherstellung der Qualität kann man mehrere Stufen betrachten:

- *Qualitätsprüfung*: Untersuchung des Ergebnisses (Produkts) eines Produktionsprozesses auf mögliche Abweichungen von den Vorgaben. Dies soll sicherstellen, dass das Ergebnis die geforderten Eigenschaften hat (Verifikation) bzw. (bei korrekter Umsetzung von Anforderungen in Eigenschaften) dass es die gegebenen Anforderungen erfüllt (Validierung).

- *Qualitätssicherung*: Maßnahmen, die unternommen werden, um in der Produktion die Qualität des Produkts sicherzustellen und Fehler zu vermeiden. Qualitätssicherung basiert auf der Prüfung von Produkt und Produktionsumgebung und der Eliminierung von erkannten Fehlern und Fehlerquellen.

- *Qualitätsplanung*: Planerische Maßnahmen zur Realisierung der geforderten Qualität. Qualitätsplanung umfasst die systematische Umsetzung der Anforderungen aller Stakeholder in Produkteigenschaften und die Planung der Qualitätssicherung und Qualitätsprüfung (Prüfplanung).

- *Qualitätsmanagement*: Organisatorische Maßnahmen zur Sicherstellung der Qualität. Dabei stehen die Prozesse im Unternehmen im Vordergrund. Hier sind insbesondere der Produktenstehungsprozess (Produktentwicklungsprozess + Produktionsprozess) und die kontinuierliche Verbesserung sowie führungs- und mitarbeiterbezogene Prozesse wichtig. „Qualitätsmanagement rückt den Menschen in den Mittelpunkt" [Kamiske].

6.1.3 Produkt

Produkt ist alles, was das Unternehmen (Lieferant) bearbeitet und der Kunde braucht. Dies können physische Objekte (materiell), Informationen oder Dienstleistungen (immateriell) sein.

Ein Produkt ist ein Ergebnis einer Tätigkeit oder eines Prozesses. Außerdem kann ein Prozess neben den beabsichtigten Produkten auch unbeabsichtigte (und häufig unerwünschte) Produkte haben. Produkte können sein:

- *materielle* Produkte wie Hardware (individuelle, identifizierbare Produkte) oder verfahrenstechnische Produkte (mengenmäßig erfassbare Produkte) und

- *immaterielle* Produkte wie Software, Entwürfe, Wissen oder Dienstleistungen oder Kombinationen davon.

Mit zunehmender Komplexität der Kundenbeziehungen werden auch die Produkte komplexer. Das Produkt ist – insbesondere bei Dienstleistungen und Kombinationen – nicht mehr nur ein „fertiges" Ergebnis, das dem Kunden angeboten wird, oder ein aufgrund von Kundenvorgaben entwickeltes Ergebnis, sondern häufig Ergebnis eines Kommunikationsprozesses, in dem Kunde und Lieferant das gemeinsame Ergebnis bzw. die Anforderungen daran festlegen. Damit bekommen die frühen Phasen der Produktentwicklung eine immer höhere Bedeutung, da im Wechselspiel zwischen den Kompetenzen des Lieferanten und den Anforderungen des Kunden eine für beide optimale Lösung gesucht wird. Der Trend vom individuell handwerklich gefertigten Einzelstück zum Standardprodukt „von der Stange", der zentral für die industrielle Massenfertigung war, wird durch Individualismus und flexible Fertigungsverfahren wieder umgekehrt.

Das Produkt kann auch Komponenten und Teile, Zubehör, Infrastruktur, Dokumentation und Konzeptionen beinhalten, die ebenfalls die Anforderungen des (und unter Umständen auch anderer) Kunden erfüllen müssen. Teilprodukte können sein:

- eigentliches Produkt und Teile (Komponenten) davon
- Steuerungs- und Bedienungssoftware
- Bedienungseinrichtungen und Schnittstellen
- Sicherheits- und Überwachungseinrichtungen
- Nutzungs-, Betriebs- und Wartungsinfrastruktur
- Dokumentation (für Installation, Betrieb, Wartung)
- Verpackung (Transport, Lagerung, Schutz)
- Marke, Name und Image des Produkts.

6.1.4 Markt und Wertschöpfungskette

6.1.4.1 Marketing

Das Produkt spielt als Teil des Marketing-Mix eine wichtige Rolle. Der Kundennutzen und dessen Wahrnehmung sind wichtige Komponenten des Erfolgs.

Sämtliche Komponenten des Marketing-Mix wirken zusammen und erzeugen die Kundenzufriedenheit:

- *Produktpolitik* (*product,* im Dienstleistungsbereich erweitert um den Bereich Personen, *people*): Qualität des Produkts im engeren Sinne; Produktportfolio: Auswahl der „richtigen" Produkte; ergänzende Dienstleistungen.

- *Kontrahierungspolitik* (*price*): Preisgestaltung, Konditionen, Vertragsgestaltung; Preis-Leistungs-Verhältnis.

- *Distributionspolitik* (*place*): Logistik, das „wie" und „wo" des Weges von der Produkterstellung zum Kunden; Verfügbarkeit des Produkts für den Kunden.

- *Kommunikationspolitik* (*promotion*): Werbung, Information, Image; Darstellung der Qualität des Produkts gegenüber dem Kunden (Schließen der Wahrnehmungslücke zwischen gewünschter/zugesagter und wirklicher/vermittelter Qualität des Produkts).

Zum Thema Marketing sei hier nur auf die vielfältige Literatur (allgemein zur BWL und speziell zum Marketing, hier beispielsweise die Bücher von Kotler und Bruhn) verwiesen.

6.1.4.2 Wertschöpfungskette

Qualität spielt eine wichtige Rolle in der Wertschöpfungskette, da alle nachfolgenden Glieder von der Qualität der gelieferten Produkte abhängig sind. Mangelhafte Qualität in Rohstoffen und Maschinen führt nicht nur zur Mehrarbeit, sondern auch zu Demotivation der Mitarbeiter. Dies gilt für den klassischen Produktionsprozess genauso wie für Handel und für Dienstleistung. Ein qualitätsorientiertes Unternehmen muss also für die Definition der Qualität die gesamte Liefer- und Folgekette im Auge haben und zur Sicherstellung der Qualität die gesamte Lieferkette betrachten.

Mit zunehmender Komplexität von Produkten (im Sinne von ganzheitlichen Problemlösungen für den Kunden, nicht einer komplexen Technik des materiellen Produkts) wird die Beziehung zwischen Lieferant und Kunde notgedrungen enger. Die daraus entstehende Bindung zwischen Kunde und Lieferant muss zu einem partnerschaftlichen Verhältnis führen. Der gegenseitige Informationsfluss spielt dabei eine wichtige Rolle. Dies gilt nicht nur für externe Kunden, sondern auch für den internen Kunden, d. h. Teile der Organisation, die Produkte von einem anderen Teil benötigen. Hier sind auch indirekte Kunden zu berücksichtigen.

6.1.5 Kundennutzen

Der Begriff des Kundennutzens stammt eigentlich aus dem Marketing. Im klassischen Qualitätswesen geht man häufig davon aus, dass ein Produkt eine eindeutig definierte Nutzung (Gebrauch) hat. Der Nutzen, den ein Kunde aus seinem Produkt hat, ist aber vielschichtiger und soll kurz dargestellt werden. Dabei ist zu beachten, dass der Großteil der zu betrachtenden Kunden von Prozessen interne Kunden sind.

Die Überlegungen zum Thema Kundennutzen spielen eine Rolle in mehreren Bereichen:

- Bei der Definition des Begriffs *Qualität*: Dort wird auf den Nutzen für den Kunden explizit abgehoben.

- Im *Marketing*: Der Markt wird durch diejenigen Kunden gebildet, die von dem Produkt mehr Nutzen haben als von alternativen Lösungen (competitive edge).

- Beim Thema *Nachhaltigkeit* spielt der Begriff „Befriedigung der Bedürfnisse" eine wichtige Rolle.

6.1.5.1 Bedürfnisse und Bedarf

In der Brundtland-Definition der Nachhaltigkeit ist der Begriff der Bedürfnisse zentral. Ein Modell für die Hierarchie von Bedürfnissen (Maslow-Pyramide) wurde im Kapitel Motivation betrachtet. Bedürfnisse können durch Produkte, Güter und Dienstleistungen befriedigt werden. Durch die Entscheidung, das Bedürfnis mit einem bestimmten Produkt (im allgemeinen Sinne) zu befriedigen, entsteht ein Bedarf. Abhängig von der Nutzenfunktion des potenziellen Käufers und dem Preis des Produkts entsteht aus dem Bedarf eine Nachfrage und daraus Kaufentscheidungen. Die Befriedigung der Nachfrage geschieht durch den Kaufprozess, die Befriedigung des Bedarfs bzw. der Bedürfnisse durch die Nutzung des Produkts.

6.1.5.2 Produktnutzen – was der Kunde will

Qualität ist Erfüllung der Erwartungen des Kunden. Dazu gehört zunächst einmal die Abwesenheit von Fehlern bzw. Abweichungen (defensive Definition von Qualität). Darüber hinaus muss der maximale Produktnutzen für den Kunden erreicht werden (offensive Definition von Qualität). Bezüglich des Produktnutzens unterscheiden wir Primär- und Sekundärnutzen:

Der Primärnutzen oder Grundnutzen eines Produkts ist die eigentliche Funktion, die ein Produkt zu erfüllen hat, d. h. derjenige Nutzen für den das Produkt entworfen wurde und durch das es ein bestimmtes Bedürfnis erfüllt.

Der Sekundärnutzen oder Zusatznutzen eines Produkts sind alle Effekte, die zwar gewünscht, aber nicht Primärnutzen sind. Sekundärnutzen können sein:

- weitere mögliche Nutzungen des Produkts (Multimedia-PC als Zweitfernseher)
- Prestige (Kauf einer Nobelmarke, Demonstration eines wirtschaftlichen oder sozialen Status)
- Demonstration von bestimmten Haltungen oder Meinungen (Kauf oder Boykott bestimmter Marken, Kauf des neuesten Stands der Technik)
- Demonstration von sozialen oder ökologischen Einstellungen (Kauf einheimischer Marken, umweltfreundlicher Produkte oder von Produkten aus fairem Handel)
- Sicherheit durch das Produkt und durch den verlässlichen Produktionsprozess
- Reduktion von Umweltbelastungen durch das Produkt oder den Produktionsprozess.

Bei der Kaufentscheidung spielen sowohl Primär- als auch Sekundärnutzen eine Rolle: Während der Primärnutzen bei der Entscheidung maßgebend ist, ob ein Kauf getätigt wird, ist der Sekundärnutzen meist für die Kaufentscheidung und die Auswahl von Marke oder Typ maßgebend.

6.1.6 Funktion des Kunden

Wenn es um Absatz, Umsatz, Qualität, Produktnutzen, Wertschöpfung oder Verkaufsstrategie geht, müssen wir diese über den Kunden des jeweiligen Produkts definieren. Dies betrifft sowohl materielle Güter (Produkte im eigentlichen Sinn) als auch immaterielle Güter (alle geistigen Schöpfungen, die vom Träger unabhängig sind) und Dienstleitungen. Dazu ist es notwendig, sich mit dem Begriff Kunde auseinanderzusetzen, um nicht Überlegungen in die falsche Richtung anzustellen.

Dies ist insbesondere dort wichtig, wo wir uns über neue Konzepte Gedanken machen. Das Marketing für umweltfreundliche Produkte und letztendlich der Unternehmenserfolg umweltorientierter Firmen kann ohne diese Überlegungen nicht garantiert werden. Auch die Bestimmung der Zielgruppen für Umweltberichte und Umwelterklärungen muss diesen Konzepten folgen.

6.1.6.1 Kundenrollen

Bezüglich zweier Aspekte müssen wir das einfache Konzept eines Kunden differenzieren:

1. bezüglich der verschiedenen Rollen beim Kaufprozess und bei der Kaufentscheidung,
2. bezüglich der verschiedenen Stufen bei der Produktweitergabe.

Der Spruch „Der Wurm muss dem Fisch schmecken und nicht dem Angler" ist zwar aus Sicht des Anglers richtig, aber der Angler trifft die Kaufentscheidung. Aus Sicht eines Händlers für Angelköder stellt sich die Sache also etwas komplexer dar.

Bezüglich der Rollen können wir unterscheiden:

- *Bedarfsträger*: Das Produkt ist für die Erfüllung seiner Aufgaben notwendig, er hat den letztendlichen (mittelbaren) Vorteil aus dem Einsatz. Er initiiert den Kauf.

- *Nutzer*: Er nutzt das Produkt, d. h. hat einen unmittelbaren Vorteil aus dessen Einsatz.

- *Bediener*: Er setzt das Produkt unmittelbar ein. Er sorgt dafür, dass der durch den Kauf des Produkts angestrebte Nutzen erreicht wird.

- *Kostenträger*: Er trägt die Kostenverantwortung für die Beschaffung des Produkts. Er bzw. seine Kostenstelle bezahlt das Produkt.

- *Einkäufer*: Er führt den unmittelbaren Einkauf (kaufmännische und juristische Handlungen) durch.

- *Entscheider*: Er fällt die Entscheidung, ob und was gekauft wird. Dabei kann die Entscheidung, was beschafft wird, delegiert werden.

Diese Rollen treten typischerweise *innerhalb* einer „kaufenden Organisation" (Unternehmen, Familie, Gruppe) auf. Die Ansprüche und Erwartungen der verschiedenen Personen sind im Allgemeinen verschieden. Dies ist beim Marketing zu berücksichtigen. Selbstverständlich können mehrere Rollen durch dieselbe Person ausgefüllt werden (wenn Sie Hunger bekommen, in die Bäckerei gehen und vom eigenen Geld ein Brötchen kaufen, das Sie sofort selbst verzehren).

Bezüglich der Produktweitergabe können wir die verschiedenen Stufen von Handel (Groß- und Einzelhandel) und Bearbeitung unterscheiden, wobei die Logistikfunktionen (Transformation in Raum, Zeit und Zusammenstellung) dieses ergänzen und die Relation zwischen Lieferant und Endkunde durch eine gesamte Kette (Supply-Chain) geprägt sein kann.

Neben den Kunden spielen auch die verschiedenen Anspruchsgruppen (Stakeholder) eine wichtige Rolle.

6.1.6.2 Kundeneinbindung

Bei der Anforderungsanalyse für das Produkt spielt der Kunde eine wichtige Rolle. Er macht nicht nur Vorgaben für die Entwicklung kundenspezifischer Produkte, sondern ist auch – persönlich oder über Marktanalysen – als Mitentwickler und Mitentscheider im gesamten Prozess eingebunden. Besonders wichtig ist die Einbindung bei Anforderungsanalyse und Design.

Der Kunde übernimmt aber auch im restlichen Produktlebenszyklus wichtige Rollen. Nicht nur als Betreiber und Bediener, sondern auch durch die Übernahme von Funktionen wie Montage und Installation, Instandhaltung, Kooperation bei Dienstleistungen, Ersatz und Entsorgung. Diese Aktivitäten des Kunden müssen bei der Entwicklung berücksichtigt werden: Teilweise kann eine Aktivität des Kunden umfangreiche Funktionalität im Gerät und Dienstleistung ersetzen, andererseits ist die Übernahme von Bedienerfunktionen durch das Gerät ein Beitrag zu Komfort und Sicherheit.

6.2 Excellence und Stochastik

In einer deterministischen Welt die richtigen Entscheidungen zu treffen, bei Fehlerraten von 0 (Null) optimale Produktionsprogramme zu fahren und mit maschinenartigen Menschen zu planen ist keine Excellence. Excellence beginnt dort, wo wir mit realen Menschen, realen Prozessen und einem stochastischen (und manchmal feindseligen) Umfeld agieren müssen. An dieser Stochastik sind sowohl die Planwirtschaft als auch der Kapitalismus gescheitert. Jede Planwirtschaft geht von einem Determinismus aus, der nicht nur zufällige Entwicklungen, sondern auch die Reaktionen der Menschen ignoriert; auch die Bankenkrise war letztendlich eine Konsequenz der Illusion, zukünftige Entwicklungen vorhersehen zu können und Risiken zu ignorieren, und der Illusion, dass jeder Einzelne zum Wohl des Ganzen verantwortungsbewusst handelt.

Die Stochastik ist für die Entscheidung unter Unsicherheit als mathematisch fundierteste Theorie wichtig, sie spielt auch im Risiko- und Qualitäts-Management eine zentrale Rolle. Im Rahmen dieses Buchs kann nur ein extrem knapper Abriss der wichtigsten Grundlagen gegeben werden. Diese sind aber wichtig, da das menschliche Denken nicht darauf ausgelegt ist, in Wahrscheinlichkeiten zu denken, und deshalb die Modellierung, Messung und Rechnung immens wichtig sind. Ignorieren von Wahrscheinlichkeiten ist genauso fahrlässig wie das Ignorieren von Spannungen an einem Leiter oder der Temperatur eines Stücks Eisen nur, weil der Mensch dafür keine Sensoren hat – irgendwann merkt man es ja schon, aber dann ist es zu spät.

6.2.1 Statistik

Generell unterscheiden wir die beschreibende und die schließende Statistik. Während es bei der beschreibenden Statistik darum geht, eine gegebene Menge von Ergebnissen (Daten) darzustellen, will die schließende Statistik von der gegebenen Menge von Ergebnissen (Daten) auf eine größere Gesamtheit (man könnte auch sagen auf die Realität) schließen. Dazu bedient man sich Schätzungen (z. B. Schätzung des Mittelwerts mit Vertrauensintervallen) oder Tests (Hypothesentests).

Beschreibende (deskriptive) Statistik   Schließende (induktive) Statistik

Bild 6-1 Deskriptive und induktive Statistik

6.2.2 Statistische Verfahren

Zur Anwendung statistischer Verfahren ist es wichtig, die

- Zielsetzung (Wozu dient die Erfassung und Auswertung der Daten?),
- Erfassung (Wo entstehen die Daten?),
- Zusammenfassung (Wie werden die Daten gesammelt?),
- Bearbeitung (Wie werden die Daten weiterverarbeitet, formatiert, zusammengefasst?),
- Auswertung (Mit welchen Verfahren werden die Daten ausgewertet und Schlüsse gezogen?),
- Aufbereitung (Wie werden die Ergebnisse aufbereitet?) und
- Kommunikation (Wem und wie werden die Daten mitgeteilt, wozu dienen sie?)

der Daten rechtzeitig zu planen.

Folgende Methoden können eingesetzt werden:

- Deskriptive Statistik: Bestimmung von beschreibenden Parametern (Mittelwert, Streuung, Drift). Die Interpretation erfordert die Kenntnis der Bedeutung der Parameter.
  - Tabellarische Darstellung: Zusammenfassung von Werten und Häufigkeiten in Tabellenform. Die Interpretation geschieht verbal oder bleibt dem Leser überlassen.
  - Graphische Darstellung: Beschreibende – im Allgemeinen graphische – Darstellung von Daten (z. B. Torten- und Säulendiagramme). Die Interpretation geschieht verbal oder bleibt dem Leser überlassen.
  - Zeitreihen: Graphische Darstellung von zeitabhängigen Werten. Die Interpretation geschieht verbal oder bleibt dem Leser überlassen.

- Schließende (induktive) Statistik: Schluss von einer Stichprobe auf die Eigenschaften der Grundgesamtheit.
  - Schätzung: Bestimmung einer Größe und des zugehörigen Vertrauensintervalls aus den Daten einer Stichprobe.
  - Test: Entscheidung für oder gegen eine Annahme aufgrund der Daten einer Stichprobe und vorgegebener Irrtumswahrscheinlichkeiten.

- Kontrollmechanismen: Einbindung statistischer Daten in Steuerungsmechanismen (Regelschleifen).

- Auf die statistischen Methoden der Qualitätssicherung (Regelkarten ...) wird hier nicht eingegangen, da ihre Anwendung zum Spezialgebiet der Qualitätssicherung gehört, und nicht dem Bereich Management zuzuordnen ist.

6.2.3 Wahrscheinlichkeit

Kernbegriff der Stochastik ist die Wahrscheinlichkeit. Eine Wahrscheinlichkeit ordnet den möglichen Ereignissen (Teilmengen der Gesamtmenge G) Werte (die Wahrscheinlichkeit des Ereignisses) zu mit folgenden Eigenschaften:

- Die Wahrscheinlichkeit eines unmöglichen Ereignisses ist $P(\{\}) = 0$.
- Die Wahrscheinlichkeit eines sicheren Ereignisses ist $P(G) = 1$.
- Ist A Teilmenge von B, d. h., immer wenn A eintritt, tritt auch B ein, so gilt $P(A) \leq P(B)$.
- Sind A und B disjunkt, d. h. A und B können nie gleichzeitig eintreten, und ist A∨B das Ereignis, dass A oder B eintritt, so gilt $P(A \vee B) = P(A) + P(B)$.

- Insbesondere gilt für alle Ereignisse E und ihr jeweiliges Komplement, das Ereignis „nicht E", dass genau eines dieser Ereignisse eintritt, also P(E) + P(nicht E) = 1 gilt.

6.2.4 Quantile

Für die Anwendung der Verteilungen ist die Betrachtung der Quantile, also der Werte, die nur mit einer bestimmten Wahrscheinlichkeit über- bzw. unterschritten werden, wichtig.

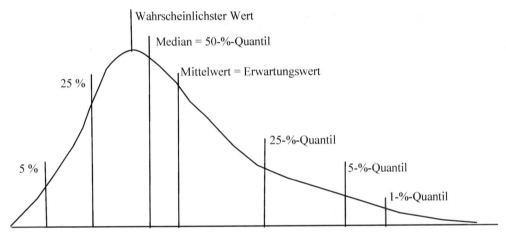

Bild 6-2 Kenngrößen bei Verteilungen

Die Quantile ergeben sich aus den Verteilungsfunktionen. Am Beispiel der Normalverteilung erhalten wir ein 1-%-Quantil von $\mu + 2{,}33\sigma$. Ist also z. B. der Mittelwert einer Verteilung $\mu = 10$ und die Standardabweichung $\sigma = 3$, so wird der Wert $\mu + 2{,}33\,\sigma = 17$ nur mit 1 % Wahrscheinlichkeit überschritten und der Wert $\mu - 2{,}33\,\sigma = 3$ nur mit 1 % Wahrscheinlichkeit unterschritten.

Tabelle 6.1 Normalverteilung (Mittelwert μ , Varianz σ^2)

Wert	Wahrscheinlichkeit für Unterschreitung	Wahrscheinlichkeit für Überschreitung	Quantil
$\mu - \sigma$	0,16	0,84	84 %
μ	0,50	0,50	50 %
$\mu + \sigma$	0,84	0,16	16 %
$\mu + 1{,}65\,\sigma$	0,95	0,05	5 %
$\mu + 2\,\sigma$	0,977	0,023	2 %
$\mu + 2{,}33\,\sigma$	0,99	0,01	1 %
$\mu + 3\,\sigma$	0,99865	0,00135	1,3 ‰

6.2.5 Schätzer

Ein wichtiger Teil der induktiven Statistik ist das Schätzen von Größen. Dies ergänzt die im Kapitel Projektmanagement gemachten Ausführungen zu Schätzungen um einen wissenschaftlichen Hintergrund.

Ein Schätzer ist eine Abbildung des Stichprobenraums und ordnet jeder Stichprobe einen Schätzwert für den jeweiligen zu schätzenden Parameter zu.

Einfache Schätzer ausgehend von einer Stichprobe $x_1, \ldots, x_N$ sind:

- Für den Mittelwert: $M = (x_1 + \ldots + x_N)/N$. Der Durchschnitt einer Stichprobe ist im Allgemeinen auch ein guter Schätzer für den Mittelwert – meist machen wir uns diesen Unterschied nicht einmal bewusst.

- Für die Varianz $V = ((x_1 - M)^2 + \ldots + (x_N - M)^2)/(N - 1)$. Hier zeigt sich auch der Unterschied zwischen deskriptiver Statistik (mit der aus der Gesamtheit zu berechnenden Varianz $V_G = ((x_1 - M)^2 + \ldots + (x_N - M)^2)/N)$ und schließender Statistik mit der aus der Stichprobe zu schätzenden Varianz der Gesamtheit.

Eine Schätzung liefert nur einen im jeweiligen Sinne besten (wahrscheinlichsten, erwartungstreuen, ...) Wert für eine Größe und ist selbst eine Zufallsvariable, d. h. eine Abbildung der Menge aller Stichproben in die Menge der möglichen Parameter. Die bekanntesten Methoden zur Herleitung von Schätzern sind (hier ganz knapp beschrieben):

- Die Methode der größten Wahrscheinlichkeiten: MLE = Maximum Likelihood Estimator: Wähle denjenigen Schätzer, der für die Stichprobe $(x_1 + \ldots + x_N)$ die maximale Wahrscheinlichkeit liefert.

- Die Methode der kleinsten Fehlerquadrate: LSE = Least Square Estimator: Wähle den Schätzer so, dass die Summe der Quadrate der Fehler (Abweichung zwischen der Stichprobe und dem Modell) minimal wird. Die LSE ergibt sich aus dem MLE, wenn man die Fehler als normalverteilt annimmt.

Präzision, Richtigkeit und Genauigkeit

Bei Schätzungen spielen die Begriffe Präzision, Richtigkeit und Genauigkeit eine wichtige Rolle. Ihnen entsprechen bei Parameterschätzern die Forderungen nach Erwartungstreue (der Erwartungswert der Schätzung ist der wahre Wert der Größe) und kleiner Varianz (der Schätzer streut möglichst wenig) bzw. bei Messverfahren der Unterschied zwischen zufälligen (durch Wiederholung zu verbessernde) und systematischen (immer in dieselbe Richtung wirkenden) Fehlern.

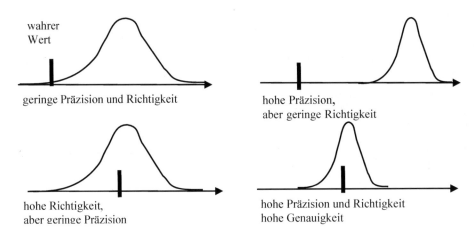

Bild 6-3 Präzision und Richtigkeit von Schätzungen

Während die Präzision als interne Abweichung durch zufällige Fehler durch statistische Verfahren einfach festgestellt und gemessen und durch Wiederholung verbessert werden kann, basiert die Richtigkeit auf der Übereinstimmung mit der Realität. Solche systematischen Fehler können nur durch unabhängige Schätzprinzipien erkannt und verbessert werden. Dies korreliert mit dem Problem der Verifikation (interne Syntax) und Validierung (externe Semantik) bei Modellen und Spezifikationen.

Tabelle 6.2 Genauigkeit von Schätzungen

	Bedeutung	**Verbesserung**	**Analogie Modell**
Präzision	geringe Schwankung	Mehrere Schätzungen, Wiederholung, Aufteilung	Syntax, Verifikation
Richtigkeit	Erwartungstreue	Verschiedenen Schätzprinzipien, Anpassung, Erfahrungsdatenbank	Semantik, Validierung
Brauch-barkeit	Verlässlichkeit	Begriffsklärung, Modellierung, Konsensbildung	Pragmatik

6.2.6 Tests und Fehler

Als ein zweiter wichtiger Teil der induktiven Statistik betrachten wir das Thema Testen. Ein statistischer Test entscheidet, ob das beobachtete Messergebnis durch die sogenannte Nullhypothese H_0 erklärbar ist, die im Allgemeinen darin besteht, dass das Produkt bzw. der Prozess in Ordnung ist, aber beherrschbaren zufälligen Schwankungen unterliegt. Die Gegenhypothese lautet, dass die Abweichungen so groß sind, dass sie als signifikant betrachtet werden müssen und das Produkt abgelehnt bzw. der Prozess gestoppt werden muss.

Der Test ist also eine Zufallsfunktion, bei der zunächst der Stichprobe eine Kennzahl (Testgröße) mit bekannter Verteilung zugeordnet wird und dann aufgrund der Über- oder Unterschreitung einer Grenze (Quantil) die Nullhypothese abgelehnt oder nicht abgelehnt wird.

Im Beispiel einer normalverteilten Testgröße mit bekanntem Mittelwert μ und Varianz σ^2 würden wir die Nullhypothese auf dem 5-%-Niveau bei einem einseitigen Test ablehnen, wenn die Testgröße den Wert $\mu + 1{,}65\,\sigma$ überschreitet. Dazu als Zahlenbeispiel ein 50:50-Test: Wir werfen eine Münze 100-mal. Die Behauptung sei, dass diese Münze häufiger Zahl zeigt als Kopf (dies kann für eine Behandlung, ein Entscheidungsverfahren, eine Prognosemethode, eine Produktionsverbesserung … stehen, von dem behauptet wird, dass es eine Verbesserung bringt). Der N-malige Wurf ($N = 100$) hat einen Mittelwert $\mu = N/2 = 50$ und eine Varianz $V = N/4 = 25$.

Tabelle 6.3 Ablehnungsgrenze für die Nullhypothese im 50:50-Test auf dem 5 %-Niveau

Anzahl Würfe N	Mittelwert μ	Standard-abweichung σ	Grenzwert 5 % $\mu + 1{,}65\,\sigma$	Grenzwert als %-Satz
16	8	2	12	75 %
100	50	5	59	59 %
1600	800	20	833	52 %
10 000	5000	50	5083	51 %

Damit würden wir die Nullhypothese bei einer Normalverteilungsapproximation (exakte Berechnung mit der Binomialverteilung ist für kleine N einfach möglich) auf dem 5-%-Niveau bei dem einseitigen Test ablehnen, wenn die Anzahl der Erfolge den Wert $\mu + 1{,}65\,\sigma = 58$ überschreitet. Bei 10000 Würfen müsste die Anzahl der Erfolge den Erwartungswert $\mu = 500$ um $1{,}65\,\sigma = 83$ überschreiten.

Fehler erster und zweiter Art

Bei einem Test gibt es immer ein bestimmtes Restrisiko α, die Nullhypothese abzulehnen, obwohl sie richtig ist. Diese Wahrscheinlichkeit, die Nullhypothese abzulehnen, obwohl sie richtig ist, bezeichnet man in der Statistik als Fehler erster Art.

Die umgekehrte Wahrscheinlichkeit β, die Nullhypothese anzunehmen, obwohl sie nicht richtig ist, bezeichnet man als Fehler zweiter Art. Diese Wahrscheinlichkeit kann nur dann berechnet werden, wenn eine bestimmte Alternativhypothese H_1 (oder mehrere Alternativen H_1, …, H_n) vorausgesetzt wird.

Tabelle 6.4 Fehler erster und zweiter Art in der Stochastik

	H0 gilt	H0 gilt nicht, H1 gilt
H0 akzeptiert	o. k.	Fehler 2. Art: β (beta)
H0 abgelehnt	Fehler 1. Art: α (alpha)	o. k.

Um neben dem Fehler erster Art auch den Fehler zweiter Art klein zu bekommen, muss ein geeigneter Test ausgewählt und die Stichprobe hinreichend umfangreich gewählt werden. Für die genauen Zusammenhänge und die Berechnung der Fehler 1. und 2. Art sei auf die Literatur zur Statistik verwiesen.

Zur Veranschaulichung betrachten wir das obige Beispiel des Tests auf Fairness (50:50) einer Münze. Eine Münze mit einer Verteilung 60:40 hätte bei dem Test mit 100 Würfen und einer Ablehnungsgrenze von 58 also eine fast 50-%ige Chance, den Test zu „bestehen" und als fair durchzugehen (Fehler 2.Art).

Im zweiten Beispiel mit 10 000 Würfen hätte bereits eine Münze mit dem Verhältnis 52:48 eine über 95-%ige Chance, im Test aufzufallen. Das heißt, dass selbst ein Verfahren mit einer Erfolgsquote von 52 % mit einem Restfehler (β) von 5 % als signifikant besser entdeckt wird.

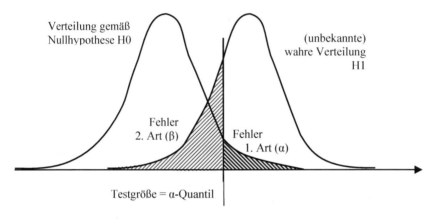

Bild 6-4 Fehler erster und zweiter Art in Relation zur Testgröße

Für die Qualität des Produkts bedeutet ein Fehler 1. Art, dass das Produkt fälschlicherweise zurückgewiesen wird. Bei einem Fehler 2. Art wird ein fehlerhaftes Produkt akzeptiert. In einer einfachen Situation der Abnahme ist das Problem also auf zwei Schultern verteilt: Der Lieferant möchte Fehler 1. Art vermeiden, der Kunde möchte Fehler 2. Art vermeiden. Durch Haftung und Produktionsstillstand bekommt aber auch die jeweils andere Seite Interesse an einem möglichst ausgewogenen Test.

Tabelle 6.5 Fehler erster und zweiter Art als Qualitätsproblem

	H0 gilt: Produkt o. k.	**H0 gilt nicht, Fehler**
H0 akzeptiert: Annahme	o. k.	Problem des Kunden: fehlerhafte Produkte
H0 abgelehnt: Zurückweisung	Problem des Lieferanten: Rückweisung	o. k. (bzw. Problem für beide)

6.3 Qualitätsmodelle und Methoden

Da es im Qualitätsmanagement sehr viele Modelle und Methoden gibt, können wir nur einige wenige herausgreifen. Die Modelle und Methoden unterscheiden sich in ihren Ansätzen, aber generell kann man folgende Kernpunkte identifizieren:

- *Oberste Leitung:* Qualität erfordert, dass die Leitung des Unternehmens Qualität nicht nur in Sonntagsreden, sondern durch das Setzen von Prioritäten und die Zuordnung von Kompetenzen und Ressourcen fordert und fördert.

- *Gesamtes Unternehmen:* Qualität muss in allen Unternehmensbereichen umgesetzt und durch alle Stellen unterstützt werden. Hierzu sind informierte und motivierte Mitarbeiter notwendig.

- *Strategie:* Qualität muss dem Unternehmen und dem Kunden nutzen. Dazu ist eine Auseinandersetzung mit den Zielen des Unternehmens, der gewünschten Kundenstruktur und der Gesamtheit aller Stakeholder unabdingbar.

- *Prozesse:* Qualität muss im Unternehmen verankert sein. Dazu ist eine Gestaltung der Prozesse notwendig, die sich an den Prozessergebnissen und den Anforderungen der jeweiligen Prozesskunden orientiert und sich auf Ergebnisse statt Formalismen konzentriert.

- *Wissen:* Die subjektive Einschätzung von Kundenwünschen, Produkteigenschaften und Kundenzufriedenheit muss durch Fakten unterstützt werden. Das Wissen um den Zusammenhang zwischen den Strukturen und Prozessen, Handlungen und Entscheidungen des Einzelnen, Ergebnissen der Prozesse und Eigenschaften der Produkte und der Zufriedenheit der Kunden muss im Unternehmen präsent sein.

- *Kontinuierliche Verbesserung:* Qualität erfordert eine ständige Verbesserung und Anpassung an veränderte Bedingungen – aber keine Veränderungen um der Veränderung willen.

6.3.1 Total Quality Management

Total Quality Management (TQM) ist weniger ein System als vielmehr die Grundhaltung, Qualität in den Mittelpunkt der Firmenaktivitäten zu stellen. Dazu gehört vor allem, dass alle Mitarbeiter – angefangen bei der obersten Leitung – Qualität als oberstes Ziel betrachten und eine nachhaltige Strategie über kurzfristige Ziele setzen.

Die wichtigsten Elemente sind:

- Orientierung am Kunden und an der Qualität des Produkts und der Prozesse

- stetige Verbesserung der Leistung, Integration aller Mitarbeiter in den Verbesserungsprozess

- Integration von Kundenorientierung und Qualitätsorientierung in die Firmenstrategie

- Einbindung der Mitarbeiter durch Kommunikation, Ausbildung, Anerkennung und Übertragung von Kompetenz und Verantwortung

- Bereitstellung der Ressourcen und Promotoren zur Erreichung von Qualität und zur stetigen Verbesserung

- Identifikation, Verbesserung und Verkürzung der wichtigen Geschäftsprozesse in Produktion und Management

- Identifikation, Messung und Berücksichtigung der Meinung von Kunden, Mitarbeitern und Öffentlichkeit.

Eine konsequente Qualitätsorientierung umfasst:

- *Kundenorientierung:* Qualität orientiert sich an den Ansprüchen des Kunden.

- Qualität des Produkts: Als transzendente Größe im Sinne eines „guten" oder „optimalen" Produkts oder durch eine hochwertige, konstante und garantierte Ausprägung der qualitätsbestimmenden Merkmale.

- *Qualität der Prozesse:* Eine Erhöhung von Qualität und der Zufriedenheit von Kunden, Mitarbeitern und Anspruchsgruppen ist nur durch Beachtung und Verbesserung aller Prozesse möglich.

- *Ressourcen:* Die Ressourcen für die Erzeugung und Gewährleistung von Qualität müssen bereitgestellt werden. TQM wird unglaubwürdig, wenn mit Hinweis auf Kosten notwendige Ressourcen verweigert werden.

- *Promotoren:* Verbesserungen müssen auch gegen interne und externe Widerstände durchgesetzt werden können.

- *Messung:* Qualität und Qualitätsverbesserungen sollten mit objektiven (Produkteigenschaften) und subjektiven (Kundenzufriedenheit) Kriterien gemessen und beurteilt werden. Die Messung der Zufriedenheit und der Meinung nicht nur des Kunden, sondern auch anderer Anspruchsgruppen (Mitarbeiter, Stakeholder) ist wichtig.

- *Einbindung aller Mitarbeiter* erfordert Kommunikation, Ausbildung, Anerkennung, Kompetenz und Verantwortung.

6.3.2 ISO 9001

Die ISO 9001 ist die wichtigste und am weitest verbreitete Norm für Qualitätsmanagementsysteme. Sie geht davon aus, dass die Prozesse so dokumentiert werden, dass dadurch die Qualität des Produkts und die Zufriedenheit des Kunden erreicht werden. Außerdem ist ein kontinuierlicher Verbesserungsprozess einzurichten. Neben der Darstellung der Anforderungen an ein Qualitätsmanagementsystem in der ISO 9001, die als Basis für die Zertifizierung dient, gibt es in der Normenreihe auch Leitfäden.

6.3.2.1 Prozessmodell

Ein Prozess ist die Transformation einer Eingabe zu einer Ausgabe. Dabei sind Menschen und Mittel beteiligt. Ein- und Ausgabe können materiell und immateriell sein.

Ausgabe (Produkte) bzw. Eingabe kann sein:

- Hardware
- Software und Information
- verfahrenstechnische Produkte
- Dienstleitungen und Spezifikationen
- Nebenprodukte (Koppelprodukte, Abfall, unerwünschte Produkte, Schadstoffe).

Der Grundprozess ist der Leistungserbringungsprozess des Unternehmens, der die Wertschöpfung bringt. Dieser und die vor- bzw. nachgelagerten Prozesse sowie die parallelen und übergeordneten Prozesse sind zu modellieren. Der Leistungserbringungsprozess umfasst:

- Produktentwicklungsprozess: Analyse der Kundenbelange, Design/Entwicklung
- Produkterstellungsprozess: Beschaffung, Erzeugung
- Distribution.

Ergänzende Prozesse sind:

- Führungsprozess, Managementprozess, Leitungsprozess
- Unterstützungsprozess, Ressourcenzuführungsprozess, Supportprozess
- Verbesserungsprozess mit Prüfung, Bewertung, Analyse, Verbesserung.

6.3.2.2 QM-Prinzipien

Die Norm basiert auf den folgenden QM-Prinzipien:

- kundenfokussierte Organisation
- Führungsstärke
- Involvierung der Mitarbeiter
- Prozessorientierung
- systematisches Managementvorgehen
- kontinuierliche Verbesserung
- sachliches Entscheidungsverfahren
- Lieferantenverhältnisse, die gegenseitig Vorteile bringen.

6.3.2.3 Prozesse

Die Prozesse sind über alle Bereiche des Unternehmens definiert.

- Es müssen Qualitätsziele für jede relevante Funktion und jede Funktionsebene definiert werden.
- Die Norm macht klare Vorgaben für die Bewertung durch das Management.
- Die Messung der Kundenzufriedenheit und Verfahren zur Messung der Prozessfähigkeit sind gefordert.
- Der Nachweis der Wirksamkeit des QM-Systems muss erbracht werden.
- Kontinuierliche Verbesserung von QM-System, Produkt und Service sind nachzuweisen.

6.3.2.4 Verantwortung der Leitung

Management Responsibility umfasst:

- Kundenbedürfnisse und -forderungen
- Qualitätspolitik
- Qualitätsziele und -planung
- Qualitätsmanagementsystem
- Bewertung durch das Management.

6.3.2.5 Ressourcenmanagement

Das Ressourcenmanagement (Ressource Management) umfasst das Management von:

- personellen Ressourcen sowie
- anderen Ressourcen wie Informationen, Infrastruktur, Arbeitsumfeld.

6.3.2.6 Prozessmanagement

Prozessmanagement (Process Management) umfasst das Management von:

- kundenbezogenen Prozessen,
- Design und Entwicklung,
- Beschaffung,
- Produktions- und Dienstleistungsprozessen,
- Steuerung bei Abweichungen sowie
- Kundendienst, Service oder Dienstleistungen nach Auftragserfüllung.

6.3.2.7 Bewertung, Analyse und Verbesserung

Der Bereich Bewertung, Analyse und Verbesserung (Measurement, Analysis and Improvement) umfasst die Themen:

- Prüfen (von Produkten und Prozessen) und Messen von Parametern der Produkte und Prozesse
- Analysieren und Bewerten der Daten
- Verbesserung und Einführung eines Kontinuierlichen Verbesserungsprozesses (KVP, CIP).

6.3.3 EFQM – Modell für Qualitätsmanagement

Preise gehen von der Idee aus, ein System nicht nach einer binären Entscheidung (ja/nein) zu zertifizieren, sondern die Fähigkeit des Unternehmens nach verschiedenen Kriterien zu bewerten und durch eine gewichtete Gesamtbewertung zu einer Vergleichbarkeit zu kommen.

Die verschiedenen Modelle unterscheiden sich in Schwerpunkt, Gruppierung (Blöcke) und Gewichtung.

Die wichtigsten Preise sind:

- Malcolm Baldridge Quality Award
- European Quality Award der EFQM.

Beide Modelle gehen vom Gesamtprozess aus, der in die Stufen Ursachen und Ergebnisse unterteilt wird.

- Malcolm Baldridge Quality Award: Dreiteilung in Motor (Management), System (Planung und Prozess) und Ergebnisse
- European Quality Award der EFQM: Zweiteilung in Befähiger (Management, Planung und Prozesse) und Ergebnisse (intern und extern).

Die Bewertungskriterien und Blöcke sind im Folgenden graphisch dargestellt.

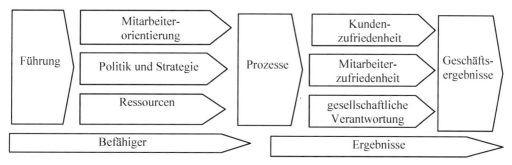

Bild 6-5 EFQM-Modell für Excellence

Das Europäische Modell für umfassendes Qualitätsmanagement der European Foundation for Quality Management (EFQM) arbeitet nach dem Prinzip der Selbstbewertung. Das Unternehmen bewertet sich selbst anhand der Kriterien, die weiter auf die Unternehmensfunktionen und Stellen aufgeteilt und auf konkrete Kriterien und Fragen heruntergebrochen werden.

6.3.3.1 Führung

Das Element Führung umfasst das Verhalten aller Führungskräfte, um das Unternehmen zu umfassender Qualität zu führen.

Aus der Selbstbewertung sollte hervorgehen:

- wie Führungskräfte ihr Engagement für eine Kultur des TQM sichtbar unter Beweis stellen,
- wie Führungskräfte den Verbesserungsprozess und die Mitwirkung daran fördern, indem sie geeignete Ressourcen zur Verfügung stellen und Unterstützung gewähren,
- wie Führungskräfte sich um Kunden und Lieferanten und um andere externe Organisationen bemühen und
- wie Führungskräfte Anstrengungen und Erfolge der Mitarbeiter anerkennen und würdigen.

6.3.3.2 Politik und Strategie

Das Element Politik und Strategie umfasst die Festlegung von Daseinszweck, Wertesystem, Leitbild und strategische Ausrichtung des Unternehmens sowie die Art und Weise der Verwirklichung dieser Aspekte.

Aus der Selbstbewertung sollte hervorgehen:

- wie Politik und Strategie auf relevanten und umfassenden Informationen beruhen,
- wie Politik und Strategie entwickelt werden,
- wie Politik und Strategie bekanntgemacht und eingeführt werden und
- wie Politik und Strategie regelmäßig aktualisiert und verbessert werden.

6.3.3.3 Mitarbeiterorientierung

Das Element Mitarbeiterorientierung beschreibt den Umgang des Unternehmens mit seinen Mitarbeitern.

Aus der Selbstbewertung sollte hervorgehen,

- wie Mitarbeiterressourcen geplant und verbessert werden,
- wie die Fähigkeiten der Mitarbeiter aufrechterhalten und weiterentwickelt werden,
- wie Ziele mit Mitarbeitern vereinbart und die Leistungen kontinuierlich überprüft werden,
- wie die Mitarbeiter beteiligt, zu selbstständigem Handeln autorisiert und ihre Leistungen anerkannt werden,
- wie ein effektiver Dialog zwischen den Mitarbeitern und der Organisation erreicht wird und
- wie für die Mitarbeiter gesorgt wird.

6.3.3.4 Ressourcen

Das Element Ressourcen betrachtet, wie die Ressourcen des Unternehmens wirksam zur Unterstützung der Unternehmenspolitik und -strategie entfaltet werden.

Aus der Selbstbewertung sollte hervorgehen,

- wie die Organisation ihre finanziellen Ressourcen handhabt,
- wie die Organisation ihre Informationsressourcen handhabt,
- wie die Organisation ihre Beziehungen zu Lieferanten handhabt und wie Material bewirtschaftet wird,
- wie die Organisation Gebäude, Einrichtungen und anderes Anlagevermögen handhabt und
- wie die Organisation Technologie und geistiges Eigentum handhabt.

6.3.3.5 Prozesse

Das Element Prozesse betrachtet, wie Prozesse identifiziert, überprüft und gegebenenfalls geändert werden, um eine ständige Verbesserung der Geschäftstätigkeit zu gewährleisten.

Aus der Selbstbewertung sollte hervorgehen,

- wie die für den Geschäftserfolg wesentlichen Prozesse identifiziert werden,
- wie Prozesse systematisch geführt werden,
- wie Prozesse überprüft und Verbesserungsziele gesetzt werden,
- wie Prozesse durch Innovation und Kreativität verbessert werden und
- wie Prozesse geändert werden und der Nutzen der Änderung bewertet wird.

6.3.3.6 Kundenzufriedenheit

Das Element Kundenzufriedenheit beschreibt, was das Unternehmen im Hinblick auf die Zufriedenheit seiner externen Kunden leistet.

Aus der Selbstbewertung sollten hervorgehen,

- die Beurteilung der Produkte, Dienstleistungen und Kundenbeziehungen der Organisation aus der Sicht der Kunden sowie
- zusätzliche Messgrößen, die sich auf die Zufriedenheit der Kunden mit der Organisation beziehen.

6.3.3.7 Mitarbeiterzufriedenheit

Das Element Mitarbeiterzufriedenheit beschreibt, was das Unternehmen im Hinblick auf die Zufriedenheit seiner Mitarbeiter leistet. Zwar ist Mitarbeiterzufriedenheit kein Selbstzweck, aber ein Indikator für die Qualität der Führung und ein wichtiger Einflussfaktor für Motivation, Qualität der Leistungserstellung und für die Zufriedenheit des Kunden mit persönlich erbrachten Dienstleistungen (in beiden Richtungen: Mitarbeiterzufriedenheit und Kundenzufriedenheit beeinflussen sich gegenseitig).

Aus der Selbstbewertung sollten hervorgehen,

- die Beurteilung der Organisation aus der Sicht der Mitarbeiter sowie
- zusätzliche Messgrößen, die sich auf die Zufriedenheit der Mitarbeiter mit der Organisation beziehen.

6.3.3.8 Gesellschaftliche Verantwortung

Das Element Gesellschaftliche Verantwortung betrachtet, was das Unternehmen im Hinblick auf die Erfüllung der Bedürfnisse und Erwartungen der Öffentlichkeit insgesamt (stakeholder) leistet. Dazu gehören die Bewertung der Öffentlichkeit bezüglich der Einstellung des Unternehmens zu Lebensqualität, Umwelt und Erhaltung der globalen Ressourcen sowie der unternehmensinternen Maßnahmen in diesem Zusammenhang.

Aus der Selbstbewertung sollten hervorgehen,

- die Beurteilung durch die Gesellschaft sowie
- zusätzliche Messgrößen mit Bezug auf die Zufriedenheit.

6.3.3.9 Geschäftsergebnisse

Das Element Geschäftsergebnisse beschreibt, was das Unternehmen im Hinblick auf seine geplanten Unternehmensziele und die Erfüllung der Bedürfnisse und Erwartungen aller finanziell am Unternehmen Beteiligten (shareholder value) sowie bei der Verwirklichung seiner geplanten Geschäftsziele leistet.

Aus der Selbstbewertung sollten hervorgehen,

- die finanziellen Messgrößen sowie
- die zusätzlichen Messgrößen

für die Leistung der Organisation.

6.3.4 Methoden

Die Umsetzung von Excellence im Unternehmen erfordert die Analyse und Optimierung von Prozessen und die Arbeit mit den Beteiligten. Dazu sind einige elementare Methoden notwendig.

6.3.4.1 Elementare Werkzeuge

Die elementaren Werkzeuge der Qualitätssicherung bzw. des Managements erfordern wenig mathematische Kenntnisse und sollten zur Erfassung, Analyse und Entscheidungsfindung eingesetzt werden.

Sie umfassen vor allem:

- Methoden zur Sammlung von Einzeldaten und aggregierten (nach bestimmten Kriterien zusammengefassten) Daten, zur Aufbereitung und gegebenenfalls Sortierung nach deren Häufigkeit und zur (graphischen) Darstellung der Häufigkeiten:
  - Fehlersammellisten als einfachste Art der Erhebung und Darstellung von Häufigkeitsdaten
  - Histogramme, Kurven, Kreisdiagramme (Tortendiagramm) und verwandte Methoden der darstellenden Statistik – mit allen zu beachtenden Einschränkungen
  - Pareto-Diagramm (aggregiert und sortiert)
- Methoden zur Erfassung zeitlicher oder funktionaler Zusammenhänge zwischen Daten:
  - Regelkarte, Zeitdiagramm (Koordinaten: Wert – Zeit)
  - Streuungsdiagramm/Korrelationsdiagramm/Regression (Koordinaten: Wert1 – Wert2)
  - Matrixdiagramm (Häufigkeit (Wert1, Wert2) als Basis für statistische Verfahren)
- Methoden zur graphischen Darstellung kausaler oder funktionaler Zusammenhänge:
  - Beziehungsdiagramm (Ursache-Wirkungs-Netz, Einflussnetz), die wir im Kapitel über Vernetztes Denken kennengelernt haben.
  - Ichikawa-Diagramm (Ursache-Wirkungs-Diagramm, Fischgrätendiagramm)
- Methoden zur Darstellung zeitlicher oder funktionaler Zusammenhänge in der Planung:
  - Netzplan, Gantt-Diagramm (siehe Kapitel 2 Projektmanagement)
  - Entscheidungsdiagramm, Entscheidungsmatrix, Entscheidungsbaum zur Darstellung von (geplanten) Entscheidungen
  - Matrixdiagramm zum Aufzeigen der Beziehungen/(Relationen) zwischen zwei Größen

Das Ursache-Wirkungs-Diagramm (Ichikawa-Diagramm) wird wegen seiner Form auch als Fischgrätendiagramm bezeichnet. Es soll hier als Beispiel dargestellt werden, da es in vielen Bereichen einsetzbar ist.

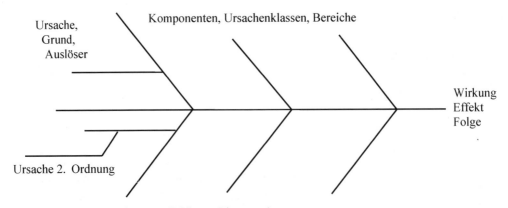

Bild 6-6 Fischgräten-Diagramm (Ishikawa-Diagramm)

Die Komponenten sind flexibel, häufig werden aber die sogenannten 5M (Mensch, Maschine, Material, Methode, Mitwelt) verwendet:

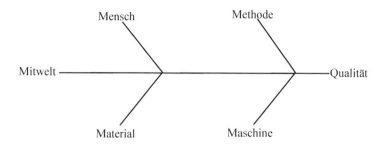

Bild 6-7 5M-Fischgräten-Diagramm (Ishikawa-Diagramm)

6.3.4.2 Prozessfähigkeit und Reifegradmodelle

Reifegradmodelle sind ein wichtiges Hilfsmittel, um die Qualitätsfähigkeit einer Organisation zu beurteilen und entsprechend zu verbessern. Prozessfähigkeit bedeutet die Fähigkeit einer Organisation zur sicheren Beherrschung eines Prozesses. Dies kann sich auf kontinuierliche Parameter wie Abweichungen oder aber auf die Wahrscheinlichkeit von Fehlern beziehen. Ein Modell zur Prozessfähigkeit (Reife) erfordert zumindest die Betrachtung statistischer Effekte (stochastische Prozesse) und zufälliger Abweichungen.

Bei Prozessen mit quantitativen Größen und einer stochastischen Verteilung kann die Prozessfähigkeit mit den Methoden der Statistik und mit Maßen wie der Standardabweichung modelliert werden. Solche Prozessfähigkeitsmodelle werden vor allem in der Produktion und der Erbringung von quantitativ beurteilbaren Dienstleitungen angewandt – deshalb muss die Möglichkeit der Prozessreife auch in der Entwicklung von Serienprodukten und Dienstleistungen mit berücksichtigt werden.

Reifegradmodelle (Maturity Models) messen die Fähigkeiten (Prozessfähigkeit) einer Organisation bezüglich der betrachteten Prozesse. Die Einschätzung geht dabei von einem grundlegenden Prozess, der nicht beherrscht ist und nur zufällig oder durch Nachbesserungen zum Erfolg führt, über einen beherrschten und sicheren Prozess bis zur lernenden Organisation, in der der Prozess selbst verbessert wird.

Eine grundlegende Einteilung in Stufen gibt die folgende Tabelle:

Tabelle 6.6 Reifegrade

Bezeichnung	Charakteristikum	Kriterien und Werkzeuge
Optimierend	adaptiv, selbstlernend, ganzheitlich	Qualitätsmanagementsystem, kontinuierliche Verbesserung, Veränderungsmanagement, Verantwortung der obersten Leitung
Gesteuert	quantitativ begründet	Qualitätsplanung, interne Reviews und Selbstbeurteilung, Standardisierung der Projekte
Definiert	qualitativ definiert, systematische Prozesse, Prozessfähigkeit	Qualitätsmanagement, regelmäßige Managementreviews, Prozessstandards
Wiederholbar	erfahrungsbasiert, messbar, dokumentiert	Qualitätssicherung, Ausbildung, Standardisierung, Projektmanagementgrundlagen
Initial	unvorhersagbar, unkontrolliert, informell	Qualitätsprüfung, Experiment, Learning by doing

Für die Organisation ist zunächst der Reifegrad realistisch zu beurteilen, darauf aufbauend müssen Maßnahmen zur Erhöhung des Reifegrads geplant und umgesetzt werden. Diese bestehen in der Analyse von Prozessen und Fehlerursachen, Optimierung der Prozesse, Einführung von übergeordneten (Meta-)Prozessen zur Prozessverbesserung (KVP), Bereitstellung von Ressourcen und Berücksichtigung der Prozessfähigkeitsaspekte durch das Management und der Qualifizierung der Mitarbeiter auf allen Ebenen.

6.3.4.3 Kommunikation und Moderation

Viele QM-Methoden setzen eine Arbeit in der Gruppe voraus. Die Kooperation zwischen Stellen und Personen, Kommunikation, Informationsaustausch und Weitergabe von Wissen sind wichtige Beiträge zur Qualität.

Wichtige Beiträge zur Kommunikation sind:

- Vorbereitung, Moderation und Dokumentation von Gruppengesprächen (meist als informeller Führer)
- Moderation von Workshops und Kenntnis wichtiger Methoden (Brainstorming, Brainwriting, Open Space, Zukunftswerkstatt), Kompetenz zur Planung und Durchführung von Workshops
- Schaffen von räumlichen und organisatorischen Voraussetzungen. (Eine Kaffeeecke, in der sich die Mitarbeiter regelmäßig und informell treffen, kann der beste Beitrag zu Unternehmenskultur und Wissensmanagement sein.)
- Schaffen der Infrastruktur und der Abläufe für eine elektronische Kommunikation.

6.3.4.4 Vernetztes Denken und Modellorientierung

Vernetztes Denken eignet sich für das Qualitätsmanagement – vor allem im Dienstleistungsbereich – besonders deshalb, weil nur ein ganzheitlicher Ansatz Qualität liefern kann und weil nur das Thema Qualität ganzheitlich das gesamte Unternehmen und seine Leistungsprozesse umspannt. Verschiedene Unternehmensbereiche haben verschiedene Anforderungen und diese müssen gemeinsam betrachtet und integriert werden. Die Vertreter der Anspruchsgruppen (Kunde und andere Stakeholder) haben eine Vielzahl von Anforderungen an das Produkt und das Unternehmen.

Wichtig ist zunächst eine klare Zielausrichtung. Das primäre Ziel des Unternehmenserfolgs wird durch Ziele wie Kundenzufriedenheit, Mitarbeiterqualifikation oder finanziellen Erfolg unterstützt. Die Zielanalyse kann durch eine Analyse von Potenzialen und Schwachstellen ergänzt werden. Durch die Ermittlung der relevanten Variablen und ihrer Vernetzung entsteht die Erkenntnis, welche Größen wovon abhängen und wie sich verschiedene Variablen gegenseitig beeinflussen. Dies ist Voraussetzung für eine sinnvolle Strategie. Ein Unternehmen, das den Gewinn vergrößert, indem es Kosten für Marketing, Entwicklung und Fertigung einspart, denkt sehr kurzfristig; nur durch die Vernetzung werden Zusammenhänge klar. Die Integration verschiedener Aspekte und Perspektiven erfordert in dieser Phase interdisziplinäre Teams und bewirkt ganz neue Einblicke.

Wenn das Modell steht, ist ein Grundverständnis für die Zusammenhänge vorhanden. Statt mit umfangreichen Analysen und Simulationen weiterzumachen, bietet der Papiercomputer eine Analyse des Systems. Daraus lassen sich nun konkrete Steuerungen ableiten und diese müssen dann noch implementiert werden. Der letzte Schritt sind dann konkrete Aktionen, sowohl unmittelbar umgesetzte operativen Verbesserungen als auch insbesondere strategische Maßnahmen und Prozessverbesserungen.

6.3.5 Vom Bedürfnis zum Prozess

Bei der Einführung eines qualitätsorientierten Vorgehens im Unternehmen ist das Engagement der obersten Leitung ein wichtiger Ausgangspunkt. Die systematische Umsetzung von Kundenforderungen in Ergebnisse und die Einführung eines kontinuierlichen Verbesserungsprozesses sind wichtige Elemente der Umsetzung.

6.3.5.1 Oberste Leitung und Mitarbeitereinbindung

Das Engagement der obersten Leitung ist eine wichtige Voraussetzung für die Umsetzung des Qualitätsgedankens im Unternehmen. Vollmundige Versprechungen und die Verpflichtung der Mitarbeiter auf Qualität sind dann eher kontraproduktiv, wenn die Mitarbeiter das Gefühl haben, dass

- Qualität nur die Mitarbeiter verpflichtet, die Leitung aber keine Ressourcen bereitstellt.

- Die Mitarbeiter in Produktion und Entwicklung schon immer Qualität wollten, sich aber an den Rahmenbedingungen nichts ändert.

- Im Zweifelsfall für kurzfristige Terminzusagen und Umsatzmaximierung die Qualität geopfert wird.

- Qualitätsforderungen zwar für die Bereiche im Leistungserbringungsprozess (Kundenkontakt, Dienstleitung, Produkterstellung, Produktentwicklung) umgesetzt werden, aber die Unterstützung durch die restliche Organisation fehlt (Stab-Linie-Problem, Front-Back-Office).

Analoge Probleme gibt es auch bei der Einführung und Ankündigung von Nachhaltigkeit, Umweltmanagement oder CSR im Unternehmen.

Im Allgemeinen sind die Mitarbeiter daran interessiert, Qualität zu erzeugen, da sie

1. wissen, dass ihre Arbeitsplätze nur durch den Kunden gewährleistet sind (dies gilt im kommerziellen Bereich genauso wie bei Non Profit-Organisationen), und

2. mit ihrer Arbeit zufrieden sein möchten.

Die wichtigste Aufgabe der obersten Leitung und des Qualitätsmanagements ist es also, den Mitarbeitern zu ermöglichen, Qualität zu erzeugen (siehe auch das Kapitel 1.3.2. über Motivation in der Einführung).

6.3.5.2 Einführende Organisation und Stakeholderanalyse

Für die Einführung braucht das Qualitätsmanagement wie das Umwelt-, Nachhaltigkeits-, Risiko- und Sicherheitsmanagement eine Strategie und eine Organisation. Dafür empfiehlt sich ein Team aus Fachleuten und Multiplikatoren.

Zunächst ist genau zu klären, welche Organisationseinheit bei der Einführung gemeint ist und wer die Entscheider in dieser Organisation sind. Dabei sind eventuelle Gremien oder Organisationen mit Einfluss, Mitbestimmungs- oder Kontrollrechten zu berücksichtigen und rechtzeitig einzubinden.

In dieser frühen Phase kann eine Stakeholderanalyse durchaus interessante Ergebnisse bringen. Durch Fragen wie „Wer beeinflusst die Qualität in unserem Untenehmen?" und „Wer hat Interesse an der Excellence des Unternehmens?" können zusätzliche Aspekte eingebracht werden.

6.3.5.3 Leitbild und Qualitätspolitik

Da sich das Leitbild und die Qualitätspolitik an den Zielen und realen Gegebenheiten im Unternehmen orientieren und andererseits auf die Erwartungen der Kunden eingehen müssen, sind vorab die Kunden und Stakeholder und deren Erwartungen zu erfassen. Das Leitbild muss gemeinsam mit den Mitarbeitern und den Führungsebenen, gegebenenfalls mit unternehmensexternen Leitungs- bzw. Aufsichtsorganen, erarbeitet und verabschiedet werden.

6.3.5.4 Kundenanforderungen

Scheinbar ist es jedem Mitarbeiter im Unternehmen klar, wer der Kunde ist. Ausgehend von der Frage „Woher kommt das Geld?", kann man aber eine gesamtheitliche Sicht auf den monetären Erfolg bekommen und feststellen, dass auch in der Marktwirtschaft viele Einflüsse von verschiedenen Organisationen eine Rolle spielen und auch in Non Profit-Organisationen finanzielle Aspekte eine wichtige Steuerungsfunktion haben. Die zweite Frage „Für wen sind wir da?" führt auf das Selbstverständnis des Unternehmens und seiner Mitarbeiter und verhilft zu einem ganz anderen Verständnis für Qualität und für die gesellschaftliche Rolle des Unternehmens.

Die identifizierten Kunden können nun weiter klassifiziert werden (z. B. nach regionalen Kriterien oder Marktdifferenzierung) und die jeweiligen Produkte definiert werden. Im Wechselspiel zwischen Produkten und Kunden ergeben sich weitere Erkenntnisse.

Ergänzend dazu sollten die Stakeholder identifiziert werden. Die Einführung einer gemeinsamen Kategorie Kunde/Stakeholder erspart auch langwierige Debatten, ob und wer nun „der Kunde" sei. Dies ist im Hinblick auf die oben betrachteten Kundenrollen und auf die Einflüsse von Geldgebern (Finanzierung, Subventionen, …) hilfreich.

Für die einzelnen Kunden bzw. Stakeholder kann nun das jeweilige Ergebnis der Tätigkeit des Unternehmens (Produkt im allgemeinen Sinne) und die daran gestellten Anforderungen erfasst werden. Damit ergibt sich eine Tabelle, in der alle Anforderungen an das Unternehmen erfasst werden. Es ist nun Sache des Qualitätsteams und des Managements, qualitätsrelevante von nicht qualitätsrelevanten Themen zu trennen. Dabei wird man schnell auch auf die eingangs geführte Diskussion um die Definition von Qualität stoßen, spätestens dann, wenn der sparsame Umgang mit Finanzen oder das Preis-Leistungs-Verhältnis als Qualitätskriterium auftaucht. Eine solche Diskussion um die Anforderungen an das Unternehmen und die eigene Rolle und Selbstdefinition des Unternehmens kann eine fruchtbare Ausgangsbasis für echte Excellence und auch für Nachhaltigkeit sein.

Tabelle 6.7 Kunden und Stakeholder

Kunde/Stakeholder	Nutzen/Einfluss Was bringt er uns?	Anforderungen, Was erwartet er?
Endverbraucher	Zahlt das Endprodukt	Primärnutzen
		Sekundärnutzen
		Langlebigkeit, Sicherheit
Handel	Bringt Produkt auf den Markt, direkte Zahlung	Umsatzträchtiges Produkt
		Hohe Qualität
Gesellschaft	…	Sicherheit, keine Schädigung, …
Eigentümer, Kapitalgeber	…	Rendite, Image …

6.3.5.5 Prozesse

Üblicherweise werden die wichtigen Prozesse im Unternehmen durch eine Analyse des Unternehmens erfasst, am besten entlang der Wertschöpfungskette (Leistungserstellung, Produkterstellung, Produktentwicklung). Eine kundenorientierte Vorgehensweise kann auch von der erstellten Liste der Kunden und Stakeholder ausgehen. Damit wird für jede Anforderung des Kunden ermittelt, welche Prozesse dazu dienen, die Anforderungen des Kunden zu erfüllen. Dies ist dann etwas differenzierter als die allgemeinen Vorgaben von ISO 9001 und EFQM, die allgemein von der Erfassung der Kundenanforderungen zum Ergebnis Kundenzufriedenheit führen.

Tabelle 6.8 Vom Kunden zum Prozess

Kunde/Stakeholder	Produkt und Anforderungen	Prozesse

Für die Dokumentation der Projekte bieten sich mehr oder weniger formale Methoden an (Prozessbeschreibungen, EPK).

6.3.5.6 KVP – Kontinuierliche Verbesserung

Die Einführung eines Qualitätsmanagements ist kein einmaliger Schritt. Sie ist nur der Beginn eines Verbesserungsprozesses, der alle Bereich umfasst. Somit trägt das Qualitätssystem den Keim zur eigenen Verbesserung in sich und muss auch entsprechend flexibel aufgebaut sein.

6.4 Risiko und Sicherheit

Risiko und Sicherheit sind wichtige Komponenten von Excellence, Nachhaltigkeit und Qualität. In einer nichtdeterministischen Welt muss immer auch das Risiko bedacht werden, das von den Geschäftsprozessen ausgeht oder von außen auf die Organisation einwirkt.

6.4.1 Risiko

6.4.1.1 Risikobegriff

Der Begriff Risiko hat im Operations Research und in der Mathematik eine andere Bedeutung als in der Umgangssprache oder der Betriebswirtschaft. Gemeinsam ist beiden der nichtdeterministische Ausgang, d. h. ein Ergebnis, das vom Zufall abhängt. Während die Mathematik aber das Risiko als wertneutral einstuft, spricht man im Allgemeinen nur von Risiko, wenn das gemeinte zufällige Ereignis eine negative Auswirkung hat. Außerdem soll das Ereignis mit den negativen Konsequenzen auch eine relativ geringe Wahrscheinlichkeit haben.

In der betriebswirtschaftlichen Begriffswelt wird Entscheiden unter Risiko als die Entscheidungsfindung bei bekannten Wahrscheinlichkeiten für die möglichen Ergebnisse dem Entscheiden unter Unsicherheit bei unbekannten Wahrscheinlichkeiten gegenübergestellt, wobei sich bei letzterem dann aufbauend auf Lernprozessen dynamische Entscheidungsprozesse ergeben. Wir unterscheiden die folgende Abstufung für die Grade der Unsicherheit im System:

- *Sicherheit* (deterministisch)
- *Risiko* im engeren Sinn (bekannte Wahrscheinlichkeiten)
  - endlich viele Alternativen
  - diskrete Verteilung (unendlich viele individuelle Alternativen)

- kontinuierliche Verteilung (Alternativen Teil der reellen Zahlen oder eines höher dimensionalen Raums)
- *Ungewissheit* (unbekannte Wahrscheinlichkeiten oder keine stochastischen Modelle verwendbar)
  - Ungewissheit im engeren Sinn: unbekannte Wahrscheinlichkeitsverteilung (z. B. Bayes-Lern- und Optimierungsmodelle): Hier spielt insbesondere die Bayes-Formel bei der Identifikation von Risiken (Frühwarnsysteme, Tests) eine wichtige Rolle.
  - Unbekannte Parameter: wird durch Verteilungsannahmen auf ein Bayes-Problem reduziert oder mit den Methoden der Entscheidungstheorie behandelt.
  - Unschärfe (Plausibilität oder linguistische Variablen): Unschärfe im Kenntnisstand oder in der Verwendung von Begriffen (Beispiele für solche unscharfen Begriffe sind: „rentabel", „motiviert", „angemessen", „Stand der Technik").
- *Spielsituation* (spieltheoretische Situation, in der die Wahrscheinlichkeiten von der Reaktion des Kontrahenten abhängen)

6.4.1.2 Wahrnehmung von Risiko

Risiko und Verhalten gegenüber Risiko sind nicht nur objektiv und rational, sondern hängen stark von der Wahrnehmung und Einschätzung ab. Diese werden beeinflusst durch:

- Betroffenheit und Nutzen
- Beeinflussungsmöglichkeit
- Erfahrungen und Berichte
- Messung und Kennzahlen

Ein Risiko wird von demjenigen, der persönlich betroffen ist oder das Risiko tragen muss, intensiver wahrgenommen als von einem Unbeteiligten. Auch der Einfluss, den jemand auf das Risiko nehmen kann (Freiwilligkeit), und der Nutzen, den er daraus zieht, spielen für die Wahrnehmung eine Rolle.

Die persönlichen Erfahrungen und die Berichte in den Medien spielen eine wichtige Rolle bei der Wahrnehmung von Risiko. Für die Wahrnehmung von Risiko spielt auch eine Rolle, wie dieses Risiko kommuniziert und gemessen wird. Die Messung und Kommunikation kann verallgemeinernd oder individualisierend (einzelfallbezogen) sein. Eine quantitative Bewertung kann Wahrscheinlichkeiten auf verschiedene Zeiträume und Gruppen(-größen) beziehen und in Relation zu Basisgrößen setzen.

6.4.1.3 Betriebswirtschaftliche Betrachtung

Im Folgenden soll ein grober Abriss zur betriebswirtschaftlichen Betrachtung des Themas Risiko gegeben werden. Um die Ausführung nicht zu sehr zu komplizieren, werden dabei die Begriffe Gewinn, Nutzen und Wert ohne ausführliche Differenzierung benutzt. Der Leser muss sich aber klar sein, dass diese Begriffe nicht so einfach sind (Rechnungswesen, Kostenrechnung).

In der Kalkulation und Entscheidungstheorie kann der möglicherweise eintretende Schaden

- *ignoriert* werden: Im Bestfall „best case" wird optimistisch so kalkuliert, als ob der bestmögliche Fall eintritt.

- *ersetzt* werden: Der zufällige Ausgang wird in Form eines Erwartungswerts (z. B. erwarteter entgangener Nutzen) oder Sicherheitsäquivalents (deterministischer Wert, der dieselben Konsequenzen hat wie das Risiko) berücksichtigt. Bereits die Nichtlinearität der Nutzenfunktion kann dabei eine Risikoaversion oder Risikoappetenz bewirken.

- *eingesetzt* und in vollem Umfang berücksichtigt werden: Durch das Sicherheitsprinzip wird der Schlimmstfall „worst case" angenommen, es wird also so kalkuliert, als ob der schlimmste Fall eintritt.

Für die Frage, ob das Unternehmen ein bestimmtes Risiko eingehen soll, spielt das Verhältnis von erwartetem Schaden und erwartetem Nutzen die zentrale – aber nicht die einzige – Rolle. Der Erwartungswert des Ergebnisses ist positiv, wenn der erwartete Nutzen den erwarteten Schaden (Schadenshöhe multipliziert mit der Eintrittswahrscheinlichkeit) übersteigt. Das Verhältnis von erwartetem Nutzen und Schadenshöhe ist dort besonders hoch, wo mit relativ wenig Wertschöpfung große Mengen beeinflusst werden. Neben dem erwarteten Nutzen spielt auch die Bedeutung des Schadensereignisses für das Unternehmen und absolut eine wichtige Rolle. Das Prinzip Verantwortung fordert andererseits, die Auswirkungen unabhängig von ihrer Wahrscheinlichkeit zu betrachten.

Mögliche Kenzahlen als Kriterien für die Bewertung eines Risikos sind:

- *Schadenshöhe* S und Relation S/N zwischen Schadenshöhe und Nutzen N,
- *Schadenswahrscheinlichkeit* P_S
- *Erwarteter Schaden* $S * P_S$ bzw. erwarteter Verlust $S * P_S - N (1 - P_S)$
- *Value at Risk*: der mit einer vorgegebenen Wahrscheinlichkeit eintretende Verlust
- *Verteilungsparameter*: Mittelwert und Standardabweichung des Ergebnisses
- *Verhältniskennzahlen*: Quotienten mit dem Umsatz/Gewinn oder dem Unternehmenswert.

Bezugsgrößen des Risikos können die vom Wertschöpfungsprozess betroffenen Mengen sein (Produktionsrisiko) oder externe Effekte. Im ersten Fall ist bei einer arbeitsintensiven Herstellung die Wertschöpfung der erwartete Nutzen das Produkt, und der maximale Schaden das Nichtentstehen dieses Produkts. Ein Schaden, der größer ist als der Nutzen kann dann entstehen, wenn viel Material benutzt wird oder wenn durch den Wertschöpfungsprozess externe Effekte eintreten (Umweltschädigung, Schädigung von Personen). Das Verhältnis von erwartetem Nutzen und Schadenshöhe ist dort besonders hoch, wo mit relativ wenig Wertschöpfung große Mengen beeinflusst werden.

6.4.1.4 Krisen

Krisen kennzeichnen nicht eine Quelle, sondern eine Folge von Risiken. Eine Krise ist ein Zustand der Organisation, Krisenursachen sind Risiken. Ursachen für Krisen können alle Risiken sein. Krisen können sich aber auch allmählich und strukturell entwickeln, so dass wir bei diesen Krisenfaktoren weniger von Risikofaktoren sprechen: Eine Krise kann ohne ein auslösendes Ereignis eintreten.

Risikofaktoren für Krisen können liegen:

- im Management
    - unzureichende berufliche, fachliche und persönliche Qualifikation
    - ungenügendes Wissen, ungenügende Führungskenntnisse
    - unzureichende Organisation (Kompetenz und Verantwortung, Kontrolle und Vertrauen)
    - unzureichende Praxiserfahrungen, fehlende Marktkenntnisse

- – fehlende Informationen über das Umfeld
- – mangelnde Planung (Realitätsbezug, Risiken)

- im Unternehmen und in der Unternehmensplanung

  - – Qualifikation und Motivation
  - – Rechnungswesen, Kostentransparenz, Kostenentstehung
  - – Finanzierung und Kapitalbedarf
  - – Marktprognose und Absatzpolitik
  - – Produkte
  - – Rechtsform, Vertretung und Steuern

- im Umfeld

  - – Entwicklung des Umfelds: absolut und im Vergleich zu den Erwartungen
  - – Umfelddynamik: unerwartete Reaktion des Umfelds (Konkurrenz, Kunden, Lieferanten, Gesellschaft, Staat, ...) auf Umfeldentwicklungen

6.4.1.5 Risiko

Risiko ist die Gefahr, einen Schaden oder einen Verlust zu erleiden. Da auch das Nichteintreten eines möglichen Gewinns gemeint sein kann, ist Risiko im allgemeinen Sinn das unabdingbare Gegenstück zu jeder Chance.

Risiken sind Ereignisse, die den Erfolg des Unternehmens bedrohen. Andererseits kann ein Unternehmen nicht jegliches Risiko vermeiden. Es gilt also, die Risiken abzuschätzen und vernünftig zu behandeln. Risikomanagement dient der Reduktion dieser Schäden bzw. ihrer Konsequenzen. Damit ist Risikomanagement eine wichtige Aufgabe zur operativen und strategischen Erfolgs- und Überlebenssicherung von Unternehmen.

Wichtigstes Anliegen des Risikomanagements ist es, eine kritischere Betrachtung der derzeitigen und zukünftigen Unternehmenssituation zu erreichen, um die Existenz und die Gewinnmaximierung des Unternehmens zu sichern.

Ziel ist es die Risikopotenziale im Unternehmen zu handhaben, um die Zielerreichung zu gewährleisten. Dazu muss der Prozess der Risikoidentifikation, Risikoanalyse und Risikobewältigung auf alle Führungsebenen ausgedehnt sowie in die Unternehmenspolitik und Unternehmensplanung integriert werden. Risikobewältigung erfolgt dann durch gezieltes Vermeiden, Vermindern, Begrenzen und Versichern der identifizierten und analysierten Risiken.

Beim Begriff des Risikos müssen wir zwischen verschiedenen Größen differenzieren. Für ein Ereignis gibt es nicht immer eine Kausalkette, vielmehr wird im Allgemeinen die Wahrscheinlichkeit für das Auftreten eines Ereignisses durch viele Faktoren beeinflusst. Für die Frage, was das Risiko ist, wie wir das Risiko und seine Wahrscheinlichkeiten abschätzen, müssen wir die Ursachen, Wirkungen, Anlässen, Auswirkungen und Folgen des Risikos differenzieren.

Zunächst wollen wir die Begriffe Ursache auch im Sinne der Beeinflussung einer Wahrscheinlichkeit, Wirkung auch im Sinne des Ereignisses und Auswirkung auch im Sinne eines Effekts, dessen Wahrscheinlichkeit erhöht wurde, benutzen.

- Das Schadensereignis ist ein im Allgemeinen plötzlich und nicht vorhersehbar eintretendes Ereignis mit negativen Konsequenzen.

- Die Konsequenzen bestehen in den aus dem Schadensereignis entstehenden Folgen für die betrachtete Person bzw. Institution. Diese entstehen durch direkte Wirkungen oder aufgrund juristischer Verantwortung und späterer Folgen. Sie können teilweise durch geeignete Maßnahmen reduziert werden.

- Das Risiko setzt sich aus den beiden Komponenten Höhe und Wahrscheinlichkeit aller möglichen Schadensereignisse (Einzelrisiken) zusammen.

- Die Schadensursachen begründen entweder den Grund für das Schadensereignis oder sie erhöhen die Wahrscheinlichkeit für ein Schadenereignis. Der Auslöser oder Anlass des Schadensereignisses ist ein Ereignis, das als Erstes in der Handlungskette steht, also für das Schadensereignis notwendig war, nicht aber notwendigerweise als Ursache eine Rolle spielt oder Verantwortung übernimmt.

6.4.2 Risikomanagement-Prozess

Anliegen des Risikomanagements ist die Festlegung eines einheitlichen Denk- und Handlungsprozesses zur Bewältigung von Risiken. Dabei werden mögliche Ereignisse und Entwicklungen gedanklich vorweggenommen.

- *Risikoidentifikation*
- *Risikoanalyse, Risikobewertung*
- *Risikobewältigung.*

Die Schritte bauen aufeinander auf.

Tabelle 6.9 Risikomanagement-Prozess

Phase	Hauptfrage	Ergebnis	Art
Identifikation	Welche Risiken gibt es?	Risikoinventar	qualitativ
Analyse	Wie wichtig sind die Risiken?	Risikoportfolio	quantitativ
Bewältigung	Was lässt sich gegen das Risiko tun?	Risikomaßnahmen	quantitativ

Der Risikomanagement-Prozess ist eingebunden in die Risikopolitik des Unternehmens. Die strategische Zielsetzung des Unternehmens bestimmt Menge und Art der existierenden Risiken und den Umgang mit identifizierten Risiken.

Tabelle 6.10 Einfluss der Unternehmenspolitik

Phase	Politik	Wirkung	Art
Identifikation	Zielvorgabe	Zielerreichung als Risiko Risiko durch Maßnahmen zur Zielerreichung	strategisch
Analyse	Bewertung	Bedeutung von Risiken für die Zielerreichung Einschätzung von Risiken	normativ
Bewältigung	Prioritäten	Entscheidung über Maßnahmen Risikoaversion, Risikokultur	strategisch

6.4.2.1 Risikoidentifikation

Bei der Identifikation von Risiken müssen verschiedene Methoden angewandt werden, um alle Arten von Risiken zu erfassen. Risiken, die bereits zu Schadensfällen geführt haben, sind im Allgemeinen bewusster.

Methoden der Risikoidentifikation:

- *indirekte* (rückblickende) Methode: Es werden bereits aufgetretene Unfälle analysiert.

- *direkte* (präventive) Methode: Systeme und Prozesse werden auf Risikopotenziale analysiert (Simulation, analytische Behandlung, Methodik des Vernetzten Denkens, Checklisten).

Tabelle 6.11 Identifikation von Risiken

Art	Charakterisierung	Identifikation
Bereits realisierte (eingetretene) Risiken	Gefährdungspotenzial hat bereits zu Schädigungen geführt	Bestandsaufnahme der Schäden, Statistische Verfahren, Charts, Zeitreihen, Controlling
Existierende Risiken	Gefährdungspotenzial bereits vorhanden	Bestandsaufnahme, Risikoaudit, Analyse der derzeitigen Aktivitäten und ihrer Risikopotenziale, etabliertes Frühwarnsystem
Zukünftig mögliche Risiken	Mögliches Gefährdungspotenzial durch Entwicklung	Analyse der Entwicklungsmöglichkeiten (Frühwarnsystem, Szenariotechnik, dynamische Systeme, vernetze Systemanalyse)
Risiken neuer Aktivitäten und Projekte	Gefährdungspotenzial in geplanten Aktivitäten, Entscheidungen und Projekten	Analyse der möglichen direkten Gefährdungen und Auswirkungen (FMEA) und der indirekten Auswirkungen durch angestoßene Entwicklungen (vernetze Systemanalyse)

Hauptsächliches Instrument zur Risikoidentifikation im Unternehmen ist der umfassende und konsequente Einsatz von Informationssystemen in allen Bereichen.

Sämtliche Aktivitäten des Unternehmens müssen unter dem Blickwinkel der möglichen Fehlentwicklungen betrachtet werden. Diese Risikobetrachtungen müssen als eine begleitende Führungsfunktion angesehen und durchgeführt werden. Methoden sind:

- quantitative: Stochastik, Unsicherheit, Entscheidungstheorie, Simulation
- qualitativ-quantitative: Szenariotechnik, FMEA, Vernetztes Denken
- qualitativer Diskurs.

6.4.2.2 Risikoanalyse

Im Gegensatz zur Risikoidentifikation, die alle Risiken auflistet, soll die Risikoanalyse die quantitative Basis für eine Risikobewertung schaffen und eine Einschätzung der Risiken als Basis für die Maßnahmen der Risikobewältigung schaffen.

Als Instrumente der Risikoanalyse können rückblickende (statistische) oder vorwärtsorientierte (analytische) Instrumente angewendet werden:

- Statistische Verfahren:
  - Schadensstatistiken
  - Schadensentwicklung (Zeitreihen)
- Analysen:
  - Sicherheitsanalysen,
  - Ausfalleffektanalysen (FMEA)
  - Fehlerbaumanalysen
  - Störfallablaufanalysen

Die identifizierten Risiken und die gewonnenen Informationen über ihre Bedeutung sind die Grundlagen für den effektiven Einsatz von Risikobewältigungsmaßnahmen.

Auch die Maßnahmen zur Risikobewältigung müssen dabei auf Nebenwirkungen und Risiken untersucht werden. Auswirkungen der risikoreduzierenden Maßnahmen können sein:

- direkte und indirekte Kosten (z. B.: Versicherungsprämien, Verwaltungsaufwand)
- Auswirkungen auf Personal und Motivation (z. B. durch Gefühl der Überwachung)
- Anreiz zu risikobehaftetem Verhalten (z. B. durch Sicherheitsgefühl)
- Anreiz zu kurzfristig vollkommen risikoaversem Verhalten (Verwaltermentalität, z. B. durch Anreizsystem)
- Schaffung von Risikobereichen (z. B. Spekulation als Konsequenz erfolgreicher oder zur Kompensation nicht erfolgter Hedging-Maßnahmen).

Das Risikoportfolio dient der Darstellung der identifizierten und analysierten Risiken als Basis für die Auswahl der Methoden zur Risikobewältigung.

Die Koordinaten des Portfolios sind die Risikocharakteristika

- *Wahrscheinlichkeit* und
- *Auswirkungen.*

Werden die Skalen logarithmisch gewählt, so lässt sich der Logarithmus des Erwartungswertes als Summe der Logarithmen von Wahrscheinlichkeit und Kosten berechnen. Damit sind die Linien gleicher Erwartungswerte die Geraden $\log p\,W = \log p + \log W$. Wahrscheinlichkeitswerte zwischen 0 und 1 werden logarithmisch zu einer nach unten offenen Skala transformiert. Ereignisse mit Wahrscheinlichkeit unter einer bestimmten Schwelle werden ignoriert. Auch die Auswirkungen können auf eine logarithmische Skala transformiert werden. Die betrachteten Bereiche müssen der Größe der betrachteten Organisation angepasst werden. Die Skala geht dabei von störenden Ereignissen („Peanuts") bis zur Katastrophe, die den sicheren Untergang des Unternehmens bewirkt.

Die Aggregation von Risiken kann nach Ursachen, Ereignissen oder Folgen geschehen.

6.4.2.3 Risikobewältigung

Risiken können zu Störungen oder Problemen führen, die die Existenz des gesamten Unternehmens gefährden können. Dadurch wird das Bewältigen von Risikopotenzialen und akuten Risiken zur Managementaufgabe, die von der Unternehmensführung wahrgenommen werden muss.

Der Rückgriff auf den Versicherungsschutz als einzige risikopolitische Maßnahme reicht nicht aus. Neben die Versicherungsnahme tritt die Risikominderung durch organisatorische, technische und rechtliche Maßnahmen. Die systematische Analyse und Bewertung von Risiken und einer dem Unternehmensziel entsprechenden Risikopolitik gewinnen dabei immer mehr an Bedeutung.

Den Elementen des Risikoportfolios sind geeignete Gegenmaßnahmen zuzuordnen: Im Hinblick auf das Risikoereignis sind folgende Methoden möglich:

- Risikominimierung durch Risikoerkennung, Frühwarnung, Indikatoren, Reduktion der Eintrittswahrscheinlichkeit, Vermeiden des Risikos
- Reduktion oder Folgen durch Vermindern, Substitution, personelle und organisatorische Maßnahmen
- Abfangen der Folgen durch Risikoüberwälzung, Risikoverlagerung, Risikostreuung (regionale, objektbezogene oder personenbezogene Streuung), Vertragsgestaltung, Versicherungen
- Tragen: bewusste Entscheidung, ein kalkulierbares Risiko einzugehen.

Auch das Bewusstsein und die Wahrnehmung von möglichen Risiken spielen eine bedeutende Rolle im Risikomanagement. Es bedarf genau ausformulierter Unternehmensziele auf allen Unternehmensebenen. Risikofragen müssen gleichgewichtig in den Entscheidungsprozess eingebracht werden. Dadurch soll erreicht werden, dass eine Existenzgefährdung des Unternehmens weitgehend ausgeschaltet wird und dennoch der Gewinn maximiert wird. Es darf aber nicht vergessen werden, dass dafür ein gewisses Maß an Risiko eingegangen bzw. bestehen bleiben muss. Ein geeignetes Gesamtrisikoniveau muss für jedes Unternehmen individuell ermittelt werden.

6.4.2.4 Risikokommunikation

Besonders die Risikokommunikation gewinnt immer mehr an Bedeutung, wenn es um die Information der von bestimmten Risiken betroffenen Gruppen (Stakeholder) geht.

Als wichtigstes Instrument des Risikomanagements muss abschließend die frühzeitige, die kontinuierliche und so möglichst vollständige Informationsermittlung bei allen Projekten und Vorhaben des Unternehmens und über die gesamte Unternehmenssituation in Form von Controlling genannt werden. Controlling muss bemüht sein, in allen Unternehmensbereichen Risiken für das Unternehmen so gering wie möglich zu halten.

Ursachen für Risiken und Unternehmenskrisen sind sehr oft mangelnder Informationsfluss und Informationsdefizite innerhalb der Hierarchiestufen des Unternehmens und bei der Unternehmensführung. Das Informationsmanagement versucht, diesen Missständen entgegenzuwirken um damit die Unternehmenszukunft zu sichern.

6.4.2.5 Risikomanagement-Systeme

Managementsysteme sind ein aktiver Beitrag zur Risikobewältigung. Folgende Punkte müssen integriert sein:

- Feststellung/Risikoanalyse
- Überprüfung von Maßnahmen
- Überprüfung von Versicherungsschutz und Abdeckung
- operative Überwachung und Kontrolle
- Frühwarnsystem.

Integriertes Management als Risikoschutz umfasst:

- Verbesserung des Schutzes vor einzelnen, negativen Ereignissen und deren Auswirkungen, Sicherheit im allgemeinsten Sinn)
- Verbesserung des Schutzes vor negativen Auswirkungen
- Sicherheit im allgemeinsten Sinn.

6.4.3 Fehleranalyse

Die FMEA (Fehler-Möglichkeits- und Einflussanalyse, Failure Mode and Effects Analysis) ist eine Maßnahme der Risiko-Identifikation- und Bewertung. Sie umfasst die Identifikation und Analyse. Sie stammt aus dem Bereich der technischen Qualitätssicherung (DGQ), lässt sich aber auf andere Bereiche übertragen. Die Grundidee ist dieselbe wie beim Risikomanagement: Identifikation der Wahrscheinlichkeiten und Konsequenzen von Risiken.

6.4.3.1 Phasen

Die FMEA verläuft in drei Phasen:

- Vorlauf mit Systemanalyse
- Durchführung
- Erfolgskontrolle.

Die Modellierung und Analyse des IST-Systems umfasst die folgenden Tätigkeiten:

- Funktionsanalyse
- Auflisten, Strukturieren, Beschreiben
- Auswählen.

Die Durchführung der IST-Analyse dient der Feststellung der aktuellen Fehlermöglichkeiten und ihrer Auswirkungen.

- Beschreibung der Fehler (Risikoidentifikation)
- Bewertung der Fehler (Risikoanalyse).

Diese IST-Analyse geschieht durch die weiter unten beschriebenen Tabellen und Skalen.

Die Erstellung eines SOLL-Konzepts hat die Ziele:

- Verbesserungen
- Elimination von Risiken.

Die Analyse des SOLL-Konzepts soll

- Risiken im neuen Konzept aufzeigen.
- Vergleich des SOLL mit dem Ergebnis der IST-Analyse zeigt Verbesserungen auf.

6.4.3.2 FMEA-Struktur

Das folgende Arbeitsblatt beschreibt die FMEA-Struktur. Die Bewertung bezüglich

- Fehlerwahrscheinlichkeit,
- Entdeckungswahrscheinlichkeit und
- Auswirkung

wird durch Skalen beschrieben.

Im Folgenden werden zu den Variablen der FMEA als Erläuterung Wahrscheinlichkeiten als Anhaltswerte angegeben. Die FMEA ist nur verbal orientiert, da die Kennzahlen nicht als (logarithmische) Wahrscheinlichkeiten behandelt, sondern nur multipliziert werden. Hier ist nur eine qualitative Aussage möglich, da z. B. ein Risiko, das nicht auftritt, keine Konsequenzen hat und immer entdeckt werden kann, den Wert RPZ = 1 erhält.

Tabelle 6.12 Bewertungsskalen FMEA

A Auftretenswahrscheinlichkeit Fehlerwahrscheinlichkeit				
A	Erläuterung	Produkt/Design	Prozess	Wahrscheinlichkeit
1	kein	robuste	beherrscht	tritt „nicht" auf
2-3	sehr gering	bewährt und erprobt	statistisch beherrscht	sehr selten, 0,0001
4-6	gering	wenige Schwachstellen	geringer Fehleranteil	selten, 0,001
7-8	mäßig	erfahrungsgemäß Fehler	problematisch	häufig, 0,01
9-10	hoch	Unsicher, keine Erfahrung	nicht prozessfähig	hoch, 0,1
B Bedeutung, Auswirkung				
B	Erläuterung	Produkt/Prozess		Schaden
1	kein	keine wahrnehmbaren Konsequenzen		vernachlässigbar
2-3	gering	geringe Beeinträchtigung		unbedeutend
4-6	mäßig	Beeinträchtigung, Unzufriedenheit,		merklich
7-8	schwer	Behinderung der Funktion, Verärgerung		deutlich
9-10	extrem	Betriebsausfall, Beeinträchtigung der Sicherheit, nicht gesetzeskonform, schwere Schäden		kritisch
E (Nicht-)Entdeckungswahrscheinlichkeit				
E	Erläuterung	Produkt/Design/Prozess		Entdeckungswahr-scheinlichkeit
1	hoch	im betrachteten oder nächsten Schritt entdeckt		0,9999
2-5	mäßig	automatisch entdeckbar		0,999
6-8	gering	durch traditionelle Prüfung entdeckbar		0,99
9	sehr gering	visuelle oder manuelle Prüfung		0,9
9-10	keine	kann nicht geprüft werden		0,5

Die FMEA-Analyse enthält nun für jede mögliche Fehlerursache die folgenden Daten: Betrachtungseinheit, Bewertung sowie Empfehlung und Verbesserung.

6.4.3.3 Betrachtungseinheit

Die Betrachtungseinheit beschreibt den möglicherweise auftretenden Fehler mit dem Objekt (Ort, Teil, Arbeitsschritt), das den Fehler verursacht.

- Objekt, Fehlerort, Teil, Baugruppe/Teil, Prozess/Schritt
- Fehlerart
- Fehlerfolgen
- Sicherheitsrelevanz
- Fehlerursachen (Analyse z. B. anhand der 5M/Fischgrätendiagramm).

6.4.3.4 Bewertung

Bewertung des Fehlers bezüglich der aktuellen Maßnahmen zur Vermeidung und Entdeckung im IST-Zustand:

- aktuelle Maßnahmen zur Verhütung (Vermeidung) bzw. Prüfung (Entdeckung)
- Auftretenshäufigkeit als Maß der Wahrscheinlichkeit
- Bedeutung (Konsequenzen, Fehlerfolgen)
- Entdeckbarkeit vor Schadensereignis (skaliert nach der Möglichkeit, dass ein Fehler unentdeckt bleibt)
- Risikoprioritätszahl RPZ: in der FMEA das Produkt: RPZ = A B E.

Die Risikokennzahl ist das Produkt der drei Faktoren, aber nicht direkt als Wahrscheinlichkeit interpretierbar. Bei einer logarithmischen Skala für Wahrscheinlichkeiten und Schäden wäre eine Addition sinnvoll. Bei Wahrscheinlichkeiten in einer Skala von 0 bis 1 wäre eine Multiplikation sinnvoll. Die RPZ ist nur qualitativ zu argumentieren.

6.4.3.5 Empfehlung und Verbesserung

- empfohlene Maßnahmen zur Verhütung (Vermeidung) bzw. Prüfung (Entdeckung)
- Verantwortlichkeit
- getroffene Maßnahmen
- neue Auftretenshäufigkeit/Wahrscheinlichkeit
- neue Bedeutung (Konsequenzen, Fehlerfolgen)
- neue Entdeckbarkeit vor Schadensereignis
- neue Risikoprioritätszahl RPZ ist das Produkt der neuen Werte RPZ = A B E.

Die FMEA enthält also bereits einen kompletten ersten Verbesserungsschritt.

6.4.4 Arbeitsschutz und Sicherheitsmanagement

Ziele des Arbeitsschutzsystems sind:

- Verhüten von Arbeitsunfällen (Unfallschutz)
- Vermeiden arbeitsbedingter Gesundheitsgefahren (Gesundheitsschutz)
- menschengerechte Gestaltung des Arbeitsplatzes.

Die erforderlichen Arbeitsschutzmaßnahmen können nur getroffen werden, wenn zuvor alle Einflussgrößen, die zu einer Gefährdung von Beschäftigten führen können, ermittelt (Gefährdungsanalyse) und bewertet (Gefährdungsbeurteilung) werden.

6.4.4.1 Gefährdungsermittlung

Methoden der Gefährdungsermittlung sind:

- direkte (präventive) Methode: Es werden Arbeitssysteme und -abläufe auf Gefährdung untersucht, die noch nicht zu einem Unfall geführt haben.
- indirekte (rückblickende) Methode: Es werden bereits aufgetretene Unfälle analysiert.

Der Arbeitgeber muss durch organisatorische Maßnahmen sicherstellen, dass er ausreichend Vorsorge trifft, um Unfälle zu verhindern. Hierzu zählen insbesondere:

- Festlegen von Verantwortungsbereichen
- Einweisung neuer Mitarbeiter unter ausreichend fachlicher Anleitung
- Erstellen von detaillierten Arbeitsanweisungen
- wiederkehrende sicherheitstechnische Belehrungen
- ausreichende Fortbildung
- Bestellung von Sicherheitsfachkräften und Sicherheitsbeauftragten
- gesundheitliche Überwachung der Beschäftigten
- Beurteilung der Arbeitsbedingungen
- Dokumentation über das Ergebnis der Gefährdungsbeurteilung und die Arbeitsschutzmaßnahmen
- Bereitstellung von Schutzausrüstung.

6.4.4.2 Arbeitsschutz(-sicherheits)managementsystem

Ziel des Arbeitssicherheitsmanagementsystems ist

- die kontinuierliche Verbesserung der Gesundheit und Unversehrtheit der Beschäftigen
- die Aufrechterhaltung eines störungsfreien Betriebsablaufs
- Eigenverantwortung der Mitarbeiter fördern
- Verringerung betrieblicher Kosten
- Rechtssicherheit gewährleisten und behördliche Überwachung reduzieren.

Ziel ist die Ankoppelung des Arbeitsschutzes an die betrieblichen Geschäftsprozesse.

Kern des Systems ist die Fachkraft für Arbeitssicherheit und die Einbeziehung aller Mitarbeiter. Da Sicherheit und Gesundheitsschutz vorrangig durch Prävention erfolgen müssen, bildet die Arbeitssystemgestaltung, bei der technische, organisatorische und personelle Faktoren zusammenwirken, die Grundlage einer erfolgreichen Umsetzung. Damit ist der Arbeitsschutz eine weitere wichtige Komponente eines integrierten Managementsystems.

6.5   Zusammenfassung

Qualität ist die Gesamtheit aller Aspekte eines Produkts, die dazu beitragen, dass der Kunde seine Bedürfnisse befriedigen kann.

Qualität wird im Unternehmen erreicht durch

- die Analyse der Kunden und Stakeholder und der Kundenforderungen
- die Gestaltung des gesamten Produktentstehungsprozesses
- Kommunikation über das Produkt und seine Eigenschaften und über das Unternehmen

Excellence ist die Gesamtheit aller Aspekte eines Unternehmens, die dazu beitragen, dass diese für den Kunden, die Stakeholder, Konkurrenz und Gesellschaft Vorbildfunktion hat.

6.6   Literaturhinweise

Sowohl zum Thema Qualität als auch zum Thema Risikomanagement gibt es sowohl umfangreiche Literatur als auch gute Webseiten und Glossare im Internet. Hier sei beispielsweise auf die Seiten der DGQ (Deutsche Gesellschaft für Qualität) und der EFQM (European Federation for Quality Management) hingewiesen.

Verwendete und empfohlene Literatur

Bläsing, J. P. (Hrsg.): Umweltmanagement Qualitätsmanagement – Analogien und Synergien. TQU Verlag, Ulm 1995
Brunner, F. J., Wagner, K. W.: Taschenbuch Qualitäts-Management. Hanser Verlag, München 1999
Bundesanstalt für Arbeitsschutz und Arbeitsmedizin (ed.): Leitfaden zur Ermittlung gefährdungsbezogener Arbeitsschutzmaßnahmen im Betrieb. Dortmund 2004.
Burkhard, C.: Strukturierung des Produktentwicklungsprozesses. VDM, Berlin 2007
Carl, N., Fiedler, R., Jorasz, W., Kiesel, M.: BWL kompakt und verständlich: Für IT-Professionals, praktisch tätige Ingenieure und alle Fach- und Führungskräfte ohne BWL-Studium. Vieweg+Teubner Verlag, Wiesbaden 2008
Holzbaur, U.: Entwicklungsmanagement. Springer Verlag, Heidelberg, Berlin, New York 2007
Kamiske, G. F., Umbreit, G. (Hrsg): Qualitätsmanagement eine multimediale Einführung. Hanser fv Verlag 2008
Kendall, R.: Risk Management – Unternehmensrisiken erkennen und bewältigen. Gabler Verlag, Wiesbaden 1998
Kern, P., Schmauder, M.: Einführung in den Arbeitsschutz. Hanser Verlag, München 2005
Liesegang, D. G. (Hrsg.), Pischon, A.: Integrierte Managementsysteme für Qualität, Umweltschutz und Arbeitssicherheit. Springer Verlag, Berlin, Heidelberg, München 1999
Linß, G.: Qualitätsmanagement für Ingenieure. Hanser, München 2005
Rösch, B., Hummel, H.: QS9000 und VDA 6.1 umsetzen. Hanser Verlag, München 1998
Schubert, M.: FMEA – Fehlermöglichkeits- und Einflußanalyse. Deutsche Gesellschaft für Qualität. DGQ-13-11. Beuth Verlag, Berlin 1993
Walder, F.-P., Patzak, G.: Qualitätsmanagement und Projektmanagement. Vieweg Verlag, Braunschweig 1997
Zerres, M. P., Zerres, T. C.: Recht für Manager. Springer Verlag, Berlin, Heidelberg, New York 1998

Sachwortverzeichnis

Printed in the United States
By Bookmasters